AF411145

HISTOIRE

NATURELLE

DES POISSONS.

ſTRASBOURG, imprimerie de V.ᶜ BERGER-LEVRAULT.

HISTOIRE

NATURELLE

DES POISSONS,

PAR

M. LE B.ON CUVIER,

Pair de France, Grand-Officier de la Légion d'honneur, Conseiller d'État et au Conseil royal de l'Instruction publique, l'un des quarante de l'Académie française, Associé libre de l'Académie des Belles-Lettres, Secrétaire perpétuel de celle des Sciences, Membre des Sociétés et Académies royales de Londres, de Berlin, de Pétersbourg, de Stockholm, de Turin, de Gœttingue, des Pays-Bas, de Munich, de Modène, etc.;

ET PAR

M. A. VALENCIENNES,

Professeur de Zoologie au Muséum d'Histoire naturelle, Membre de l'Académie royale des sciences de Berlin, de la Société zoologique de Londres, etc.

TOME QUATORZIÈME.

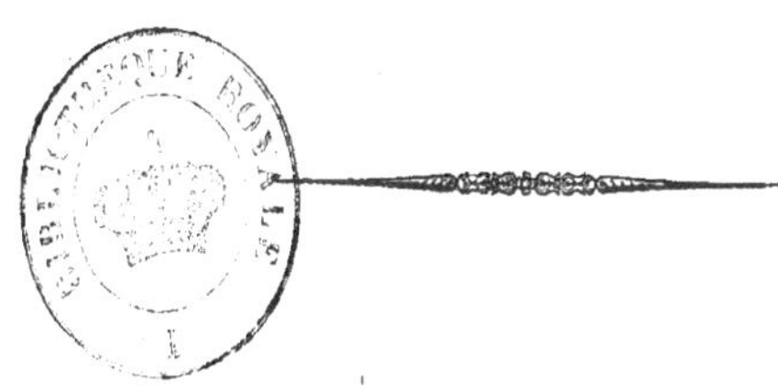

A PARIS,

Chez PITOIS-LEVRAULT et C.ᵉ, rue de la Harpe, n.º 81.

1839.

AVERTISSEMENT.

J'ai continué dans ce volume l'histoire des Labroïdes, et j'ai réduit cette famille à tous les Acanthoptérygiens qui ont les pharyngiens supérieurs formés de deux pièces osseuses, et l'inférieur d'une seule; ces os étant recouverts de dents arrondies en pavé, quelquefois réunies de manière à former des plaques dentaires qui peuvent donner des caractères distinctifs des espèces ou des genres.

Déjà en étudiant les labroïdes et les nombreux matériaux réunis depuis long-temps pour la rédaction de cette famille, j'avais été singulièrement frappé des caractères des plésiops, des chromis, des cichlas, et je pensais que la famille des labres, telle que M. Cuvier l'avait composée, devait subir quelques modifications. J'avais déjà reconnu, dès 1824, en étudiant à Leyde les poissons envoyés de Java par Kuhl et Van Hasselt, que les plésiops ou les cirrhiptères de ces infortunés naturalistes, ne devaient pas rester parmi les labroïdes; or, l'attention que j'ai faite aux observations de Willughby, et l'existence des deux petits cœcums, après le pylore du chromis, m'ont confirmé dans cette opinion, qu'il faut éloigner des labres non-seulement les plésiops, mais encore le castagneau ou le petit chromis de Rondelet, lequel est tellement voisin des plésiops, qu'ils me paraissent du même genre. Leurs dents, leur ligne latérale interrompue, la nature de leurs écailles, les filamens des rayons épineux de la dorsale, sont tout-à-fait semblables.

Si, dans le Règne animal, M. Cuvier a dit des chromis, qu'ils n'ont pas d'appendices cœcales, c'est qu'il n'a désigné que le bolti ou *labrus niloticus*, espèce manquant effectivement de ces organes, mais dont l'estomac se prolonge en un long cul-de-sac. La nature des dents et la forme large et trapue de ces poissons rappellent davantage les sciènes à six rayons branchiaux, que celle des labroïdes, et je crois que leur véritable place est près des glyphysodons et genres voisins.

Je traiterai de ceux que j'ai ainsi laissés hors de rang, dans un appendice particulier, et ils reprendront leur place dans les *Species piscium*, que je donnerai pour terminer cette histoire naturelle des poissons.

Mes lecteurs peuvent voir que je fais tous mes efforts pour conserver à l'ouvrage que M. Cuvier m'a laissé le soin de terminer, la physionomie que ce grand homme lui avait donnée, mais que cependant je n'hésite pas à apporter dans les détails les modifications que mes études faites dans l'esprit de mon illustre maître, me paraissent exiger. On doit se rappeler que j'ai fait dans la famille des Blennies un changement analogue, quand j'ai reconnu que les *Labrax* de Pallas ou les *Chirus* de Steller appartiennent à la famille des poissons à joues cuirassées, puisque le sous-orbitaire va s'articuler avec le limbe du préopercule. Une fois ce caractère reconnu, rien n'est plus simple que de fixer les rapports que la multiplicité de leur ligne latérale leur donne avec les Cottes, et surtout avec le genre des Hémilépidotes, poisson du Kamtschatka, dont on doit la découverte à M. Tilesius.

Les scares, qui terminent les Labroïdes, et dont je n'ai pas dû faire une famille distincte, malgré la différence extérieurement assez grande de leur système dentaire, forment un groupe nombreux en espèces, que nous avons tâché de subdiviser; mais les Odax seuls sont un genre bien nettement caractérisé. Je concevrais très-bien que quelques auteurs ne voulussent pas admettre celui des Callyodons.

J'ai commencé ensuite dans ce même volume la grande famille des Silures. C'est, selon moi, la plus intéressante à étudier dans la classe des poissons. Les grandes variations que les pièces du squelette ont subies pour former les barbillons maxillaires, le casque du crâne, les armures des nageoires dorsales et pectorales, l'absence de plusieurs pièces dont il est difficile de donner la moindre explication plausible, montrent combien sont faibles les lois générales que se hâtent d'établir les hommes à imagination trop active. M. Cuvier avait presque en entier terminé ce travail peu de temps avant sa mort; il ne m'est resté qu'à en coordonner différentes parties et à y faire les additions que le temps rend nécessaires à tous nos travaux en histoire naturelle.

Les recherches sur l'ichthyologie se poursuivent toujours avec assiduité; plusieurs ouvrages spéciaux ont fourni des documens précieux à cette branche de zoologie dont j'ai profité avec soin. M. Yarell a terminé son intéressante histoire des poissons d'Angleterre. Mon ami, M. Agassis, commence la publication de son Histoire des poissons de l'Europe centrale; M. Muller, de Berlin, qui a fait un si beau travail sur les Myxines, s'est associé M. Henle, déjà connu par son Mémoire sur les Torpilles, et ils publient ensemble une Histoire naturelle des poissons cartilagineux, dont les deux premières livraisons, accompagnées de belles planches coloriées, montrent déjà de quelle utilité sera cet ouvrage intéressant.

Les voyageurs ne sont pas moins assidus, dans leurs courses lointaines, à nous faire connaître les poissons des contrées qu'ils explorent. Mon excellent ami, M. Dussumier, qui ne peut plus que glaner sur la côte malabare, tant il l'a bien explorée déjà, continue toujours avec le même zèle à ne négliger aucune occasion de servir cette science qui lui doit déjà tant. M. Botta, qui vient d'explorer la mer Rouge, en a rapporté une fort belle et intéressante collection, accompagnée de dessins pleins de finesse et de vérité, et qui, par leur concordance avec ceux de mon ami M. Ehrenberg, finissent par compléter la Faune ichthyologique commencée par Forskal, et que l'on peut terminer avec les ouvrages de M. Ruppel. MM. Eydoux et Souleyet, chirurgiens du corps royal de la marine, et qui ont bien voulu être les naturalistes de la corvette la Bonite, ont fait de précieuses collections dans les différens archipels de la mer des Indes qu'ils ont visités. La publication qu'ils projettent, et que le Gouvernement encourage de son appui, augmentera les ressources que les savans tirent tous les jours des différens officiers de la marine royale. Mais parmi toutes ces découvertes si utiles aux progrès de l'ichthyologie, l'on doit aujourd'hui placer au premier rang celles qui nous ont fait connaître les formes singulières des poissons des lacs élevés des Andes du haut Pérou. Ces rares espèces sont dues aux soins pris par M. Pentland, qui a rapporté avec tant de peines en Europe, de lieux pour ainsi dire inaccessibles aux collecteurs, ces espèces que j'ai déjà désignées sous le nom d'*Orestias*, et je devrai à l'amitié qu'il a pour moi, et au souvenir dont il honore la mémoire de M. Cuvier, d'enrichir de leur histoire l'un des volumes suivans.

Au Jardin des Plantes, Octobre 1839.

TABLE

DU QUATORZIÈME VOLUME.

—

SUITE DU LIVRE SEIZIÈME.

CHAPITRE XI.

CHAPITRE XII.

CHAPITRE XIII.

DES RASONS ÉTRANGERS.

CHAPITRE XIV.

CHAPITRE XV.

SECONDE GRANDE TRIBU DES LABROÏDES.

CHAPITRE XVI.

CHAPITRE XVII.

CHAPITRE XVIII.

LIVRE DIX-SEPTIÈME.

CHAPITRE PREMIER.

CHAPITRE II.

Pages. Planch.

CHAPITRE III.

CHAPITRE IV.

AVIS AU RELIEUR

POUR PLACER LES PLANCHES.

———

NB. Le relieur placera l'explication de la planche 399 vis-à-vis la page 94 à côté de la planche, et celle de la planche 404 vis-à-vis la page 186 à côté de la planche.

HISTOIRE

NATURELLE

DES POISSONS.

SUITE DU LIVRE SEIZIÈME.

LABROÏDES.

Continuons dans ce nouveau volume l'examen des acanthoptérygiens de la famille des labroïdes.

Nous commencerons par ceux que leur joue nue et leur ligne latérale non interrompue placent auprès des girelles; puis nous parlerons de ceux de ces poissons qui, avec du nu à la joue, ont la ligne latérale interrompue; M. Cuvier les a nommés rasons; et ceux-là nous ramèneront vers d'autres espèces, tellement voisines de ces rasons, que le genre dans lequel nous les réunissons ne peut en être éloigné, quoiqu'elles se représentent avec le caractère d'avoir la joue écailleuse. Comme leur ligne latérale est interrompue, elles nous conduiront aux chéilines, qui ont la tête écailleuse et la ligne latérale toujours composée de deux filets plus ou moins branchus. Près de ceux-là

14.   1

seront placés les épibulus, qui correspondent aux sublets par leur museau protractile ; mais qui tiennent des chéilines par la nature de leurs écailles et de leur ligne latérale. Et après avoir traité de ces genres, nous parlerons des labroïdes à ligne latérale interrompue, et à dents en velours ; savoir : les chromis, les cichlas, les pseudochromis et leurs démembremens.

CHAPITRE XI.

Des Anampses (Anampses).

Nous avons trouvé, en rangeant les poissons du Cabinet du Roi, un labroïde très-voisin des girelles, dont nous n'avons pas hésité de faire un genre distinct, à cause de la singularité de sa dentition. Depuis, MM. Quoy et Gaimard, J. Desjardins, Botta, Lamarre-Piquot, Ehrenberg et Ruppel, ont retrouvé des espèces du même genre, que ces naturalistes se sont empressés d'adopter.

Ses caractères consistent dans la forme des dents, au nombre de quatre : deux à chaque mâchoire seulement; les supérieures sont écartées l'une de l'autre, aplaties, taillées en biseau tranchant, et elles sont recourbées de manière à avoir la pointe dirigée vers le haut; les inférieures sont plus coniques, quoique un peu aplaties à l'extrémité; elles sont recourbées, et la pointe descend vers le bas. C'est de cette particularité que nous avons donné à ce genre le nom d'*anampses,* que Cuvier a publié dans sa seconde édition du Règne animal, mais que nous avions déjà formé dans la distribution de la collection ichthyologique, ainsi qu'on peut le voir dans la publication de la partie zoologique de la Relation du voyage de l'Uranie.

Ces poissons ont des pharyngiens de labroïdes, avec lesquels ils peuvent broyer les corps dont ils se nourrissent. Sans cet appareil on concevrait difficilement de quelles espèces d'animaux les anampses pourraient se nourrir; car leurs dents antérieures ne semblent être ni défensives ni offensives. Le nombre des rayons de la membrane branchiostège est de six. Ce sont de jolis poissons des mers de l'Inde, dont nous ignorons les habitudes.

M. Cuvier, en se hâtant d'établir ce genre dans la seconde édition du Règne animal, a cité, comme une des espèces que nous entendions y ranger, le *labrus tetrodon* de Bloch, édition de Schneider. Or, précisément ce que l'on peut dire de ce poisson, assez vaguement décrit, c'est qu'il n'appartient pas au genre *anampses,* car il est tiré de Seba (vol. III, tab. 31, fig. 1); aussi Artedi articule positivement que les opercules sont écailleux, et l'on doit inférer de la phrase d'Artedi, que la ligne latérale était interrompue. La figure est difficile à déterminer; mais je crois que c'est au genre des *chromis* qu'il faut rapporter l'espèce qu'elle représente.

L'Anampses aux points bleus.

(*Anampses cœruleo-punctatus,* Rupp.)

C'est à Péron que l'on doit la découverte de ce poisson, dont la dentition offre un caractère générique si singulier. Il l'avait rencontré dans les mers de l'Isle-de-France, d'où MM. Desjardins, Quoy et Gaimard, et dernièrement M. Lamarre-Piquot, en ont rapporté d'autres individus au Muséum. Ils offrent tous une constance remarquable dans la disposition des traits de la tête ou des taches, qui rendent le corps agréablement grivelé.

C'est avec ces documens que nous allons en donner la description suivante :

La forme générale ressemble tout-à-fait à celle d'une girelle. La hauteur est le tiers de la longueur du corps, la caudale non comprise, et dont la longueur est moitié de la hauteur du tronc. La tête,

un peu moindre que la hauteur, a le sommet convexe et bombé.
L'œil est petit, car son diamètre n'est à peine que du huitième de
la longueur de la tête; il est éloigné du bout du museau de trois
fois le diamètre, et il est au-dessous de la ligne du profil d'une
fois et demie ce même diamètre. Le sous-orbitaire est large, mais
caché sous la peau nue qui recouvre toutes les pièces de la tête; le
préopercule est lisse; l'opercule a des stries rayonnantes : l'angle
membraneux en est large; le sous-opercule a encore quelques stries,
mais l'interopercule est tout-à-fait lisse. La bouche est petite, peu
fendue; les lèvres sont charnues, plissées comme celles de nos
labres; il n'y a que deux dents à chaque mâchoire, au milieu de
chacune d'elles; tout le reste de l'os, ainsi que le palais, sont parfaitement lisses. Ces dents offrent cette particularité générique,
qu'elles sont saillantes et recourbées, de sorte que la pointe des
supérieures est dirigée vers le haut, et celle des inférieures l'est vers
le bas; configuration qui fait que les dents se touchent par leur
partie convexe quand la bouche est fermée, comme le font les cils
de nos paupières. Ces dents, étant implantées à l'angle médian de
deux branches de l'intermaxillaire, sont écartées l'une de l'autre;
elles sont comprimées, tronquées à leur extrémité; on peut dire
d'elles que ce sont des incisives dont la couronne est oblique à l'axe
de la bouche. Les dents inférieures sont plus étroites, plus émous-
sées à l'extrémité et plus droites. La langue est reculée dans la
bouche; elle est libre et assez grande. En arrière on voit les râtelures des branchies, sorte de tubercules mousses et charnus, dont
la surface est recouverte de papilles fines et serrées. Le pharyngien
inférieur a une tige grêle, étroite, assez longue, hérissée de deux
rangées de dents coniques et mousses, qui se continuent de chaque
côté sur le bord antérieur de la portion triangulaire du corps de
l'os; le bord postérieur a dix dents en ovale très-alongé. Les pharyngiennes supérieures sont coniques et pointues sur la rangée
antérieure.

Les ouïes sont peu fendues, l'isthme qui les retient en dessous
étant assez large. La membrane branchiostège a six rayons.

La dorsale naît sur l'arrière du cou, à l'endroit le plus élevé de la courbe du profil; elle est basse, surtout de l'avant; mais l'anale l'est davantage. Son premier rayon épineux correspond au onzième de la nageoire du dos. La caudale est coupée carrément.

B. 6; D. 9/12; A. 3/12; C. 14; P. 12; V. 1/5.

Les écailles sont grandes et minces, à bord membraneux assez large, à stries fines, concentriques et granuleuses sur la partie nue, et avec vingt-quatre rayons à l'éventail, qui n'entament pas le bord radical. Je trouve vingt-six rangées d'écailles entre l'ouïe et la caudale, trois au-dessus et neuf au-dessous de la ligne latérale. Celle-ci est formée d'une suite de tubulures non ramifiées, relevées sur chaque écaille, infléchies sous le huitième rayon mou de la dorsale. La ligne latérale n'est pas interrompue.

Le poisson paraît, dans l'eau-de-vie, brun plus ou moins bleuâtre sur le corps, avec quinze rangées longitudinales de points blanc de lait, bordés d'une ombre noire. Quelques taches deviennent des traits verticaux. Sur le dos et au pied de la dorsale les points deviennent si petits qu'ils y forment une sorte de sablé. La tête, roussâtre, a des rayures bleuâtres, bordées d'une ombre brune, dessinant des stries rayonnantes autour de l'œil; les trois supérieures se réunissent en chevron sur le dessus de la tête; la quatrième est droite et ne dépasse pas la nuque; la cinquième devient un grand anneau, qui borde l'opercule et descend le long du limbe du préopercule. Au-devant de ce trait vertical il y en a trois ou quatre autres qui descendent sur l'interopercule; on en voit trois obliques sur l'opercule et le sous-opercule. Les lèvres ont chacune un trait verdâtre. La dorsale a une rangée de points oblongs blancs sur la membrane entre le pied de chaque rayon, puis deux rangées de petits ocelles et un liséré jaunâtre. La caudale, bordée aussi de jaune, a quelques points blancs. L'anale, brune, a une bordure verdâtre et deux séries de taches oblongues. La pectorale, jaune, a la base noirâtre ou bleu foncé. Les ventrales sont bordées de verdâtre.

Le dessin fait sur le vivant, que nous devons à M. Desjardins, nous indique que le fond est gris plombé ou légèrement bleuâtre; que les rayures de la tête et toutes les taches sont bleues, ainsi que le liséré des nageoires dorsale et anale, dont le fond est orangé, plus foncé sur la nageoire inférieure. La caudale est grise, la pectorale jaune; la ventrale, bleue, a le second rayon rouge. Les lèvres sont rouges, et la poitrine en a une légère teinte.

Les viscères de ce poisson sont semblables à ceux des labroïdes. La vessie aérienne, à parois épaisses et argentées, est assez reculée vers le fond de l'abdomen. Les œufs sont d'une petitesse excessive.

Outre les parties externes du squelette que j'ai décrites dans le détail donné plus haut des parties extérieures, je compte onze vertèbres abdominales et quinze caudales.

La longueur de nos individus est de neuf pouces.

M. Ehrenberg a retrouvé l'espèce dans la mer Rouge, et il paraîtrait que les points lui avaient semblé plus verdâtres que bleus; car je trouve dans sa description, comme sur le dessin dont je dois la possession à notre amitié, que l'espèce avait été nommée par lui *anampses chlorostigma.*

M. Ruppel[1] a trouvé aussi ce poisson, et il en a donné une fort bonne figure, où la caudale est bordée de jaune olivâtre; où le liséré de la dorsale est bleu très-pâle, et celui de l'anale bleu de roi très-vif. L'auteur dit dans le texte que la caudale a ses côtés bleus et qu'elle est bordée par un limbe blanc. Il a pris cette espèce à Tor. Il n'a pas entendu le nom vulgaire de ce poisson, car il était inconnu aux pêcheurs de ces contrées : il doit donc y être assez rare.

M. Botta en a envoyé un individu pêché par lui dans la mer Rouge, à Tor. Je le regarde comme de la même espèce; mais c'est une variété assez notable. La dorsale a plus de taches, et celles du corps deviennent pour la plupart des petits traits verticaux.

---

1. Ruppel, *Atlas zu der Reise im nördl. Afrika; Fisch.*, p. 42, tabl. 10, fig. 1.

*L'*Anampses géographique.

(*Anampses geographicus*, nob.)

Le Cabinet du Roi possède depuis long-temps un seul individu d'une espèce bien distincte, dont on ne connaît pas la patrie.

L'ellipse du corps est plus régulier et plus alongé; le museau est plus pointu; la nuque est moins haute; d'ailleurs la plus grande longueur du corps, qui se mesure au milieu, n'est contenue que trois fois et un quart dans la longueur totale. Les dents sont plus larges, les stries de l'opercule plus fines, la pectorale plus petite, et la caudale coupée en croissant.

D. 9/12; A. 3/12; C. 15; P. 13; V. 1/5.

Les écailles sont beaucoup plus petites que celles de l'espèce précédente, car j'en compte cinquante rangées entre l'ouïe et la nageoire de la queue, huit au-dessus, et vingt-quatre au-dessous de la ligne latérale. Elle est simple, linéaire, non interrompue, et fortement infléchie sous le septième rayon mou de la dorsale. Une écaille isolée se montre oblongue, avec une portion radicale à bord droit, à quinze rayons à éventail; la partie nue est triangulaire, chagrinée, mais non striée.

La couleur paraît avoir été analogue à celle de l'espèce précédente; mais la distribution des lignes et la forme des taches sont différentes.

Les rayures de la tête sont nombreuses, serrées, fréquemment anastomosées, comme un dessin de carte de géographie. Les taches des flancs sont des traits linéaires et verticaux. Les nageoires impaires sont couvertes de petits points arrondis.

La longueur de notre individu est de huit pouces.
Je ne trouve cette espèce décrite dans aucun auteur.

L'ANAMPSES DE CUVIER,

(*Anampses Cuvieri*, Q.)

MM. Quoy et Gaimard ont rapporté de leur premier voyage avec le capitaine Freycinet, un anampses qui se distingue des deux précédens par ce que

La tête est grivelée ou ponctuée, et n'offre aucune rayure; le corps est trapu; la hauteur est trois fois dans la longueur du tronc, lequel contient six fois la longueur de la caudale, qui est arrondie.

D. 9/12; A. 3/12, etc.

Les écailles sont grandes; j'en compte vingt-quatre entre l'ouïe et la caudale, trois au-dessus et huit au-dessous de la ligne latérale, composée d'une série de tubulures droites, et infléchie comme à l'ordinaire.

Dans la liqueur le poisson paraît rougeâtre, avec douze ou treize séries de points blancs, brillans sur le corps, plus pâles sur la tête ainsi que sur les nageoires verticales, qui sont bordées de blanchâtre.

MM. Quoy et Gaimard, ont vu le poisson frais, et en ont donné une peinture coloriée à la planche 55, figure 1, de l'atlas de l'Uranie.

Le corps est violacé, la poitrine rouge et les points blancs. Sur le haut de la tête ces points blancs sont très-petits, et sur le bas ils deviennent plus gros et d'un beau rouge. La dorsale et l'anale, rougeâtres, sont ponctuées de blanc et rayées de quatre traits fins et verdâtres. La caudale est moitié rougeâtre et moitié verdâtre; la pectorale est d'un beau jaune, et la ventrale est rougeâtre. L'iris de l'œil est orangé.

M. Quoy ne leur donne que cinq rayons à la membrane branchiale. J'en ai moi-même compté six sur les individus qu'il a rapportés. Il les a pris dans l'archipel de Sandwich, à l'île Mowi, et a entendu nommer cet anampses *opouré*.

14.   2

MM. Eydoux et Souleyet ont retrouvé cette même espèce dans ces îles, et l'ont aussi rapportée au Muséum.

Nos plus grands individus ont huit pouces et demi.

L'ANAMPSES MÉLÉAGRIDE.

(*Anampses meleagrides*, nob.)

M. Lamarre-Piquot a pris à l'Isle-de-France une nouvelle espèce de ce genre.

Elle a la tête couverte de gros points, semblables à ceux du corps, lesquels sont plus gros que ceux de l'*anampses cæruleopunctatus*. La dorsale et l'anale ont de petites mouchetures; la caudale, qui est légèrement échancrée, a une couleur jaune brillante, mais uniforme et sans aucune tache; la pectorale est pâle.

D. 9/12; A. 3/12, etc.

Les écailles sont au nombre de vingt-cinq rangées sur le tronc.

Je trouve d'ailleurs à cette espèce les stries de l'opercule plus fines, et les dents plus petites.

La longueur de l'individu est de six pouces. Je n'en ai vu qu'un seul individu écorché, mais en fort bon état.

L'ANAMPSES VERT.

(*Anampses viridis*, nob.)

Le même voyageur a encore rapporté une quatrième espèce de ce genre, qui est tout-à-fait différente des précédentes par les teintes uniformes.

En effet, elle paraît entièrement verte sur le corps et sur les nageoires. La tête, dont les pièces operculaires sont plus profondément ciselées, n'offre aucune trace de taches ni de rayures. La pectorale paraît avoir eu du jaune sur la terminaison des rayons inférieurs, car les supérieurs sont vert de malachite. L'anale a aussi un liséré jaunâtre. La caudale est coupée carrément.

D. 9/12; A. 3/12, etc.

Les écailles sont grandes et minces; il y en a vingt-quatre rangées sur chaque flanc. Les dents sont fortes, écartées et plates.

Nos individus ont onze pouces huit lignes de longueur. Ils viennent de l'Isle-de-France.

L'ANAMPSES COURONNÉ.

(*Anampses diadematus*, Rupp.)

A ces espèces, que j'ai décrites d'après nature, je dois ajouter celle que je trouve dans les supplémens ichthyologiques de M. Ruppel.[1]

Cette espèce a le corps elliptique, comprimé; la caudale tronquée; la couleur verdâtre; les lèvres bleues, ainsi que des chevrons entre les yeux; les rivulations peu nombreuses sur l'opercule, la poitrine et les traits verticaux des écailles. La caudale est jaunâtre, avec des bandes bleues en haut et en bas.

D. 9/12; A. 3/11, etc.

Le naturaliste qui nous a fait connaître cette espèce, l'a trouvée à Tor une seule fois avec un autre exemplaire de *l'anampses cœruleo-punctatus*: l'espèce est donc encore plus rare dans la mer Rouge que la précédente. Elle tient de la première et de la seconde, mais elle me paraît très-distincte. M. Ruppel fait observer que sa description des couleurs a été prise sur le poisson déjà conservé dans l'eau-de-vie. Il est long de dix pouces.

---

1. Ruppel, *Neue Wirbelth. zu der Fauna*, etc., p. 21, tab. 6, fig. 3.

CHAPITRE XII.

Des Gomphoses (Gomphosus, Lacép.).

Ces poissons, ainsi nommés par M. de Lacépède, appartiennent à la mer des Indes; ils ne diffèrent guère des
girelles que par un museau grêle, alongé, et fendu seulement sur moitié de sa longueur.

Renard avait assez bien représenté une espèce de ce
genre, en 1754, sur la planche 22 de la seconde partie
n.° 109, et même cette figure avait paru, plus en petit,
en 1718, dans le *Theatrum animalium* de Ruysch (pl. 11,
fig. 1), et en 1726 dans Valentyn (t. 3, n.° 424).

Ces trois auteurs nomment l'espèce *snipvisch* (poisson
bécasse), dénomination qui convient assez bien à la forme
de son museau. Cependant les naturalistes systématiques
ne l'avaient point inséré dans leur catalogue; et lorsque
Commerson l'observa en 1769 à l'Isle-de-France, il crut
devoir en former un genre particulier, qu'il nomma *elops*,
de ἧλοπς (*clavus*) et d'ὄψις (*facies*), voulant exprimer ainsi
ce museau semblable à un clou ou à un poinçon, et, pour
le dire en passant, il aurait dû l'écrire *helops* ou *helopsis;*
mais les anciens avaient un poisson qu'ils nommaient à
peu près de même, *helops, elops* ou *ellops*. On ne sait pas
au juste quelle en était l'espèce; et Linné, en 1766, dans
sa douzième édition, avait appliqué ce nom, d'une espèce
inconnue, à un poisson d'Amérique, de la famille des
harengs, l'*elops saurus,* dont nous reparlerons ailleurs;
d'où il résulte que M. de Lacépède, lorsqu'il publia, en
1802, dans son troisième volume, le genre établi par

Commerson, se vit obligé de lui imposer un nouveau nom,
il choisit celui de *gomphose,* qui répond à la même idée
que celui d'*helops,* étant dérivé de γόμφος, qui signifie un
clou ou un *coin.* Ce nom ayant été adopté par Shaw
(vol. IV, part. 2, p. 479), nous croyons devoir le conserver, quoiqu'il ait l'inconvénient de faire une équivoque
avec la *gomphose* (*gomphosis*), qui, chez les anatomistes,
désigne une espèce d'articulation, comparable à celle d'un
clou dans le trou où il est enfoncé.

Par un hasard singulier, cette même année 1802,
M. Sevastianof publia[1] un poisson de la même espèce
qu'un de ceux de Commerson, et en formait aussi un
genre, le nommant *acarauna longirostris.* Ce nom d'*acarauna* est d'origine brésilienne, et appartient en propre à
divers chœtodons : deux motifs suffisans de réprobation.

M. de Lacépède ainsi que M. Sevastianof n'ont pas fait
mention des articles ni des figures, déjà consacrés à une
espèce de ce genre par Ruysch; Valentyn et Renard ont
considéré les leurs comme nouvelles. M. Sevastianof croit
même la sienne du Brésil, parce qu'elle avait été envoyée
avec des poissons de ce pays à l'impératrice Catherine II;
mais j'ai lieu de penser qu'il a été induit en erreur; car
dans les nombreuses et riches collections du Brésil et de
toute la partie de l'Amérique située sur l'Atlantique, que
nous avons reçues, il ne s'est jamais trouvé de gomphose,
et aucun des auteurs qui ont décrit les poissons d'Amérique
n'en a fait la moindre mention. Tous ceux que nous possédons viennent de la mer des Indes ou du grand océan
Pacifique.

---

1. *Nova Acta* de Pétersbourg, t. XIII, p. 357, pl. XI.

Nous en avons sous les yeux trois espèces, dont deux ont été connues de Commerson, et dont l'autre a été découverte par les naturalistes de l'expédition de M. Freycinet.

Toutes ont le corps oblong, comprimé, revêtu de grandes écailles; la tête entièrement nue; l'œil petit; les narines rapprochées de l'orbite; le museau alongé, cylindrique, formé par les intermaxillaires et les mandibulaires; les dents des mâchoires sur une rangée, et les antérieures plus longues : celles des pharyngiens en forme de pavés, comme dans les labres; les pièces operculaires rapprochées sous la gorge; les ouïes étroites, leurs membranes adhérentes à l'isthme, contenant chacune six rayons; la dorsale et l'anale longues, peu élevées, uniformes en hauteur; les pectorales et les ventrales médiocres; la ligne latérale rameuse et infléchie vers l'arrière du corps : en sorte qu'elles ne diffèrent presque entre elles que par les formes de la caudale et par les couleurs.

Le Gomphose Lacépède.

(*Gomphosus Cepedianus*, Q. G.)

Nous commencerons par l'espèce la plus grande et la plus belle, qui nous paraît être celle-là même dont Renard a donné la figure, ou n'en diffère qu'extrêmement peu.

MM. Quoy et Gaimard l'ont trouvée aux îles Sandwich, et l'ont représentée dans la Relation du voyage de Freycinet (Zool. pl. 55, fig. 2) sous le nom de *gomphose Lacépède*. Depuis lors elle a aussi été rapportée d'Otaïti et des Carolines par MM. Lesson et Garnot, naturalistes de l'expédition de M. Duperrey, et tout récemment MM. Eydoux et Souleyet l'ont retrouvée aux mêmes lieux que les compagnons de M. Freycinet.

Sa hauteur aux pectorales est quatre fois et un tiers dans sa longueur, et son épaisseur deux fois dans sa hauteur. Sa tête a un peu plus du tiers de la longueur totale, et son museau fait près de moitié de la longueur de sa tête. Son profil descend obliquement et presque en ligne droite, à partir de la nuque. C'est la ligne de la gorge qui, prenant sous l'angle de la mâchoire une courbure concave, lui rétrécit le museau. La ligne du dos est presque droite jusqu'à moitié, où elle s'abaisse un peu pour former la queue. L'œil est au trois-cinquième de la longueur de la tête, et au quart supérieur de sa hauteur à cet endroit. Son diamètre n'est que du neuvième de la longueur de la tête. Il y a deux de ces diamètres d'un œil à l'autre, et le front entre eux est, ainsi que le crâne, légèrement convexe. Les deux orifices de la narine sont voisins de l'œil, surtout le postérieur, qui est près de son bord antérieur et supérieur; l'autre est un peu plus bas et à la distance d'un demi-diamètre d'œil. Le sous-orbitaire est grand et mince, mais caché par la peau, et le repli cutané qui en dépend, comme dans les labres et les girelles, traverse obliquement le museau vers son tiers inférieur en dessus, et vers sa moitié de côté. Les lèvres sont fendues jusqu'à ce repli, molles et membraneuses. Le maxillaire est petit, de forme irrégulière, placé en travers sur la base des mâchoires, et caché entièrement par le sous-opercule et la peau qui le revêt, en sorte que l'on n'en voit rien au dehors. Les mâchoires ont peu d'écartement, elles sont armées chacune, et de chaque côté, d'une rangée de dents serrées, courtes et peu pointues. Les deux antérieures à chaque mâchoire sont deux fois plus fortes et crochues; celles d'en bas ont entre elles et les petites qui les suivent une lacune peu considérable.

Le palais n'a aucunes dents, et je n'y vois pas même de voile. La langue, mince, plate, large et arrondie en avant, n'occupe que le fond du long museau. Les arceaux des branchies n'ont que des tubercules mous sur deux rangs; mais les pharyngiens sont garnis de dents serrées et en forme de petits pavés. Le préopercule a son bord montant vertical, entier; son limbe peu apparent. Le bord inférieur est caché sous la peau, et ne paraît pas distinct du subopercule ni de l'interopercule, lesquels, réduits eux-mêmes à un état presque membraneux, se recourbent et touchent, sous la gorge, ceux de l'autre côté. L'opercule, de moitié plus haut que long, et prenant plus d'un cinquième de la longueur de la tête, est arrondi en arrière, quant à sa partie osseuse; mais sa membrane forme un angle obtus. La membrane branchiale s'unit à sa correspondante sous l'isthme; et s'y attache très-près de son bord, vis-à-vis le bord montant du préopercule, en sorte que les ouïes ont peu de jeu. Elles contiennent chacune six rayons plats, dont les deux premiers fort larges. Toute la tête est sans écailles[1]. Des lignes relevées et poreuses forment des rayons irréguliers autour de l'œil. Trois lignes semblables marchent parallèlement sur l'opercule. L'épaule est sans armure. La pectorale est coupée en triangle, dont le côté le plus long, qui est le supérieur, est cinq fois et demie dans la longueur totale. On y compte quinze rayons, dont les deux ou trois premiers sont les plus longs, les derniers les plus courts. Son attache se fait obliquement, un peu au-dessous du milieu de la hauteur. Les ventrales adhèrent au bord inférieur du tronc, vis-à-vis l'attache des derniers rayons de la pectorale; elles sont d'un tiers moins longues, de forme pointue, et n'ont qu'une épine grêle et flexible, de moitié moins longue que le premier rayon mou. Il n'y a pas d'écaille remarquable sur leur base, et entre elles il n'y en a qu'une triangulaire très-courte.

La dorsale commence vis-à-vis la base supérieure de la pectorale, elle a en longueur deux cinquièmes de celle du poisson; ses rayons sont très-courts, surtout les antérieurs, qui n'ont guère que le septième de la hauteur du corps; les huit premiers sont épineux, et ils sont suivis de douze branchus.

L'anale répond à la seconde moitié de la dorsale, et paraît un peu moins basse. On ne lui compte qu'un rayon épineux et onze branchus. Entre ces nageoires et la caudale est un espace d'un peu plus du huitième de la longueur totale, un peu moins haut que long,

---

1. La figure de MM. Quoy et Gaimard en marque sur la joue. C'est une inadvertance.

et dont l'épaisseur, dès le commencement, n'est que du tiers de sa hauteur. La caudale a un peu moins du septième de la longueur du poisson ; elle est légèrement coupée en croissant ; mais ses angles ne font pas de pointes prolongées.

B. 6 ; D. 8/12 ; A. 1/11 ; C. 15 ; P. 15 ; V. 1/5.

Il n'y a que vingt-six ou vingt-sept écailles sur une ligne entre l'ouïe et l'anus, et quatorze ou quinze sur une ligne verticale ; toutes minces, ovales, tronquées en arrière, très-finement striées sur tout leur bord, et un peu réticulées sur leur disque, sans crénelure ni éventail régulier. Les arbuscules de la ligne latérale ont trois ou quatre branches relevées et quelques petits rameaux. Cette ligne marche parallèlement au dos et au premier quart de la hauteur, jusque sous le neuvième ou le dixième rayon mou de la dorsale ; après quoi elle se plie, pour prendre le milieu de la hauteur, jusqu'à la caudale, sur laquelle elle ne se continue point.

Aucune nageoire n'a d'écailles.

Dans la liqueur, la tête et le corps de ce gomphose paraissent d'un brun nuancé de bleuâtre. A la base de chaque écaille une grande nébulosité jaunâtre occupe la région de l'épaule. La dorsale et l'anale sont jaunes ; la caudale aussi, mais avec une bande du brun du corps, à ses bords supérieur et inférieur. La pectorale est brune et a sa base jaune et une tache noire à l'angle supérieur de cette base.[1] Une bande bleue traverse obliquement le brun. Les ventrales paraissent d'un gris jaunâtre.

Dans le frais, selon l'enluminure des peintres de M. Freycinet, ce qui paraît brun est d'un beau vert, et le jaunâtre d'un beau jaune. Il y a une tache bleue sur la base de chaque écaille, et une bande bleue oblique en travers de la pectorale. Une bande violette règne sur la base de la dorsale et de l'anale, et une ligne bleue sur leur milieu et dans toute leur longueur.

Notre plus grand individu est long de dix pouces.

Nous avons fait sur lui les observations anatomiques suivantes, tant de ses viscères que de son ostéologie.

---

1. Cette tache a été oubliée dans la figure de M. Quoy.

Le foie est composé de deux lobes à peu près égaux, larges, peu étendus en arrière. L'œsophage et l'estomac se confondent en un tube droit, cylindrique, un peu rétréci du pylore, qui est ouvert à la moitié de la longueur de l'abdomen. Il n'y a pas d'appendice au pylore. Après s'être courbé pour descendre vers les muscles abdominaux, l'intestin remonte de suite à la hauteur du pylore, et se porte directement à l'anus. La rate est petite, trièdre, noire et placée sous l'œsophage, en arrière du foie. Il y a une vessie aérienne alongée, étroite, dont les tuniques sont très-minces.

Le squelette de ce gomphose a vingt-quatre vertèbres, dont neuf abdominales. La neuvième de celles-ci forme de ses apophyses transverses un grand anneau ovale; et il y en a un semblable, mais plus petit, à la base de l'apophyse épineuse inférieure de la première vertèbre caudale. La cavité de l'abdomen se prolonge dans ces anneaux. Les côtes sont grêles, simples et n'embrassent guère que moitié de la hauteur de l'abdomen.

A la tête on doit remarquer, indépendamment de ce qui paraît au dehors, la forme singulière des intermaxillaires en triangles alongés, et dont les pédicules, courts et coupés obliquement, ne se distinguent presque pas du corps de l'os. Le crâne n'a presque point de crêtes. A l'épaule l'échancrure du cubital est extrêmement grande, et il donne une petite pointe en arrière. Le radial n'a qu'un trou ovale et médiocre. Le carpien inférieur est long et en double triangle, comme ceux d'au-dessus. Les caracoïdiens sont larges et plats. Le bassin est en triangle isocèle, long et étroit, surtout en avant.

Les couleurs que Renard donne à son *snip* (part. II, pl. 22, fig. 109), ressemblent beaucoup à celles que nous venons de décrire, si ce n'est qu'il peint le museau de rouge, qu'il place des taches rouges sur le crâne et sur la nuque, et qu'il ne donne point de bande bleue à la pectorale ni de bords verts à la caudale. Il dit que ce poisson est fort recherché à Amboine pour sa bonté, et que l'on en fait des pâtés délicieux.

Peut-être son individu était-il semblable à celui que Commerson nomme *elops variegatus*. Celui-ci l'avait vu à Otaïti; mais il n'a pu en donner qu'une description sommaire et faite de mémoire. Il était, dit-il, varié de rouge, de jaune et de bleu, qui y prédominait.

Ce qui est certain, c'est que ce n'est pas cette espèce qu'il avait représentée dans la figure que M. de Lacépède a fait graver (t. III, pl. 5, fig. 2) sous le nom de *gomphose varié*, et comme étant l'*elops variegatus* de Commerson. Cette figure représente bien certainement l'espèce suivante :

Le Gomphose brun.

(*Gomphoses fuscus*, nob.; *Elops fuscus*, Comm.; *Gomphose varié*, Lacép.)

M. de Lacépède n'a eu de ce gomphose, dans les papiers de Commerson, qu'une figure dessinée au crayon, qu'il a fait graver (t. III, pl. 5, fig. 2), la croyant celle du gomphose varié; mais c'est une espèce particulière, dont la description s'est retrouvée dans ceux des manuscrits de Commerson que possédait Herman, et dont M. de Lacépède n'a pas eu connaissance; elle y est intitulée *elops fuscus,* ce qui revient à *gomphose brun.* Le poisson même existait parmi ceux que Commerson avait préparés en nature, et plus récemment il a été rapporté des îles Sandwich par MM. Quoy et Gaimard.

Ses formes sont à peu près celles du gomphose vert, mais un peu plus courtes, et sa caudale est coupée carrément sans aucun prolongement de ses angles. Ses écailles, sa ligne latérale, ses dents, sont toutes pareilles. Tout son corps est brun clair, avec une tache ou un trait d'un brun foncé sur chaque écaille. Un ruban brun va du museau à l'œil et se continue sur la tempe, et toute la portion

de la tête au-dessous de ce ruban est d'un brun clair tirant à la
couleur de chair. Sa dorsale et son anale sont d'un brun noir, et
sur cette dernière on voit une petite tache ronde et pâle. La caudale est presque noire, et son fond postérieur a un large ruban
blanchâtre qui se rétrécit à ses deux extrémités, où le noir va
presque jusqu'à l'angle de la nageoire. Ses pectorales et ses ventrales sont d'un gris jaunâtre.

L'espèce ne paraît pas devenir aussi grande que la précédente.
Nous n'en avons pas d'individus de plus de six pouces.

La description que nous venons de donner de ses couleurs, est faite d'après des individus secs ou conservés dans
la liqueur, et cependant elle s'accorde avec celle que Commerson a faite sur le frais à l'Isle-de-France. Ainsi il ne
paraît pas beaucoup changer par la préparation; mais peut-
être change-t-il selon les saisons.

Commerson avait eu ses individus en Octobre, en même
temps que ceux de l'espèce bleue; mais ils étaient plus
rares.

Nous sommes d'autant plus portés à regarder comme
vraie notre conjecture sur le changement périodique des
couleurs de cette espèce, que M. Dussumier nous le décrit
sous des couleurs bien plus brillantes. Voici l'extrait des
annotations de ce judicieux observateur.

Sur un fond verdâtre le corps est couvert de taches bleues ou
violettes, situées sur le milieu de chaque écaille. Le dessus de la
tête et du bec est d'un beau vert; les côtés et les opercules sont
rosés; le ventre, blanc, a une légère teinte verdâtre. La dorsale,
l'anale et la caudale, sont de cette couleur. Celle-ci porte à l'extrémité deux bandes, l'une brune, l'autre jaune sur le bord. L'anale a
une bordure brune; la pectorale est d'un vert très-clair.

M. Dussumier regarde, ainsi que Commerson, l'espèce
rare à l'Isle-de-France, où elle est recherchée pour la table.

Elle est répandue dans tout le grand Océan indien.

Commerson en avait pris des individus à Otaïti.

Nous avons reconnu parmi les dessins que Parkinson avait exécutés pendant le premier voyage de Cook, et qui sont conservés dans la bibliothèque de Banks, au *British museum,* une figure faite à Otaïti, et intitulée *nasutus,* qui ressemble parfaitement au *gomphose brun,* pour les formes et pour la distribution des couleurs; mais qui a ces couleurs bien plus vives et assez semblables à celles indiquées par Dussumier.

> Le fond est vert, les taches et les traits des écailles bruns, le museau rouge, le bas de la tête blanc, les taches de l'anale et le bord de la caudale jaunes.

Il serait possible surtout que ce rouge du museau, que nous avons déjà vu au *snip* de Renard, fût particulier au temps du frai.

MM. Quoy et Gaimard ont cru que le gomphose brun qu'ils ont rapporté des îles Sandwich était une espèce nouvelle, et ils l'ont décrit, sans en donner de figure, dans la Zoologie du voyage du capitaine Freycinet. L'espèce avait été dédiée par eux à Commerson. Mais l'examen des individus décrits sous le nom de *gomphose Commerson,* et conservés dans le Cabinet du Roi, prouve leur identité avec notre espèce.

Nous trouvons aussi une bonne figure de ce gomphose dans l'ouvrage de M. Whitchurch Bennett sur les poissons de Ceilan. Les couleurs de la figure répondent tout-à-fait à celles de nos individus conservés dans l'esprit de vin. Les Cingalais leur donnent le nom de *kroppra girawah.*

Le GOMPHOSE BLEU.

(*Gomphosus cæruleus*, Comm.)

Cette espèce a été décrite en détail par Commerson, qui
en a laissé deux bonnes figures, l'une au crayon, l'autre
coloriée, et plusieurs échantillons en nature; mais conservés
en peau desséchée et aplatie. Depuis nous avons pu en
observer un grand nombre d'individus en bon état et rapportés dans l'eau-de-vie.

Les figures de Commerson sont gravées dans M. de
Lacépède (t. III, pl. 5, fig. 1, et pl. 6, fig. 1).

C'est aussi celle que M. Sevastianof a publiée[1]. Sa figure
est fort bonne.

La forme de ce poisson est celle du gomphose Lacépède, mais
avec cette différence très-sensible, que les angles de sa caudale se
prolongent chacun en un filet aussi long que le milieu de la
nageoire; ses ventrales s'alongent aussi un peu en filets.

Desséché, comme nous l'avons, il paraît noirâtre ou verdâtre, et
c'est ainsi qu'il est peint dans la figure gravée planche VI de Lacépède.
Mais à l'état frais, selon la description de Commerson, il est entièrement d'un bleu très-foncé, qui devient presque noir aux pectorales:
sur les autres nageoires c'est seulement un bleu clair. L'iris des yeux
est couleur d'émeraude.

Commerson le compare pour la taille à une tanche
médiocre. Les individus qu'il a préparés sont longs de
neuf pouces.

On les avait pris à l'Isle-de-France, au commencement
d'Octobre 1769. L'espèce n'y est pas commune. Sa chair
est molle et sans saveur.

---

1. *Nova Acta* de Pétersbourg, t. XIII, p. 357, pl. XI.

J'ai déjà dit que je ne trouve nulle probabilité à ce que l'individu de M. Sevastianof soit véritablement venu du Brésil, bien qu'il se soit trouvé dans une collection de poissons de ce pays.

M. Dussumier l'a rapporté de l'Isle-de-France, et le représente, comme Commerson,

avec la partie antérieure de la tête d'un beau bleu, et le corps vert foncé; la dorsale et l'anale bleu d'outremer, la caudale de la même couleur, avec les deux pointes d'un vert très-foncé. Les pectorales sont bleues à la base, noires au milieu et bordées de blanc transparent. La ventrale est bleue, avec le rayon épineux bleu foncé presque noir.

L'œil est vert: un cercle jaune entoure l'ouverture de la pupille.

M. Dussumier ajoute qu'on le mange à l'Isle-de-France, où il est assez rare.

MM. Quoy et Gaimard ont trouvé une seule fois un individu de cette espèce, dans la rade de Bourbon, et bien que l'espèce soit rare dans la rade de cette île, on l'y rencontre de temps en temps; car M. Morel, avocat, résidant à Saint-Denis, en a rapporté tout récemment de nouveaux individus. Les compagnons de M. d'Urville ont eu soin de peindre ce poisson au moment même où il sortait de l'eau, et cette peinture, qui nous a été confiée, ainsi que tous les autres nombreux et beaux dessins, par M. Quoy, avec une générosité dont nous ne pouvons assez le remercier, nous le montre comme étant

bleu, lavé d'une légère teinte verdâtre, qui est donnée au corps parce que chaque écaille est bordée de vert. La couleur bleue des lèvres est plus claire que celle du tronc.

Nous avons encore examiné un autre individu de ce gomphose, qui faisait partie des poissons réunis à Bombay par feu M. Roux. L'espèce doit y être rare, car nous ne l'avons jamais vue dans les belles et nombreuses collections que M. Dussumier nous a rapportées de cette rade.

Je crois devoir encore regarder comme de la même espèce le gomphose que M. Bennett a figuré dans son ouvrage sur les poissons de Ceilan, n.° 3o, et auquel il donne une teinte toute verte Il le nomme *gomphosus viridis;* mais j'ai lieu de croire que, si le poisson était tout vert, c'est que dans cette variété la teinte verte prédominait sur le bleu du corps, qui s'efface très-promptement après la mort, et se change en vert foncé, ainsi que nos individus desséchés nous le prouvent. Peut-être même que le dessin de M. Bennett a été colorié long-temps après la mort du poisson.

Ces observations prouvent que l'espèce est répandue dans toute la mer des Indes.

CHAPITRE XIII.
Des Rasons et des Novacules.

DES RASONS (*Xyrichthys*, nob.).

Les *rasons*, nommés ainsi à cause de leur forme comprimée et de leur tête tranchante, qui les ont fait comparer à des lames de rasoir, se distinguent des labres et girelles par des caractères tout opposés à ceux qui en différencient les gomphoses; ce sont en quelque sorte des girelles ou des labres, dont la tête est plus haute que longue et comme tronquée en avant, et ayant le profil vertical élevé et tranchant. Nous disons que ces poissons tiennent des girelles et des labres, parce que si la plupart ont, comme les girelles, la tête nue, il en est où la joue est écailleuse, comme dans les labres. Du reste, les caractères communs des girelles et des labres s'y retrouvent en tout : dorsale longue et uniforme; dents sur une seule rangée, les antérieures plus longues; palais et langue lisses; pharyngiens couverts de dents en petits pavés; canal intestinal uniforme, sans cul-de-sac et sans cœcums; production membraneuse du sous-orbitaire formant une double lèvre, etc. Il n'est pas jusqu'à la vivacité de leurs couleurs, qui ne rappelle certaines girelles et certains labres. Leur ligne latérale est quelquefois interrompue sous la fin de la dorsale, comme dans les scares, mais elle ne consiste qu'en traits simples et non rameux.

La forme extérieure de la tête de ces poissons les a fait réunir aux coryphènes, mais fort mal à propos.

C'est Willughby qui le premier a commis cette faute. L'espèce de la Méditerranée, la seule dont il ait parlé, ne lui étant connue que d'après les figures et les descriptions de Rondelet (p. 146), de Salviani (fig. 217), et de Gesner (paral. 1283), il crut, sur la forme générale, devoir la placer (Ichthyol., p. 214) entre la grande coryphène (*cor. hippuris*) et le pompile (*cor. pompilus*).

Artedi, qui semble s'être fait une loi de suivre Willughby, et croyant apparemment les rayons du rason flexibles comme ceux des deux poissons auxquels Willughby l'associait, les réunit tous les trois dans son genre *coryphœna,* qu'il plaça dans les malacoptérygiens.

Linné, dans sa dixième édition, p. 262, prit le genre *coryphène* tel qu'il le trouva dans Artedi, y ajoutant, avec l'espèce de l'*equisetis* qui est très-voisin de la dorade ou de la véritable coryphène (*cor. hippuris*), celle du *pentadactyle,* qui est semblable au *rason.*

Bloch suivit la même marche; il fit dans son grand ouvrage (pl. 176) un *coryphœna cœrulea* d'un poisson qui, à la vérité, est un scare, mais qu'il ne plaçait parmi les coryphènes que parce qu'il le trouvait semblable au rason; et dans son *Systema* (p. 294 et suiv.) il en ajouta beaucoup d'autres, qui ne sont réellement que des rasons, et les mêla sans ordre avec de vraies coryphènes.

Enfin, Lacépède et Shaw n'ont fait presque autre chose que de copier Linné et Bloch, si ce n'est que le premier a composé un genre à part, nommé *hémiptéronote,* de deux poissons inscrits jusque-là parmi les coryphènes, et dont l'un, l'*hémiptéronote cinq-taches,* est un véritable rason, tandis que l'autre, l'*hémiptéronote Gmelin* (*coryphœna hemiptera* Gm.), me paraît à peu près indéchiffrable, quoique l'on puisse inférer des huit rayons de la ventrale, que ce poisson était un *myripristis* ou un *holocentrum*.

C'est en 1815 seulement, dans le premier volume des Mémoires du Muséum, page 324 et suivantes, que M. Cuvier a fait voir que cette apparence de la tête n'est qu'un rapport isolé et trompeur, qui n'entraîne à sa suite aucun caractère subordonné, et qui n'est d'aucune importance dans une méthode naturelle.

Dans les vraies coryphènes la saillie tranchante du front est soutenue par une crête verticale qui règne sur le dessus du crâne, et dans la composition de laquelle entrent le frontal et l'interpariétal, en sorte que toute cette saillie est au-dessus de l'œil, qui se trouve ainsi rabaissé au niveau de la bouche, en donnant à ces poissons une physionomie toute particulière.

Dans les rasons ce n'est pas le dessus de la tête qui est saillant, mais le museau, qui est développé dans le sens vertical, et dont le tranchant est soutenu par l'ethmoïde, les deux intermaxillaires, et les côtés par les deux sous-orbitaires, qui se prolongent vers la bouche, précisément comme dans les labres, d'où il résulte que l'œil est tout au haut de la tête, et que la physionomie du rason est toute différente de celle du *coryphœna,* et en quelque sorte tout opposée.

Les deux poissons n'auraient quelque ressemblance que dans leur silhouette, s'il est permis de se servir de cette comparaison.

Toutes les espèces connues de ce genre ont la chair d'un goût exquis.

Le nom de *rason* ou de *rasoir,* que porte celle de la

Méditerranée, et la forme de ce poisson, ont fait penser à Rondelet que ce pourrait être le *novacula,* dont le nom se rencontre une seule fois dans Pline (l. 32, c. 11), sans aucune autre désignation, et ne se retrouve dans aucun auteur ancien. C'est une conjecture qu'il est aussi impossible de combattre que de démontrer.

DU RASON ORDINAIRE (*XYRICHTHYS CULTRATUS*).

Le *rason* de nos côtes ou le *poisson peigne, pesce pettine* des Romains, est un très-beau poisson par ses couleurs, mais ses formes sont très-simples.

Il est fort comprimé, presque tronqué en avant, et diminue graduellement de hauteur depuis sa nuque jusqu'à sa caudale, qui est coupée carrément. Sa hauteur aux pectorales est trois fois et un quart ou un cinquième dans sa longueur, et son épaisseur trois fois et trois quarts dans sa hauteur. La hauteur de la tête à la nuque surpasse d'un sixième ou d'un septième sa longueur, prise du bout du museau à l'angle de l'opercule, et cette longueur est quatre fois et un quart ou un tiers dans celle du poisson; celle de la caudale y est sept fois.

Sa nuque et son crâne, également tranchans, se recourbent en quart de cercle, et le reste du profil est en ligne droite, presque verticale; l'œil est au quart supérieur de la hauteur de la tête, à peu près au centre de courbure de ce quart de cercle; son diamètre est de moins d'un sixième de la hauteur de la tête. La bouche est loin de l'œil, au bas du profil, la ligne de la gorge montant obliquement vers elle; sa fente est horizontale et ne prend pas le quart de la longueur de la tête. Les lèvres sont médiocrement charnues. Le repli de peau du sous-orbitaire est mince et peu saillant. La hauteur du premier sous-orbitaire est des deux cinquièmes de celle de la tête; c'est aussi à peu près celle du nasal, os long et étroit, dont le bord antérieur forme le profil

Les orifices de la narine sont très-près de l'œil, au-dessus l'un de l'autre, voisins et fort petits; l'inférieur, qui est aussi l'antérieur, est presque imperceptible. La mâchoire supérieure a en avant deux grandes dents crochues, entre lesquelles en sont deux très-petites, et de chaque côté dix petites coniques et pointues. L'inférieure a également deux grandes dents crochues en avant, mais sans petites entre elles, et dix ou douze petites de chaque côté, semblables à celles d'en haut. Les dents pharyngiennes sont, comme dans les labres et les girelles, en forme de petits pavés.

Le bord montant du préopercule est vertical et double de son bord horizontal; son angle est arrondi; son limbe entier, mince, lisse, assez séparé de la joue par une arête. L'opercule est en demi-ovale, deux fois plus haut que long, et augmenté d'une membrane qui se termine en angle obtus. Le sous-opercule et l'interopercule sont aussi membraneux à leurs bords et assez larges. Les membranes branchiostèges s'unissent sous l'isthme et s'embrassent vis-à-vis l'angle du préopercule; elles ont chacune six rayons, dont les cinq premiers sont arqués, comprimés et assez grêles; le sixième, plus court, élargi à peu près en triangle.

La région de l'épaule est lisse, mais n'a point d'armure spéciale. La pectorale a un peu moins du cinquième de la longueur du poisson, est coupée en ovale et compte onze rayons, dont le premier seul n'a point de branches; leur attache est un peu au-dessus du tiers inférieur.

Les ventrales s'attachent au tranchant inférieur du corps, vis-à-vis l'insertion des pectorales; leurs deuxième et troisième rayons y forment une pointe grêle de la longueur des pectorales. Le premier est épineux, grêle et de près de moitié de la longueur des deux suivans; les trois derniers décroissent vite entre ces deux nageoires en une petite écaille triangulaire.

Une dorsale, uniforme depuis la nuque, règne le long du dos; elle a le quart de la hauteur du corps, et contient neuf rayons épineux grêles, dont les deux premiers sont même flexibles, et douze mous, dont le dernier est fourchu.

L'anale répond à ses trois cinquièmes postérieurs et est à peu près de même hauteur; elle a trois rayons épineux très-grêles, et douze mous, semblables à ceux d'en haut. L'espace entre ces deux nageoires et la caudale est du septième de la longueur et égal à la caudale; sa hauteur en avant est égale à sa longueur, et son épaisseur en fait le quart.

La caudale est carrée, et a douze rayons entiers, dont les deux extrêmes n'ont point de branches, et le treizième, plus petit, est en dehors de ceux-là.

B. 6; D. 9/12; A. 3/12; C. 13; P. 11; V. 1/5.

Il n'y a d'écailles ni sur la tête ni sur les nageoires; mais le corps en a de grandes : on n'en compte que vingt-six sur une ligne entre l'ouïe et la caudale, et dix ou onze sur une ligne verticale derrière les pectorales, qui seraient carrées, si le bord antérieur, au lieu d'être droit, ne formait un angle obtus. Toute leur partie cachée est striée en rayons réguliers et d'une finesse excessive. Ceux de la partie visible sont moins marqués, et son bord est lisse et très-mince. Il n'y a pas de dentelures au bord radical.

La ligne latérale se compose d'un trait relevé et longitudinal, traversant chaque écaille; elle occupe le premier sixième de la hauteur et la seconde rangée d'écailles, parallèlement au dos, depuis le haut de l'ouïe jusque sous le pénultième rayon de la dorsale, où elle s'interrompt tout d'un coup, pour recommencer au milieu de la hauteur et continuer jusqu'à la caudale.

Tout ce poisson est d'un beau rouge rose, plus cramoisi vers le dos, plus pâle sur les flancs et au ventre, et varié par des lignes bleues, ou plutôt d'un argenté bleuâtre, lisérées de violet. Six ou sept de ces lignes descendent verticalement des environs de l'œil jusqu'au bord inférieur de la tête, en passant sur la joue, le limbe du préopercule et l'interopercule. Il y en a deux autres, un peu ondées, sur l'opercule, et chaque écaille du corps a une ligne de la même couleur que celles de la tête, qui en traverse verticalement le disque, près de la base de sa partie visible.

L'anale et la caudale ont, sur un fond jaunâtre, beaucoup de petites lignes violettes ondulées; celles de l'anale en coupent obliquement les rayons, celles de la caudale les coupent à angles droits.

La dorsale est jaune ou orangée, avec du rouge sur les épines et vers le bord. Salviani dit qu'il y a du bleu sur les intervalles de sa membrane. Les pectorales et les ventrales sont jaunâtres. L'iris de l'œil est aurore.

Nos plus grands individus ne passent pas huit pouces. Voici ce que nous offre de plus remarquable l'anatomie de ce poisson.

La cavité abdominale du rason n'a que très-peu de largeur, mais sa hauteur fait près des deux tiers de celle du corps. Le foie est haut, peu épais et composé d'un seul lobe; la vésicule du fiel est très-petite; le canal intestinal n'a aucun renflement qui indique l'estomac : simple et sans appendices cœcales, il se replie quatre fois avant de déboucher à l'anus.

La vessie natatoire est grande, pointue en avant et arrondie en arrière; les reins sont gros; le péritoine est épais et d'un beau blanc d'argent mat.

Le squelette de la tête du rason est remarquable par la petitesse du crâne, qui monte verticalement derrière les yeux et porte une petite crête triangulaire, la mitoyenne un peu avancée entre les orbites, et par la longueur extrême des naseaux et des sous-orbitaires, dont nous avons déjà parlé, ainsi que de l'ethmoïde qui descend verticalement entre eux. Il y a à l'épine vingt-cinq vertèbres: la première est fort courte; les huit suivantes appartiennent, ainsi qu'elle, à l'abdomen; les deux dernières sont soudées pour former la plaque verticale qui porte la caudale. Les apophyses épineuses sont fortes et portent chacune un interépineux et un rayon; cependant la seconde d'en haut et la première d'en bas ont chacune trois interépineux, et le premier des trois supérieurs n'a pas de rayon; les quatre dernières vertèbres qui soutiennent le bout de la queue, derrière la dorsale et l'anale, n'ont pas d'interépineux à porter. Toutes les apophyses transverses sont plates et dirigées vers le bas; mais sans s'unir en anneaux. Les côtes n'embrassent pas moitié de la hauteur de l'abdomen, et n'ont que des appendices encore plus courtes.

Rondelet a donné une assez bonne figure du rason
(p. 146); il y en a encore une meilleure dans Gesner
(Paralip. 24); mais celle de Salviani (fol. 217, p. 83) est
défectueuse, en ce qu'elle représente les écailles beaucoup
trop petites. Il n'en est pas question dans Belon. Aldrovande (p. 205) s'est borné à copier la figure de Rondelet.
Willughby (pl. O, 2) et Bonnaterre (pl. 33, fig. 127) ont
préféré mal à propos celle de Salviani. Je n'en connais pas
de représentation plus récente, ce qui est singulier pour
un poisson d'Europe et si remarquable; aussi paraît-il avoir
été fort peu observé par les modernes : Willughby ne
l'avait pas vu; Brünnich n'en parle pas, et, ce qui est plus
extraordinaire, M. Risso, qui, dans sa première édition
(p. 181), paraissait l'avoir assez bien connu, décrit sous
son nom, dans la nouvelle (p. 334), un tout autre poisson, le pompile (*coryphœna pompilus,* Linn.), le même
qu'il reproduit ensuite sous son véritable nom (p. 236)
d'après un individu un peu autrement coloré. Artedi,
Linné, Daubenton, Bonnaterre, Lacépède, Bloch et
Shaw, n'en ont parlé que d'après Rondelet ou Salviani.
Rafinesque en parle [1] sous le nom de *coryphœna lineolata,*
le croyant différent du *novacula* ordinaire, dont il ne
jugeait apparemment que par les descriptions incomplètes
de ses prédécesseurs.

Ce rason nous est venu de plusieurs parties de la Méditerranée : M. Delalande l'avait eu aux Martigues; M. Savi-
gny à Naples; feu Adanson l'avait reçu de Seïde, et M. de
Laroche l'a observé à Iviça, où on le nomme *ró;* à Mont-
pellier on l'appelle *rason,* selon Rondelet; à Nice *rasuor,*

----

1. *Caratteri,* p. 33, n.° 85.

selon M. Risso; à Rome, *pesce pettine* (poisson peigne), selon Salviani; il porte le même nom en Sicile, selon M. Rafinesque, et à Gênes, selon M. Viviani.

Il ne paraît pas très-commun en deçà de la Sicile. Salviani assure que l'on en voit à peine dix ou douze par an sur les marchés de Rome; mais suivant Rondelet on en prend beaucoup à Rhodes et à Malte. Nous venons d'en recevoir de fort beaux individus envoyés d'Athènes par M. Domnando. Salviani le dit abondant sur les côtes de Sicile et dans la mer d'Espagne. Rondelet l'avait aussi reçu des Baléares.

L'espèce s'avance dans l'Atlantique jusqu'à Madère et aux Canaries; M. Cuvier en a reçu un qui faisait partie de la collection recueillie dans la première de ces îles, et qui lui avait été donné par le docteur Richardson. Adanson l'avait pris à Ténériffe; et nous avons une seconde preuve de son existence sur les côtes de cet archipel par les collections de MM. Webb et Berthelot.

Je n'ai point connaissance qu'il en ait été pris dans l'Océan septentrional. Müller le cite, à la vérité[1], et c'est sans doute d'après ce catalogue que Bloch dit[2] qu'il habite la mer de Norwége; mais Müller a commis assez d'erreurs sur la nomenclature des poissons, pour que dans cette circonstance on puisse révoquer son autorité en doute.

Il se tient, dit-on, dans le sable ou sur les fonds sableux, voisins des rivages, et ne paraît avoir que des habitudes solitaires. La petitesse de sa bouche et sa propre faiblesse ne lui permettent de s'attaquer qu'à de très-petits poissons ou à de petits mollusques.

---

1. Müller, *Podromus* de la Zoologie danoise, p. 43, n.° 362. — 2. Bloch, Syst. posth., p. 295.

Tous les auteurs s'accordent à vanter la chair du rason comme très-délicate, légère, friable et de facile digestion. Il se vend à un très-bon prix partout où l'on peut le prendre.

Je n'ai pas besoin de réfuter ce que dit Pline (l. XXXII, c. II, §. 5, p. 574, 10) de son *novacula*, qu'il donne une odeur de fer à tout ce qu'il touche : c'est une de ces imaginations de pêcheurs, tirées des noms des poissons, et trop facilement adoptées par des écrivains sans critique.

DES RASONS ÉTRANGERS.

Il n'y a eu jusqu'à ce jour de représenté comme rason étranger que le *coryphæna pentadactyla;* car on doit retrancher de ce genre le *coryphæna cærulea* ou *rasoir bleu* de Bloch (pl. 176), qui n'est qu'une mauvaise figure de notre *scare à front bombé.* On peut même séparer ce poisson, que M. Cuvier réunissait à ses rasons, à cause de ses joues écailleuses; mais les deux Océans en produisent plusieurs autres espèces à joues nues, que je considère comme les seuls vrais rasons, et dont quelques-unes ont été indiquées par une partie de leurs caractères et dont les autres sont nouvelles.

Le Rason a front bleu.
(*Xyrichthys cyanifrons*, nob.)

Nous devons une de nos espèces à M. Leschenault, qui l'a recueillie dans la rade de Pondichéry. Les habitans le nomment *palvathii,* et disent qu'il n'est pas commun. Il ne diffère guère de l'espèce d'Europe par ses formes, si ce n'est que son profil est encore plus vertical, son œil un peu plus grand et un peu moins élevé ; que les deux premiers rayons de sa dorsale sont flexibles et un peu plus longs, et le deuxième de chaque ventrale alongé en filet, qui atteint le commencement de l'anale. Il a d'ailleurs les mêmes nombres de rayons, les mêmes écailles, la même ligne latérale. Ses couleurs sont très-vives : toute sa partie dorsale est d'un beau rouge, la ventrale d'un beau jaune ; un ruban bleu règne sur tout le tranchant du museau et du front, jusqu'à la dorsale. Autour de l'anus est une grande tache d'un rouge vif. On voit sur la dorsale des lignes étroites et obliques de couleur bleue, et la caudale en a de transversales bleues et rouges. Les pectorales sont bleuâtres et les ventrales jaunâtres.

Dans la liqueur il prend une teinte roussâtre, comme celui d'Europe.

L'espèce ne passe guère six pouces de longueur. Elle est bonne à manger.

Le RASON VERDATRE.

(*Xyrichthys virens; Coryphœna virens*, Parkins.)

Nous trouvons dans les dessins de Parkinson, conservés à la bibliothèque de Banks, un rason observé à Otaïti, et qui par ses couleurs doit former une espèce particulière. Il y est nommé *coryphœna virens*.

Son front est aussi vertical qu'à celui de Pondichéry. Tout ce poisson est vert, avec des points rouges. Derrière la pectorale est une grande tache ovale de couleur rouge. La dorsale et l'anale sont vertes, avec des traits orangés et des lignes rouges.

On ne lui voit point, au commencement de la ligne latérale, ces taches en croissant, qui s'observent dans le *novacule pentadactyle*. Il ne paraît pas non plus avoir eu d'écailles sur la joue. La figure ne lui donne que cinq pouces de longueur.

Le Rason ocellé.

(*Xyrichthys uniocellatus*, Spix, L. V.)

Les mers d'Amérique nourrissent plusieurs rasons à joues nues, et pour la plupart très-semblables à celui de la Méditerranée.

Un d'eux a le profil encore plus convexe que le *X. novacula*. Sa hauteur fait le tiers de la longueur du corps, sans y comprendre la caudale, qui ne compte que pour un septième dans la longueur totale. Les dents en crochets sont plus grosses et les latérales plus fines.

Les rayons de la dorsale ressemblent par leur nombre et par leur dureté à ceux de notre rason. La caudale est plus arrondie.

D. 9/12; A. 3/12; C. 15; P. 11; V. 1/5.

Il y a vingt-cinq rangées d'écailles entre l'ouïe et la caudale; la ligne latérale est interrompue.

La couleur est un fauve rougeâtre, teinté de violet, parce qu'une tache oblongue verticale existe sur la base de chaque écaille.

A peu près au tiers du corps est une grande tache alongée et oblique d'avant en arrière et de haut en bas, plus rouge que le fond du corps, et dont les taches violettes sont aussi plus colorées.

La tête est couverte de lignes verticales bleues ou violettes, un peu plus larges, mais disposées comme celles de nos rasons européens. La dorsale et l'anale sont d'un rouge plus vif que le corps; la caudale et les ventrales sont orangées. Entre le sixième et le septième rayon épineux de la dorsale on voit une tache noire très-foncée, entourée d'un petit cercle lilas, qui forme un fort joli petit ocelle sur la nageoire.

Nos individus ont près de sept pouces. Ils nous sont venus de Bahia avec les autres poissons que le Musée de Genève avait reçus de M. Blanchet et qu'il a cédés au Muséum.

Le Rason de la Martinique.

(*Xyrichthys Martinicensis*, nob.)

La Martinique, et probablement toutes les Antilles, produisent une espèce dont M. Plée nous a envoyé des échantillons.

Sa tête est un peu moins élevée et son profil un peu moins vertical que dans l'espèce d'Europe, et elle est aussi un peu moins haute et un peu plus épaisse à proportion, sa hauteur étant quatre fois dans sa longueur; en sorte qu'elle se rapproche un peu davantage des girelles. Mais d'ailleurs elle ressemble beaucoup au rason d'Europe, et l'on voit de même un trait vertical sur chacune de ses écailles; cependant sa tête n'a point de lignes. Les nombres de ses rayons sont pareils, quoique toutes ses épines dorsales soient flexibles.

Dans la liqueur elle paraît fauve, avec des teintes violâtres sur la tête et sur le devant de la dorsale.

Nos individus n'ont que cinq pouces de longueur.

Ce poisson porte à la Martinique le nom de *patate*, qui lui est commun avec plusieurs labres et girelles.

Le Rason rayé.

(*Xyrichthys lineatus*, nob.)

Les collections de feu M. Richard nous ont procuré un autre rason de la Martinique, semblable au précédent pour la coupe du profil, mais

beaucoup plus comprimé. D'après la description laissée par le savant botaniste qui s'était occupé avec tant de zèle des différentes branches de la zoologie, ce rason a le corps d'un gris brunâtre, tirant au rouge vers les bords. Il y a de chaque côté de la poitrine une tache d'un blanc de lait, d'où descendent des lignes alterna-

tivement d'un rouge plus pâle et plus foncé. La tête devient insen-
siblement jaunâtre en avant. Il descend de petites lignes bleuâtres
de l'œil sur la joue. Les bords des pièces operculaires sont un peu
bleuâtres, ainsi que les traits sur les écailles. Les nageoires sont
d'un rouge clair. Il y a des taches blanchâtres sur la caudale, etc.

Il nous paraît assez vraisemblable que nous retrouvons
ici l'espèce décrite brièvement par Linné, d'après Gardens,
sous le nom de *coryphæna lineata*. Quoiqu'il ne lui donne
que quatre épines au dos, le nombre total des rayons
de la dorsale et tous ceux des autres nageoires s'accordent
avec les rasons, ainsi que tout le reste des caractères
indiqués.

Le RASON BANDELETTE.

(*Xyrichthys vitta*, nob.)

Parmi les poissons anciennement conservés au Cabinet
du Roi, est un rason dont l'origine ne nous est pas connue,
et qui, pour la forme, tient le milieu entre celui de la
Méditerranée et le premier de la Martinique,

c'est-à-dire qu'il est un peu moins haut et moins comprimé que
le premier, et un peu plus que le second. Dans son état actuel
on ne lui voit point de traits ou de taches sur le corps ni sur
les nageoires, et il paraît entièrement fauve, avec un ruban pâle
régnant en ligne droite sur le milieu du corps, depuis l'angle de
l'opercule jusqu'à la caudale.

Tous ses autres caractères et les nombres de ses rayons
sont d'ailleurs les mêmes que dans les précédens.

Il est long de six pouces.

DES RASONS A PETITES ÉCAILLES.

Jusqu'à présent nos rasons étrangers sont revêtus de grandes écailles, comme celui de la Méditerranée; mais on en trouve aussi qui n'en ont que de petites, et il y en a de tels dans les deux Océans.

Leur profil est plus oblique et moins tranchant qu'à la plupart des premières espèces, ce qui les rapproche du précédent et encore davantage des girelles.

Le RASON MICROLÉPIDOTE.

(*Xyrichthys microlepidotus*, nob.)

MM. Quoy et Gaimard en ont rapporté un des îles Sandwich, et l'ont figuré[1] sous le nom de *rason l'Écluse.*

Sa hauteur est quatre fois et quelque chose dans sa longueur; celle de sa tête n'y est que trois fois et deux tiers, et elle surpasse sa propre hauteur de près d'un quart. Ses deux dents antérieures à chaque mâchoire sont longues et fortes, et il en a de chaque côté un rang de coniques courtes, en dedans duquel on en trouve à la mâchoire supérieure trois rangs de petites et mousses et un rang à l'inférieure. Ses dents pharyngiennes sont coniques, et non en pavé; les supérieures sont grosses et fortes, les inférieures sont plus petites. Il y a six rayons arqués à sa membrane branchiale. Sa dorsale a neuf rayons épineux, dont les deux premiers flexibles, et quatorze rayons mous; son anale, deux épineux et quatorze mous; les autres nageoires sont comme dans les rasons. Ses écailles sont assez petites pour que l'on en compte quatre-vingts de l'ouïe à la caudale, et près de quarante dans la hauteur; elles sont transversalement ovales, entières, et paraissent lisses à l'œil nu: la loupe montre des stries fines sur les bords. Ses joues sont nues comme

---

1. Zoologie du voyage de Freycinet, pl. 65, fig. 1.

le reste de la tête, et sa ligne latérale formée de traits simples et interrompue comme dans les rasons ordinaires.

B. 6; D. 9/14; A. 2/14, etc.

L'individu que nous possédons est devenu brunâtre dans la liqueur.

MM. Quoy et Gaimard, qui en avaient une figure, faite sur le frais, par M. Taunay, lui donnent une couleur argentée, teintée de fauve pâle ou de rose sur le dos; nuancée de verdâtre et bordée de rose à la dorsale; l'anale est fauve; les autres nageoires sont plus ou moins transparentes. Deux points bleus se montrent de chaque côté sur le milieu du dos: l'antérieur au-dessous, le postérieur au-dessus de la ligne latérale. Mais je ne sais s'ils fournissent des caractères bien constans.

Ce poisson vient d'Owhyhée, la principale des îles Sandwich. Il est long de six pouces.

Le Rason a collier.

(*Xyrichthys torquatus*, nob.)

J'ai acheté à Amsterdam un poisson venu de Surinam, et semblable en tout au précédent, pour les formes, pour les dents, pour les écailles, pour la ligne latérale;

mais qui n'a, comme les rasons ordinaires, que douze rayons mous à la dorsale et à l'anale.

Il paraît blanchâtre, teinté de brunâtre vers le dos. Des traits noirs irréguliers lui font une ligne verticale derrière l'ouïe, au-dessus de la pectorale. Sa dorsale a de petites lignes obliques, grisâtres ou bleuâtres. Ses autres nageoires paraissent transparentes.

Il n'est long que de quatre pouces.

DES RASONS A RAYONS ANTÉRIEURS MOUS.

Le RASON TÆNIURE.

(*Xyrichthys tœniurus*, nob.)

J'ai cru pouvoir placer à la suite des rasons, à cause de sa ligne interrompue, un poisson répandu dans toutes les mers des Indes, qui a de l'analogie avec les girelles par le nu de sa tête, et surtout par le peu d'élévation de son crâne, ce qui semble l'éloigner du genre des *rasons*. Déjà nous avons vu cette crête du crâne s'abaisser dans quelques espèces qui lient les deux genres; mais que l'on peut toujours placer dans celui qui nous occupe, en ayant égard à l'interruption de la ligne latérale.

Cette espèce offre encore d'autres anomalies; car les deux premiers rayons simples de sa dorsale sont très-mous, et les sept qui suivent deviennent d'autant plus durs qu'ils sont plus près de la dorsale molle. Une autre particularité de ces deux premiers rayons, c'est qu'ils s'alongent dans les très-vieux individus, et qu'ils semblent déjà indiquer cette division plus complète, que nous observerons dans les deux espèces suivantes. Les rayons simples de l'anale sont aussi très-flexibles; la caudale est arrondie; les ventrales sont très-courtes, non prolongées; les pectorales sont tronquées.

D. 9/12; A. 3/10; C. 12; P. 13; V. 1/5.

Tout le corps est couvert de grandes et larges écailles, très-minces, à bords membraneux. J'en compte vingt-sept entre l'ouïe et la caudale.

La ligne latérale est formée d'une suite de petites tubulures un peu dichotomes; mais que l'on ne peut cependant nommer des arbuscules, à cause de leur petitesse. Elle est tracée sur la quatrième rangée d'écailles; elle s'interrompt sur la vingtième, près du pied de la dorsale, pour recommencer sur la vingt et unième par le milieu du tronçon de la queue.

14.   6

Cette espèce a d'ailleurs le corps assez trapu : sa hauteur est trois fois dans la longueur du tronc, non compris la caudale, qui égale la moitié de la hauteur. La tête est un peu plus courte que cette dimension. Son œil est plutôt petit. Les dents mitoyennes sont longues et crochues. Les mâchoires sont garnies en dedans d'une bande de dents grenues, à la manière des xyrichthys.

Le poisson décoloré paraît brun chocolat, avec une bande jaune verticale sur la caudale. Une tache noir foncé est sur la face interne de l'insertion de la pectorale, et deux ou trois autres, en croissant, se voient dans l'aisselle. Il y a deux taches noires entre les deux premiers rayons de la dorsale. Sur le frais, le dessin de Commerson, comme la description de M. Dussumier, nous apprennent que le fond est un vert uniforme, plus ou moins foncé, avec des rayures obliques noirâtres sur la dorsale. L'anale a ses rayons violets traversés par des taches alongées de même couleur, le bord de la nageoire étant chargé de points noirs. La caudale, vert rembruni, a une bande blanche à la base ; cette bande s'efface dans quelques individus.

Les matériaux de Commerson ont servi à M. de Lacépède pour faire paraître quatre fois cette espèce dans son Ichthyologie. De la description de Commerson, prise sur le poisson déjà mort, il a établi son espèce du *labre brun* (*labrus fuscus*). Puis le dessin colorié du même voyageur a fourni le *spare hémisphère,* et un autre, fait à la pierre noire, a été classé par M. de Lacépède parmi les spares, sous le nom de *spare brachion,* quoique Commerson y eût écrit de sa main le mot *labrus.* Cette simple note de Commerson aurait dû aussi rappeler à M. de Lacépède la ressemblance de cette figure avec une autre, faite aussi à la pierre noire, et que Commerson aura sans doute fait recommencer, à cause de l'inexactitude du trait. M. de Lacépède a fait, avec ce troisième dessin et ce quatrième document, son *labre tœniure.*

M. Dussumier dit l'espèce assez abondante à l'Isle-de-France, et on l'y mange. Le poisson desséché en herbier par Commerson vient de Madagascar.

Nos individus ont jusqu'à quatorze pouces de longueur.

Le Rason de Vanikoro.

(*Xyrichthys Vanikolensis*, nob.)

L'espèce précédente ramène ici le poisson décrit par M. Quoy sous le nom de *girelle de Vanikoro,* et dont il a donné une figure dans la Relation du voyage de l'Astrolabe.

Elle ne diffère que par les couleurs; encore présentent-elles de nombreuses affinités.

Le corps est verdâtre, et chaque écaille est bordée de noirâtre, ce qui forme un réseau sur le corps du poisson, qui a d'ailleurs l'abdomen rougeâtre; les deux taches de la dorsale et celle de la pectorale, comme la précédente. Mais l'espèce qui nous occupe a sur la joue trois traits noirâtres, lisérés de bleu, et au-dessus un petit trait noir, dont les traces se conservent sur deux individus de localités différentes, déposés dans le Cabinet; tandis que je n'en vois aucunes traces sur les sept individus de l'espèce précédente que j'ai examinés, que M. Dussumier n'en parle pas dans ses notes, et que Commerson confirme cette absence par ses trois dessins et sa description. J'ai donc lieu de croire que ces raies de la joue, qui vont de l'œil sur l'opercule et vers l'angle du préopercule, sont caractéristiques. La caudale a sa base jaune et l'autre moitié bleuâtre, avec trois traits verticaux de cette même couleur, ce qui n'existe pas non plus dans l'espèce précédente. La dorsale et l'anale ont des rayures vertes obliques en sens contraire, sur un fond jaunâtre.

MM. Lesson et Garnot avaient rapporté l'espèce de l'archipel des Nouvelles-Hébrides, et MM. Quoy et Gaimard de Vanikoro. La figure publiée dans l'Astrolabe

présente deux inexactitudes à rectifier. Il faut faire attention que la ligne latérale est représentée à tort comme
continue : j'ai vérifié qu'elle est interrompue; j'ai aussi
examiné sur les propres individus de M. Quoy, la nature
des deux premiers rayons de la dorsale; je puis affirmer
qu'ils ne présentent pas l'anomalie que l'on pourrait admettre en ne consultant que la figure, et qui serait unique
dans la classe des osseux. Ces deux rayons sont mous et
flexibles, mais simples et sans articulations ni divisions.
J'ai insisté sur ce point, parce que la description de M.
Quoy tend à confirmer l'erreur de la figure.

Nos poissons sont longs de huit pouces.

Conservés dans l'eau-de-vie, ils montrent, comme je
l'ai déjà dit, les raies de la joue et des taches blanches
en croissant sur chaque écaille, qui correspondent au vert
du fond décoloré. La base de la caudale est devenue
bleue.

Le Rason aux grandes écailles.

(*Xyrichthys macrolepidotus*, nob.)

Je placerai ici, à cause de sa ligne latérale interrompue,
le *labrus macrolepidotus,* Bl. (pl. 284), malgré le peu
de hauteur de son chanfrein. Cette espèce et la précédente
lient ces deux genres, du moins quant aux espèces à joue
nue.

Elle n'a pas cependant les écailles proportionnellement plus
grandes que celles des autres rasons : l'épithète de Bloch ne vaut
donc rien. J'en compte vingt et une rangées entre l'ouïe et la
caudale. Une tache noire est entre le premier et le second rayon
de nos individus : Bloch l'étend jusqu'au quatrième. Un trait remonte
de l'œil sur l'occiput, et un autre va par l'articulation de l'opercule
s'effacer sur la tempe. Quelques traits fins et obliques sont sur la

dorsale. La caudale est arrondie. Il y a une tache noirâtre sur le devant de l'insertion des ventrales, qui sont courtes.

L'espèce vient de la mer des Indes; Péron et Lesueur l'en avaient déjà rapportée, et depuis MM. Quoy et Gaimard, lors du Voyage de l'Uranie, l'ont retrouvée près de la Nouvelle-Guinée, à l'île Waigiou.

La longueur est de quatre pouces.

Ce poisson a beaucoup d'affinité avec les précédens, même par la disposition des couleurs. Il n'y a pas de taches dans l'aisselle.

———

Après ces espèces, je dois faire connaître des poissons que l'on pourrait distinguer comme genre, si je n'avais craint de trop multiplier les coupes et les noms, quand une simple mention suffit pour le faire remarquer.

Les deux Xyrichthys que je place ici, sont en tous points semblables à ceux que je viens de décrire; mais les trois premiers rayons de la dorsale sont distincts des suivans. Ce sont les seuls labroïdes connus jusqu'à présent que l'on puisse signaler comme ayant deux dorsales.

Le RASON PAON.

(*Xyrichthys pavo*, nob.)

MM. J. Desjardins et Th. Delisse ont envoyé chacun un bel individu d'une espèce nouvelle de rason, nourrie sur les côtes poissonneuses de l'Isle-de-France.

Ce poisson a le front vertical et très-bombé, la mâchoire inférieure renflée, l'œil petit; la tête toute nue, quoique les osselets sous-orbitaires postérieurs paraissent comme de petites écailles; l'opercule terminé en angle arrondi; deux ou trois rangées de dents grenues derrière celles qui bordent la mâchoire, et qui sont grosses et coniques.

Les premiers rayons alongés de la dorsale sont séparés des suivans, et font comme une sorte de petite dorsale antérieure et avancée sur la tête. Ce filet a près de la moitié de la hauteur du corps, laquelle est du tiers de la longueur totale. La caudale est petite et coupée carrément; les ventrales sont alongées en filet.

D. 10/11; A. 8/12; C. 12; P. 12; V. 1/5.

Il y a vingt-six rangées d'écailles entre l'ouïe et la caudale, deux au-dessus de la ligne latérale et dix au-dessous. Une écaille vue séparément et détachée du corps, montre qu'elle est mince, graveleuse, à bord radical droit et lisse, non entamé par les nombreux rayons de l'éventail.

La ligne latérale est formée d'une suite de tubulures simples, interrompue sous le troisième avant-dernier rayon de la dorsale, et reprenant sur la vingtième écaille.

Le poisson conservé dans l'eau-de-vie porte, au-dessus de la ligne latérale, sur la huitième écaille, une tache oblongue noirâtre, entourée d'un cercle bleuâtre, et sur le groupe d'écailles derrière la pectorale, des traits verticaux bleuâtres;

mais ses couleurs sont plus agréables et plus brillantes quand il sort de l'eau. Nous pouvons le juger par le dessin que nous en a donné M. Delisse.

Sur un fond violet, plus ou moins varié de bleuâtre, on voit que le tranchant du front a une bande bleu céleste, avec une bordure jaune d'or très-brillant; ces deux teintes descendent aussi sur la mâchoire inférieure. De nombreux traits irréguliers et bleus colorent la joue et l'épaule. L'ocelle est entouré d'un cercle du plus bel outremer. Sur le milieu du flanc est une large tache jaune citron, oblongue, étendue jusqu'au milieu de la longueur du tronc; et sur cette tache les écailles sont bordées de jaune plus vif, et lisérées d'un croissant vert. Quelques points bleus sont épars sur les écailles autour de la tache; on en retrouve d'autres à la base de la queue et sur la caudale, qui a le fond jaunâtre et un trait vertical bleu près de son extrémité. La dorsale, jaunâtre, a de nombreux traits irréguliers bleuâtres. La membrane qui unit les rayons alongés est violacée. L'anale, plus pâle, n'a qu'un trait bleu longitudinal. Les pectorales et les ventrales sont rosées.

Ce poisson devient assez grand. Nos individus ont quatorze pouces de longueur. Je viens d'observer un individu de cette espèce parmi les poissons rapportés de Bourbon par M. Morel.

Le Rason pavonin.

(*Xyrichthys pavoninus*, nob.)

Les Sandwich nourrissent une espèce du même groupe et très-voisine de la précédente; mais que je n'ai observée dans aucune collection faite dans les voyages récens à cet archipel.

Ses formes rappellent le précédent. Je lui trouve cependant l'œil plus petit; les trois rayons avancés sont plus distans; la seconde portion de la dorsale paraît plus basse. La couleur grise, lavée de rougeâtre, est relevée sur les flancs par une tache jaune oblongue, plus petite que celle du précédent; et au-dessus de la ligne latérale est l'ocelle à centre bleu d'outremer, entouré d'un cercle bleu très-pâle. Il y a aussi quelques rayures bleues au-devant de l'œil, sur le bord de l'opercule et sur la pectorale. Le ventre est rougeâtre, et sur les côtés trois bandes ou mieux trois taches verticales d'un brun rougeâtre, plus foncé vers l'arrière du corps.

Je ne connais ce poisson que par un dessin fait aux Sandwich par Webber, le dessinateur du troisième voyage de Cook, et que le célèbre botaniste, M. Robert Brown m'a fait connaître à Londres. Le dessin, qui appartenait à sir Joseph Banks, est aujourd'hui avec la bibliothèque de ce généreux protecteur des sciences au *British museum*.

DES NOVACULES. (*Novacula*, nob.)

L'archipel des Indes produit en abondance plusieurs espèces de labroïdes, qui ont la ressemblance la plus grande avec les rasons, tout en présentant un caractère assez frappant, qui permet de les réunir en un petit groupe distinct. Ce caractère consiste dans les petites écailles qui couvrent le préopercule au-dessous de l'œil. Ils ont en général la nuque moins élevée, ce qui rend la courbe du front plus convexe. La ligne de la gorge est aussi plus montante, ce qui place la bouche un peu plus haut. Les deux premiers rayons de la dorsale sont généralement plus détachés des autres rayons, et plus prolongés en filets flexibles.

Presque toutes ces espèces, très-voisines l'une de l'autre, ont une tache sur le milieu des côtés, et plusieurs d'entre elles ont une suite de gros points noirs ou bleus, très-foncés, sur la tempe et le long de la ligne latérale.

Bloch a même connu la première de nos espèces; mais la figure qu'il en a donnée est fort mauvaise. Il l'avait placée parmi ses coryphènes, en lui conservant l'épithète qui lui avait été donnée par celui qui l'a décrite le premier, et que je ne changerai pas, quoiqu'elle soit assez mauvaise.

M. de Lacépède a fait de ce *coryphœna pentadactyla* son genre *hémiptéronote*, et j'aurais conservé ce nom, s'il ne donnait une idée très-fausse des caractères de ces poissons; ce qui aurait perpétué l'erreur d'après laquelle M. de Lacépède a formé sa dénomination caractéristique, et si Lacépède n'y avait réuni d'autres espèces tout-à-fait indéchiffrables, comme nous l'avons déjà fait remarquer.

On concevra que j'ai dû laisser ici ces novacules à la

suite des xyrichthys dont ils diffèrent par un léger caractère, parce qu'ils semblent nous ramener vers les labroïdes qui ont la joue écailleuse et la ligne latérale interrompue.

Ces espèces, communes dans la mer des Indes, ont été signalées depuis long-temps, mais par des auteurs dont les indications laissent toujours de l'incertitude. Ruysch, Valentyn et Renard, en ont représenté une plusieurs fois en l'enluminant de teintes assez diverses, et en lui donnant des noms différens[1]; ce qui pourrait annoncer qu'il en existe plusieurs variétés ou plusieurs espèces, semblables par les formes et les distributions des couleurs. Mais ce n'est pas sur des autorités aussi suspectes qu'il conviendrait d'introduire ces espèces dans un catalogue méthodique; je ne sais même si l'on peut s'en rapporter à Valentyn, lorsqu'il nomme un de ceux qu'il a représentés, *dorade de rivière,* tandis qu'il ne dit d'aucun

---

1. Il n'y en a dans le recueil original de Vlaming qu'une seule figure, n.° 236, intitulée : *Banda.* Elle est copiée, mais assez mal, sous ce même nom, dans Renard, 1.re part., pl. 14, fig. 84, et encore plus mal dans Valentyn, n.° 123, sous celui de *cacatoes de Banda.*

Une seconde figure est dans Ruysch, pl. 15, fig. 3, où elle est appelée *morue de Banda (Bandasche Kabeliaw*); elle reparaît dans Renard, 2.e part., pl. 23, fig. 112, sous le nom *d'ikan-potou-banda.* Renard ajoute qu'on le sèche et le sale comme la morue de Terre-Neuve; Ruysch s'était borné à dire que son nom venait des rapports qu'on lui trouvait avec la morue. Il est de fait que les Hollandais donnent aux Indes le nom de *Kabeliau* à des poissons très-divers.

Valentyn donne cette même figure, n.° 67, mais un peu altérée; il l'appelle *ikan-bandan-jang-sowanggi,* ce qui, selon lui, veut dire *poisson sorcier de Banda;* mais il ne parle aucunement des salaisons que l'on en fait.

Une troisième figure est dans Ruysch, pl. 20, fig. 8, et dans Renard, 2.e part., pl. 11, fig. 6; elle porte dans les deux auteurs le nom *d'ikan-banda.* Renard dit aussi de celle-là, qu'on la sale et qu'on la sèche comme la morue et le stockfisch, et qu'il y en a de plusieurs sortes.

Enfin il y en a une quatrième figure dans Valentyn, où elle est nommée *dorade de rivière (rivier-dolphyn).*

14.

7

des autres qu'il soit d'eau douce; ni à Renard, lorsqu'il assure que l'on sèche et que l'on sale ces poissons comme la morue, et je crains qu'il n'ait été induit à le croire, à cause du nom de *kabeliaw*, que lui donnent les Hollandais.

Ce qui est certain, c'est que le vice-amiral suédois Ankarkrona, qui en a donné[1], en 1740, une figure bien meilleure que celles que nous venons de citer, et une description très-détaillée, ne reproduit ni l'une ni l'autre de ces assertions, et se borne à dire que c'est un poisson rare qui lui a été envoyé de la Chine.

Cet officier en fait un *blennius*[2] et l'appelle *poisson à cinq doigts,* à cause des cinq taches qu'il a sur chaque épaule; dénomination qui engagea Linné, lorsqu'il inséra l'espèce dans sa dixième édition, à lui donner celle de *coryphœna pentadactyla,* et même à le confondre avec un autre *poisson à cinq doigts,* tout différent, publié par Nieuhof, et d'après lui par Willughby (*App.*, pl. 8, fig. 2), et qui n'est qu'un *pilote;* erreur déjà relevée par Bloch[3], mais qui n'en a pas moins été suivie par Bonnaterre[4] et par Lacépède (t. III, p. 215, note).

Bonnaterre a même eu le malheur de choisir justement cette figure de pilote pour représenter le *coryphœna pentadactyla.*

La figure d'Ankarkrona pèche en ce que les rayons de la dorsale et de l'anale y sont tous représentés comme s'ils étaient épineux. C'est aussi le défaut de celle que Bloch a donnée sur la planche 173, où cependant il représente bien réellement notre rason.

---

1. Mémoires de Stockholm , t. I.ᵉʳ, p. 451, pl. 3 , fig. 2. — 2. BLENNIUS *maculis quinque utrinque versus caput nigris.* — 3. Bloch, Ichthyol., part. V, p. 115. — 4. Bonnaterre, Encycl. méth. pl. d'ichthyol., pl. 33, fig. 126.

M. de Lacépède a fait du *coryphæna pentadactyla* son genre *hémiptéronote,* auquel il donne pour caractère tous ceux des coryphènes, excepté la dorsale, qui n'a que moitié de la longueur totale.

J'ai été bien long-temps à concevoir comment, ayant sous les yeux toutes les figures qu'il cite dans sa synonymie, il avait pu attribuer à l'espèce un caractère de tout point opposé à la vérité; et j'ai été obligé de conclure, que de tant de figures il n'en avait qu'une, et précisément la fausse, celle de Nieuhof, copiée par Bonnaterre. C'est ainsi que de syllogisme en syllogisme, la seule idée qu'avait eue Ankarkrona d'appeler son rason *poisson à cinq doigts,* a conduit à une confusion certainement indéchiffrable pour quiconque ne comparerait pas toutes les sources; tout comme du seul nom de *kabeliaw,* inscrit sur sa figure par Ruysch, et de la paraphrase qu'en a faite Renard, est née, à ce que je crois, toute l'histoire des salaisons et des autres préparations que l'on en fait selon Bloch, Shaw et Lacépède.

Ce qui nous empêche en effet de croire que ce poisson puisse donner lieu à des pêches et à un commerce aussi lucratif que ces auteurs se plaisent à le dire, c'est qu'aucun des nombreux voyageurs qui ont été aux Moluques, ni Péron, ni MM. Quoy et Gaimard, ni MM. Lesson et Garnot, n'y ont appris rien de semblable.

Le NOVACULE PENTADACTYLE.

(*Novacula pentadactyla,* nob.)

Nous allons commencer par décrire les individus qui se rapportent le mieux à la figure laissée par l'amiral suédois,

et nous leur conserverons l'épithète spécifique de nos prédécesseurs, toute mauvaise qu'elle est.

Le profil, presque vertical, est bombé au-devant de l'œil, qui
est éloigné du bord de la face d'une fois et demie son diamètre.
La joue a huit rangées d'écailles au-dessous de l'œil et en avant
du limbe du préopercule. Le reste de la tête est nu. Le lobe membraneux du bord de l'opercule est arrondi, et ne fait pas une grande
saillie en arrière.

Les deux premiers rayons mous et flexibles de la dorsale sont
sur le vertex, au-dessus de l'orbite; ils sont séparés des rayons
suivans, qui deviennent durs et épineux, de deux fois l'intervalle
des autres rayons. Le dernier mou se prolonge peu en pointe. La
caudale est presque coupée carrément. La pectorale est peu pointue,
et a quelque chose de plus que la moitié de la hauteur, laquelle
fait le tiers de celle du tronc.

D. 9/12; A. 2/12; C. 15, etc.

Je compte vingt-quatre rangées d'écailles entre l'ouïe et la caudale.
La ligne latérale, interrompue, commence par être courbe au-
dessus de l'angle de l'opercule.

Le poisson conservé dans l'esprit de vin est devenu tout-à-fait
fauve; des taches se voient à l'angle des écailles, et sur la courbure
de la ligne latérale on voit les restes des taches. La caudale, brunâtre,
a des rayures verticales; la dorsale et l'anale paraissent rougeâtres
et offrent encore des traces de raies longitudinales; sur les flancs
existe une tache effacée, sur laquelle passe la pointe de la pectorale.

Mais nous en connaissons les couleurs prises sur le poisson,
par le dessin qu'en a fait M. Quoy. Le corps est vert; le bord du
profil est rouge, liséré sur la tranche de bleu; ces deux traits passent
sous le bord de la symphyse tranchante de la mâchoire inférieure
et sous le bord de l'isthme des branchies. La branche de la mâchoire
inférieure a trois points bleus, l'un au-dessus de l'autre, et en arrière
un trait de la même couleur, et qui suit la même direction. Tout
le dos et les côtés de la queue sont semés de points rouges écarlates,
situés à l'angle des écailles, dont le bord, un peu plus foncé que le

fond, forme une sorte de réseau à nœuds rouges, jetés sur le corps du poisson. Une tache rouge, ronde, isolée, est sur l'attache du bord membraneux de l'opercule avec la tempe; et derrière, sur la ligne latérale, quatre taches rondes, rouges, dont le demi-limbe antérieur est bleu. La dorsale, pâle, a les rayons bleuâtres; elle est bordée en haut et en bas d'un liséré rouge, toute vermicellée de cette même teinte. Sur l'anale il y a deux raies longitudinales entre ces deux lisérés, colorés comme ceux de la dorsale. La caudale, bordée de rouge en haut et en bas, et d'un fin liséré bleu en haut seulement, est d'un gris verdâtre, plus foncé à la base, et traversé par six lignes verticales de points brunâtres. Les pectorales et les ventrales sont vert clair; les premières sont bordées de gris. La tache des flancs est noirâtre, plus pâle sur les bords.

Ce poisson vient des Célèbes. Il est long de cinq pouces.

Il est aisé de le reconnaître maintenant dans la figure originale de Vlaming, indiquant aussi que dans le frais le fond de sa couleur est d'un vert plus ou moins foncé, que les traits verticaux sont bleuâtres, et que ses taches de l'é-paule et les raies des nageoires sont plus ou moins rouges.

Je n'ai point aperçu l'ocelle que Vlaming a placé sur l'arrière de la dorsale.

C'est bien le même poisson que Bloch me paraît avoir représenté (pl. 173); mais son enluminure, faite d'après le sec, est fautive, comme presque toutes celles qu'il a données aux poissons étrangers, lorsqu'il n'en avait pas de figures faites sur le frais.

Le NOVACULE A SIX TACHES.

(*Novacula sexmaculata*, nob.)

Nous avons trouvé dans les collections faites à Bombay par feu M. P. Roux, un novacule très-semblable au précé-dent par les formes et par les proportions, mais qui a cinq taches sur la courbure de la ligne latérale, outre celle de la tempe. Les deux rayons antérieurs de la dorsale sont flexibles et détachés. Le poisson est tout décoloré; on voit cependant que le front était bleuâtre; que trois ou quatre raies verticales sur le sous-orbitaire, et une autre sur le milieu de la mâchoire inférieure, ont existé. On retrouve encore quelques traces de points sur l'opercule et sur le sous-opercule; le corps était aussi parsemé de points très-petits. Enfin, vis-à-vis la pointe de la pectorale il existe encore la tache noire des côtés. Je ne vois aucuns vestiges de rayures sur les nageoires.

D. 9/12 ; A. 3/12, etc.

L'individu a six pouces de long.

Le Novacule a petits points.

(Novacula punctulata, nob.)

Les mêmes collections nous ont fourni de cette rade une seconde espèce, très-semblable encore pour les formes.

et qui s'en distingue non‑seulement par l'absence des taches humérales, mais encore par celle de la tempe. La grande tache des flancs est plus effacée et peut-être un peu plus haute. Le profil du front a été coloré en bleu. On voit les traces de deux lignes verticales sous l'œil; mais il n'en a point sur la mâchoire inférieure; sur l'opercule elles y sont remplacées par de petits points, qui paraissent blancs sur le poisson décoloré. Quatre à cinq rangées longitudinales parallèles de petits points de la même couleur se voient encore sur les flancs. Les rayons antérieurs de la dorsale, quoique mous et détachés comme dans les autres, sont ici plus courts.

D. 9/12 ; A. 3/12, etc.

Je ne vois aucune trace de rayures sur les nageoires.

Nos deux individus ont près de cinq pouces.

Il faut que ces deux espèces soient rares : je ne les ai

jamais vues dans les collections si riches, faites sur la même côte par M. Dussumier.

Le NOVACULE A ÉCHIQUIER.

(*Novacula tessellata*, nob.)

M. Mathieu a rapporté de l'Isle-de-France un de ces novacules encore assez voisins des précédens;

cependant je lui trouve l'œil plus grand, le front plus bombé et des couleurs différentes. Il n'a pas de taches sur le haut de la ligne latérale, ni sur la tempe; mais tout le corps est couvert de taches triangulaires, verticales, brunes sur la base de l'écaille, et blanches sur le poisson décoloré; sur l'autre moitié extérieure la tache des flancs est marquée, parce que la teinte des triangles bruns est plus foncée; la tache occupe alors un espace plus grand que celle des autres espèces.

La dorsale est marbrée de rayures obliques dans différens sens. L'anale a trois lignes longitudinales : la plus foncée est sur la base. La caudale, plus brune, a quatre traits verticaux. Je ne vois pas de traces de lignes sur la joue, ni de petits points sur le corps.

D. 9/12; A. 3/12, etc.

L'individu est long de six pouces.

Le NOVACULE A DEUX TACHES.

(*Novacula bimaculata*, nob.)

Le *xyrichthys bimaculatus* de M. Ruppel est une espèce de ce groupe, et qui doit être placée après la précédente.

Son front est moins bombé, son œil plus petit. Sans aucune tache sur l'épaule ni sur la tempe, le poisson en a une, qui se montre sur le corps décoloré par l'action de l'esprit de vin; elle est noire et moins étendue que celle du novacule de l'Isle-de-France. La pectorale ne la recouvre pas.

La figure de M. Ruppel peint ce poisson en rose plus ou moins sali de grisâtre. La tache des flancs est formée par la réunion de trois gros points sur les écailles voisines. Le front et tout le dos est liséré de bleu. La dorsale, jaunâtre, a deux fins traits rouges, parallèles, au bord de la nageoire. L'anale, bleuâtre, a deux traits bruns longitudinaux et presque effacés. La caudale, d'un bleu plus foncé, a sept bandes brunes, arquées et parallèles au bord. Les ventrales et les pectorales sont de la couleur du fond.

Ce poisson est figuré dans l'ouvrage de M. Ruppel (pl. 10, fig. 2). Il a été pris à Massuah, et il se nourrit de petits crustacés.

Le Novacule sans tache.

(*Novacula immaculata*, nob.)

M. Dussumier a rapporté de l'Isle-de-France une espèce de ce genre, sur laquelle il n'a malheureusement pu prendre aucune note.

Elle ressemble à notre *novacula tessellata* par la grandeur de l'œil, par la courbe du profil; mais le corps paraît avoir été d'une couleur uniforme : car je ne vois de traces d'aucune espèce de taches ni de rayures sur le corps ou sur les nageoires. Sous l'œil le sous-orbitaire avait peut-être été rayé verticalement.

D. 9/12; A. 3/12, etc.

Le seul individu que nous ayons vu est long de six pouces.

CHAPITRE XIV.

Des Chéilines, Lacép.

Lacépède a établi sous le nom de *chéilines,* qu'il tirait de Commerson, mais que ce savant voyageur avait eu l'idée de donner aux cheilions, un genre qui est tout différent de celui que M. Cuvier a conservé dans ses deux éditions du Règne animal. En effet, le genre de Lacépède ne comprend que deux espèces : l'une, la *chéiline scare,* tirée de Belon, et qui est un poisson, si toutefois il existe, que personne n'a vu depuis lui. Il serait probablement un sparoïde, ou, s'il était de la famille dont nous faisons l'histoire, il serait placé près des scares : à cette première espèce presque hypothétique, comme on le voit, Lacépède ajoute la chéiline trilobée, dont il a trouvé une description fort étendue dans Commerson, et qui est la seule que l'on doive conserver du genre de Lacépède. Cet auteur avait donc composé un genre sans caractère précis, formé de deux espèces tout-à-fait dissemblables, dont l'une est peut-être le produit de quelque erreur de Belon. Cependant, si M. de Lacépède eût observé la nature, il aurait vu qu'autour de sa seconde espèce, qui pouvait devenir la base d'un genre naturel, venaient se grouper plusieurs autres, qu'il tirait de Forskal ou de Bloch, et qu'il rangeait assez arbitrairement soit dans ses labres, soit dans ses spares.

On doit ce travail critique à M. Cuvier, qui est devenu ainsi le véritable auteur d'un genre naturel, auquel j'ajoute un assez bon nombre d'espèces nouvelles, qui le confirment encore plus ; les caractères consistent dans l'épaisseur des lèvres, la grosseur des dents coniques rangées sur un seul rang, la présence de larges écailles sur la joue, et dans l'interruption de la ligne latérale sous la fin de la dorsale. Les écailles du corps sont larges, mais assez minces; elles s'avancent sur la base de la caudale; mais la dorsale et l'anale sont nues, comme dans les labres.

Les chéilines sont de beaux poissons des mers de l'Inde, qui ont l'organisation des labres, qu'ils semblent remplacer dans ces mers, où le nombre des espèces et des individus, et la grandeur à laquelle ils parviennent, semblent leur donner la prééminence sur les poissons de formes semblables aux labres de nos côtes.

La splanchnologie de ces poissons, comparée à celle des labres, ne présente rien de bien différent de celle de ces derniers, et par conséquent rien qui soit digne de remarque; mais la couleur des os de plusieurs espèces doit être, au contraire, signalée à l'attention du naturaliste et de l'anatomiste. La chéiline trilobée, la chéiline queue verte et d'autres encore ont montré constamment une coloration verte de leurs os, et surtout de leurs vertèbres, comme si on eût fait tremper ces arêtes dans une solution de cuivre, disposition qui se représente dans l'orphie (*Esox belone*, Linn.).

Je ne connais point de poisson de ce genre dans la Méditerranée, ni aucun dans l'Atlantique équatoriale.

La CHÉILINE TRILOBÉE.
(*Cheilinus trilobatus*, Lacép.)

Cette première espèce a été décrite et dessinée, à l'Isle-de-France, par Commerson. Le dessin, fait à la pierre noire et d'une parfaite exactitude, long de seize pouces, a été assez bien gravé dans Lacépède (t. III, pl. 31, fig. 3),

et cette fois cet auteur a rapporté à ce document la
longue et très-bonne description que le compagnon de
Bougainville laissait dans son manuscrit.

Il en avait conservé des individus desséchés et en peau
aplatie en herbier. Avec ces matériaux on pouvait déjà
bien reconnaître l'espèce, que les collections de MM. Dussumier, Desjardins et Delisse nous ont mis à même de
mieux connaître encore.

Ce poisson a le museau gros et obtus, épais, surtout en ce qui
dépend de la mâchoire inférieure. Le corps est haut, large et tronqué
subitement à l'origine du tronçon de la queue; mais la caudale
est assez prolongée, surtout par le développement de ses trois
lobes, pour que la hauteur soit comprise trois fois dans la longueur totale, tandis qu'elle n'est pas contenue deux fois dans le tronc
en n'y comptant pas la queue, et que jusqu'à la naissance de la
caudale cette même hauteur n'y est que deux fois et un quart.
La tête est courte, car elle est plus haute que longue, et sa longueur
est le quart de celle du corps entier du poisson. Son épaisseur est
deux fois et demie dans la hauteur mesurée par l'angle de l'opercule.
La nuque est fortement soutenue et arrondie, excepté l'extrémité
même du museau, c'est-à-dire l'espace compris entre les yeux,
le sous-orbitaire et les deux mâchoires, qui est recouvert par
une peau épaisse et muqueuse. Toute la tête est protégée par des
écailles semblables à celles du corps. L'œil est de grandeur médiocre;
son diamètre est compris sept fois dans la longueur de la tête; il
est sur le haut de la joue, un peu en avant du milieu de la longueur;
sa conjonctive est rayée comme la tête elle-même. Le sous-orbitaire
est une grande pièce trapézoïde, cachée sous la peau obliquement
au-devant de l'œil. Le préopercule est petit, le limbe vertical presque
nul, l'horizontal étant même assez étroit. Trois rangées de grandes
écailles couvrent la joue. L'opercule et le sous-opercule sont cachés
sous les grandes écailles, qui les protègent; on en voit aussi quatre
à cinq sur l'interopercule. L'angle membraneux de l'opercule est
encore sensible, mais sur le reste on ne voit guère de bord mem-

braneux. Les deux ouvertures de la narine sont très-difficiles à voir;
la postérieure est cependant entourée d'une petite papille relevée,
qui aide à la faire reconnaître; au-devant est l'ouverture antérieure,
fine comme un trou d'aiguille déliée; elles sont éloignées de l'œil
d'une distance égale au diamètre. Ces deux trous donnent dans
une cavité nasale très-petite, dont la membrane pituitaire, qui en
occupe le fond, n'a que quelques lames rayonnantes autour du
point central. On ne peut douter que le sens de l'odorat ne soit
presque nul dans ces poissons. Nous retrouverons cette même
organisation dans les Épibules. La bouche est peu fendue; ses
lèvres sont épaisses, à neuf plis en dessous; elles recouvrent des
dents fortes et coniques, sur un seul rang aux côtés de la bouche;
sur le devant sont deux grosses canines un peu courbées, séparées
par deux petites, et en dedans on en voit deux ou trois autres; je
compte d'ailleurs neuf ou dix dents à la rangée externe d'en haut
et onze en bas; entre les deux crochets mitoyens inférieurs il n'y
en a pas de petits. Le palais est lisse, son voile membraneux est
large; celui de la mâchoire inférieure est aussi grand et recouvre
la pointe de la langue, qui est grande, large et assez libre. Les
dents pharyngiennes sont grenues et peu grosses; mais elles sont
entourées d'un velouté fort épais, formé par la réunion des papilles,
grosses et fortes, découpées sur leur bord, et qui garnissent la
muqueuse à l'entrée du pharynx. Les râtelures des branchies sont
très-petites; la membrane branchiostège est entièrement cachée sous
l'appareil operculaire; elle est colorée comme la partie externe et
soumise à l'action directe de la lumière. Les rayons branchiostèges
sont au nombre de cinq.

La dorsale est basse dans sa région épineuse; elle a neuf rayons
épineux, tous très-forts; puis vient une portion molle, soutenue
par onze rayons larges et branchus, s'alongeant successivement
jusqu'au sixième, qui devient une sorte de faux, dont la longueur
égale le cinquième de la longueur totale, et qui atteint jusqu'au
tiers de la caudale. L'anale a neuf rayons mous, dont le sixième
s'alonge comme celui de la dorsale et le dépasse peut-être même.
Le tronçon de queue, laissé en arrière de ces deux nageoires,

est aussi haut que long et n'a pas tout-à-fait moitié de la hauteur du corps; la caudale qui y est attachée est au contraire très-large et très-grande, car ses rayons égalent le tiers de la longueur totale. Cette caudale a d'ailleurs une forme assez rare dans les poissons, mais dont le centropriste noir nous a déjà fourni un exemple. Les deux rayons extrêmes et les trois du milieu sont alongés en pointe et dépassent d'un tiers les rayons intermédiaires, ce qui divise la caudale en trois lobes. La pectorale est large, mais courte; son bord postérieur est sinueux. La ventrale est très-alongée, car elle atteint au-delà du premier rayon de l'anale; son épine n'a que le tiers du rayon mou qui le suit et qui est le plus long.

B. 5; D. 9/11; A. 3/9; C. 17; P. 12; V. 1/5.

Tout le corps et presque toute la tête sont couverts de grandes et larges écailles, du double plus hautes dans la partie visible qu'elles ne sont longues; j'en compte vingt rangées entre l'ouïe et la caudale, une au-dessus de celle sur laquelle la ligne latérale est tracée, et six ou sept au-dessous; une écaille a son bord radical lisse ou ondulé, mais non crénelé; l'éventail est composé de veinules irrégulières plutôt que de rayons; la portion nue est plus régulièrement striée.

La ligne latérale est formée d'une suite de petits arbuscules; elle s'interrompt sous la fin de la dorsale, sur la quatorzième rangée d'écailles; mais elle reprend au-dessous et par le milieu de la queue sur la douzième rangée; les divisions ou les ramucules deviennent plus petits.

Ce poisson, conservé dans l'alcool, est devenu brun-rougeâtre, avec un ou deux traits verticaux blanchâtres sur chaque écaille; celles de la tête et de la poitrine ont de nombreux points blancs; sous la gorge, ce sont de grosses taches blanches en forme de marbrure. Sur le devant de la tête et autour de l'œil cinq à six lignes blanches se distinguent au milieu de points moins nombreux. Sur l'occiput les rivulations ressemblent à celles de la gorge, mais elles sont plus petites et plus nombreuses. La dorsale, l'anale, la caudale et les ventrales ont leurs pointes vertes, les deux premières nageoires étant lisérées de blanc et vermicellées de même couleur sur un fond rembruni. La base de la caudale est noirâtre; les ventrales ont quelques points gris; la pectorale a une belle teinte jaune uniforme.

D'après un beau dessin fait sur le poisson sortant de l'eau, et que nous devons à M. Théodore Delisse, le fond est vert, et toutes les taches ou les raies sont d'un beau rouge carminé; la pectorale paraît verdâtre.

Les individus du Cabinet n'ont pas conservé leurs viscères; je vois seulement que la vessie aérienne devait être très-grande, et que le péritoine brille du bel éclat d'argent mat.

Quant au squelette, ce poisson offre une particularité dans la teinte verte des os; elle est surtout très-foncée sur les vertèbres et les côtes.

Il y a dix vertèbres abdominales et treize caudales; la dernière est fortement élargie en éventail. Les différens os de l'opercule sont très-minces; le sous-opercule se montre assez intimement lié à l'opercule par une suture écailleuse; il est quadrilatère; son bord libre est festonné. Il en est de même de la mâchoire inférieure, dont l'articulaire est fortement séparé du dentaire. Ces os ne sont pas verts; mais ceux de la mâchoire supérieure et ceux du bras sont très-vivement colorés. Le scapulaire est assez large, l'huméral est plus long. Le radial et le cubital sont très-forts. La crête impaire du crâne est aussi très-grande; les latérales sont petites.

Telles sont les observations faites sur des individus de dix-huit à vingt pouces de longueur, rapportés par Commerson, par M. Théodore Delisse et par M. Lamarre-Piquot. Mais les individus plus jeunes, réunis dans le Cabinet du Roi, nous apprennent que les nageoires dorsale, anale et caudale ne s'alongent qu'avec l'âge. Dans un individu à peu près moitié moins grand, car il n'a que dix pouces, l'on voit que les pointes supérieures et inférieures de la caudale commencent à s'alonger; les deux autres nageoires verticales ont leur bord ovalaire, et dans

un troisième, plus petit, que nous devons aussi à M. Dussumier, et n'ayant que huit pouces, la caudale est arrondie,
ainsi que la portion molle de la dorsale et de l'anale; le
museau de celui-ci paraît aussi plus aigu. D'ailleurs dans
tous, quelles que soient leurs formes, les couleurs ne
paraissent pas changer.

Commerson ajoute qu'il a trouvé l'espèce à Bourbon et
à Madagascar.

M. Dussumier l'a observée à l'Isle-de-France et aux Séchelles, où on la nomme *perroquet.*

Malgré l'imperfection de la figure de Bloch, je ne doute
qu'il ne faille rapporter à cette espèce son *sparus chlorurus* (pl. 260); mais il y aura fait, sans aucun doute,
quelque confusion, dont je n'ai pas suivi la trace dans le
Cabinet de Berlin, quand il dit qu'il possédait deux individus de cette espèce, l'un du Japon, l'autre de Saint-
Domingue, la dernière indication est fausse, si le poisson
était de l'espèce du *sparus chlorurus;* et l'autre est une
erreur, le mot *Japon* étant venu se placer sous la plume
de Bloch pour celui de Java, où l'on retrouve quelques
poissons de l'Isle-de-France. M. de Lacépède n'a pas manqué de reproduire ce *sparus chlorurus* parmi ses spares.

Shaw, qui n'a point admis le genre *chéiline,* a cité la
chéiline trilobée parmi ses labres.

La Chéiline rivulée.

(*Cheilinus rivulatus,* nob.)

MM. Quoy et Gaimard ont rapporté de la Nouvelle-
Irlande une espèce très-voisine et qui peut-être n'en est
qu'une variété.

Je lui trouve cependant le museau plus long, la tête moins haute à la nuque, égale à la hauteur du tronc, et contenue trois fois dans la longueur totale. La pectorale est plus grande; la caudale est festonnée; le lobe supérieur se prolonge plutôt que l'inférieur. La dorsale est moins pointue que l'anale; les ventrales ne touchent pas à cette nageoire. Les pectorales sont plus larges.

D. 9/11 ; A. 3/9, etc.

La ligne latérale est rameuse, mais à division de branches moins nombreuses.

Le poisson a deux bandes verticales brunes, une sur le tronçon de la queue, l'autre par le travers de la portion molle de la dorsale et de l'anale. Les écailles paraissent bordées de bleu foncé, et ont un petit trait vertical blanchâtre; la tête a des rayures plus courtes, moins régulières et plus nombreuses que les précédentes espèces, et a aussi moins de points.

L'individu est long de neuf pouces.

A en juger par le changement de couleur des individus des espèces précédentes, le poisson devait être vert, et les traits blanchâtres étaient de couleur rouge. La dorsale et l'anale ont des traits rivulés et longitudinaux; la caudale et la ventrale sont pointues.

Je regarde comme de la même espèce un individu plus jeune, dont la caudale est encore tout arrondie, sans prolongation à la dorsale et à l'anale, et qui vient de Vanikoro.

Les mêmes voyageurs l'ont pris pendant le voyage de l'Astrolabe. Il est long de six pouces et demi.

La Chéiline ponctuée.

(*Cheilinus punctulatus*, nob.)

Commerson avait rapporté depuis longues années une quatrième espèce de chéiline que M. Dussumier a retrouvée aux îles Séchelles.

Celle-ci a le museau arrondi, mais moins alongé que le précédent; les écailles sont plus fermes et plus rondes, la ligne latérale plus rameuse, la portion inférieure recommençant plus en avant sur la onzième rangée d'écailles; la pectorale petite, la caudale grande, haute, à rayon supérieur peu prolongé; la dorsale arrondie, l'anale alongée en pointe.

D. 9/11; A. 3/9, etc.

Le corps est brun, ponctué de blanc, rarement sur le tronc, et très-fréquemment sur la tête, où il y a quelques rayures très-petites sur les opercules.

Sur le poisson frais le corps est vert, et les points sont d'un beau rouge.

Nos individus sont longs de dix pouces et demi.

Sur de plus petits les points blancs sont plus gros et plus nombreux.

M. Dussumier nous apprend qu'aux Séchelles on le nomme *madras*, que ce poisson est abondant et très-bon à manger.

Les os de cette espèce sont verts, comme chez les précédens.

La Chéiline a lunule.

(*Cheilinus lunulatus; Labrus lunulatus*, Forsk.)

Forskal a encore une chéiline parmi les labres, sous le nom de *labrus lunulatus*.

Elle ressemble le plus à notre *cheilinus radiatus* par la disposition de sa caudale; mais elle a les écailles plus striées, la ligne latérale peu rameuse, la dorsale et l'anale peu pointues.

D. 9/11; A. 3/9, etc.

Ses couleurs sont autrement disposées. La tête n'a aucune espèce de raies, mais elle est toute couverte de points rouges; l'angle membraneux de l'opercule est jaune avec un trait ou croissant de couleur orangée qui lui a fait donner par Forskal le nom de *labrus lunulatus*. Sur un fond vert chaque écaille a un trait vertical rouge.

14.   9

La dorsale a un liséré rouge et l'anale en a deux; la pectorale est jaune, la caudale et les ventrales sont rougeâtres.

Sur les poissons que nous devons à M. Botta ou à M. Ruppel, le trait en croissant reste bien marqué; mais le corps, devenu noir, n'offre aucun vestige de taches ou de points.

Nous avons des individus de seize pouces de longueur, ce qui se rapporte à celle indiquée par Forskal, mais que Bonnaterre paraîtrait augmenter beaucoup en traduisant, sans aucune remarque, par le mot *aune*, la mesure indiquée par le voyageur danois. Un autre, qui n'a que treize pouces, a quelques traces de bandes verticales brunes. Mais sur des individus n'ayant que dix pouces, le croissant et les points sont seuls très-apparens, ainsi qu'une tache noire sur le milieu de la queue. Les nageoires verticales sont arrondies.

Il n'est pas difficile de reconnaître dans cette description le *labrus lunulatus* de Forskal, que Bonnaterre a cité dans l'Encyclopédie, mais que je ne trouve ni dans Bloch ni dansLacépède.

L'espèce paraît cependant abondante dans la mer Rouge, MM. Ehrenberg et Botta l'en ont rapportée, et le premier de ces deux voyageurs en a donné une très-belle figure dans ses *Symbolæ physicæ*, pl. 8, fig. 2.

M. Ruppel l'a décrite et figurée dans sa Faune de l'Abyssinie[1] : sur cette planche le poisson est représenté bleu, au lieu de vert; il n'a qu'une bande verte dont je ne vois pas de trace sur aucun de nos individus. Il l'a prise à Mohila.

___

1. Ruppel, *Atl. zu der Reise im nördl. Afr.*, p. 21, pl. 6, fig. 1.

Selon Forskal, le poisson se nomme en arabe *abu djubbe,* ou selon d'autres *sœnnat abu djubbe,* ce qui voudrait dire, *qui porte une tunique de soie.*

C'est, comme la plupart des labres, un poisson vivant entre les coraux, où il doit se nourrir de mollusques et peut-être exclusivement de strombes; car Forskal remarque qu'on le prend à l'hameçon, auquel il ne mord que quand l'appât est un fragment de mollusques de ce genre.

La Chéiline radiée.

(*Cheilinus radiatus,* Ehr.)

La chéiline que Forskal a indiquée parmi ses labres comme variété de son *labrus lunula,* est très-voisine de cette première espèce.

Elle a le corps un peu moins haut, la nuque moins relevée, le museau plus alongé; la caudale ne forme qu'un seul lobe arrondi, et dont les rayons dépassent le bord de la membrane. La dorsale alongée l'est moins que l'anale, et ne se termine pas comme elle en pointe aiguë. Elle est d'ailleurs beaucoup plus haute.

D. 9/11; A. 3/9, C. 17, etc.

La ligne latérale est composée d'une suite de tubulures simples et sans ramifications. Les écailles sont plus finement striées.

Les couleurs offrent aussi des différences caractéristiques, car l'œil est entouré de traits rayonnans, entre lesquels il y a peu de points, et il n'existe pas de lunule jaune à l'angle de l'opercule; mais toute la moitié du corps est couverte de ces mêmes points, et les écailles de la seconde moitié portent un seul trait vertical. Tout le poisson paraît brun, avec les nageoires verdâtres, plus ou moins ponctuées de noirâtre; une tache plus grande est sur la base des derniers rayons de la dorsale; les pectorales seules sont incolores. Le dessin colorié que M. Ehrenberg m'a communiqué, montre que le poisson est vert, et que le tronc est traversé par quatre bandes verticales, larges et plus foncées. Les points ou les rayures sont rouges; les rayons de la dorsale, de l'anale et des ventrales sont bleus, et ceux de la caudale sont verts. Les taches de cette nageoire sont bleues.

L'individu dessiné par M. Ehrenberg avait onze pouces et demi de long, et le Cabinet de Berlin a cédé un de cette taille au Cabinet du Roi. Nous en possédons aussi d'autres, plus petits, qui viennent de même de la mer Rouge, d'où ils ont été rapportés par M. Bové.

L'espèce a été reconnue par M. Ehrenberg, qui l'a publiée pl. 8, fig. 1, de la partie des poissons de la zoologie de ses *Symbolæ physicæ*.

M. Ruppel a aussi observé la même espèce, mais il s'est trompé quand il a cru devoir la considérer comme la chéiline trilobée de Lacépède ou de Commerson.

La Chéiline fasciée.

(*Cheilinus fasciatus*, nob.)

M. Liénard nous a envoyé de l'Isle-de-France, et M. Dussumier nous a rapporté des Séchelles une chéiline à corps plus alongé, sa hauteur étant du quart de la longueur totale, n'ayant que deux rangées d'écailles sur le préopercule, une ligne latérale non rameuse, la portion inférieure reprenant sur la onzième rangée d'écailles, qui sont finement striées. L'anale se prolonge en pointe aiguë, dépassant celle de la dorsale, et atteignant au milieu de la caudale, qui a ses deux rayons extrêmes prolongés, et le bord compris entre ces deux pointes convexes.

D. 9/11; A. 3/9, etc.

Le corps est, sur un fond olivâtre, traversé par six bandes verticales rouges, plus ou moins orangées; de larges croissans noirs bordent les écailles, mais inégalement; de gros points sont sur l'épaule ou sur le haut de l'opercule. La tête et la poitrine sont ponctuées de rouge. La dorsale, bordée de jaune, est alternativement rouge ou noirâtre ; à la base sa pointe est couverte de petits points blancs. L'anale, plus haute, a des taches rouges en avant et des points blancs en arrière. La caudale a le bord du croissant noir, puis une seconde et large bande noire traverse le milieu de sa longueur. Les ventrales, courtes, non prolongées en filet, ont la base rouge et le reste noirâtre. L'œil est entouré de traits orangés au nombre de neuf à dix.

Je ne vois pas que les os soient verts.

La longueur, jusqu'à l'extrémité des pointes de la caudale, est de dix pouces, et jusque dans le croissant de neuf pouces.

M. Reynaud nous a rapporté la même espèce de Batavia, du moins quant aux formes; mais selon le dessin que cet observateur nous a communiqué, les couleurs sont différentes;

les rayures qui entourent l'orbite sont rouges, ainsi que la poitrine; les bandes verticales sont d'un beau jaune; la dorsale, l'anale et la caudale ont le fond rouge.

La ressemblance des formes est telle que je ne la regarde cependant que comme une variété. M. Reynaud l'a reçue des pêcheurs malais de cette Moluque sous le nom de *kakatoa*.

Bloch a donné de cette espèce une figure très-reconnaissable pour le trait, mais enluminée d'après le poisson conservé dans l'eau-de-vie. C'est son *sparus fasciatus*, pl. 257, que Lacépède a laissé sous ce nom dans ses spares, tandis qu'il reproduisait la même espèce dans ses labres (t. III, p. 127), en décrivant un poisson du Cabinet conservé dans l'eau-de-vie sous le nom de *labre ennéacanthe*.

L'espèce était connue et figurée déjà par Renard (fol. 26, n.° 132), dont le dessin original se retrouve dans le recueil de l'amiral Corneille de Vlaming : cette peinture porte le nom de *phœnix* et elle ressemble par les couleurs à celle que nous a donnée M. Reynaud. Cette similitude pour ces deux poissons pris dans le même lieu, me fait présumer que peut-être on arrivera à regarder la variété des Moluques comme d'une espèce distincte.

Valentyn [1] a aussi parlé de ce poisson. Suivant lui, son nom malais est *mata bintang hidjoe,* qui lui serait donné à cause de l'étoile formée par les rayons dont l'œil est entouré. Il est très-beau, et il le dit d'un très-bon goût. Il devient fort et grand.

M. Ruppel cite aussi cette espèce comme un poisson de la mer Rouge, dont il aurait trouvé des individus à Massuah longs de dix pouces.

La Chéiline sinueuse.

(*Cheilinus sinuosus,* nob.)

Une autre espèce répandue dans la mer des Indes a de l'affinité avec celle-ci, parce qu'elle montre aussi des bandes transversales.

Mais ces bandes sont plus nuageuses, et formées par la réunion des croissans noirâtres du bord des écailles, réunis en quatre ou cinq groupes verticaux sur chaque flanc. Le fond était verdâtre. Ces bandelettes remontent sur la dorsale, qui a une tache noire sur la queue au-dessus de la ligne latérale. Une autre est à la base des derniers rayons mous de la dorsale. La caudale, arrondie, est verdâtre, avec une bande claire à sa racine, et des points verts

---

1. Amb., n.° 113.

plus ou moins foncés sur la portion plus colorée. Le bord est aussi blanchâtre. Les ventrales sont vertes. Sur la tête on voit des traits quelquefois droits et obliques au-devant de l'œil, souvent en croissant sur les opercules ; ils sont blanchâtres ; par analogie nous devons croire qu'ils étaient rouges.

D. 9/11 ; A. 3/12, etc.

Les écailles sont finement grenues, peu striées, la ligne latérale a deux ou trois branches à chaque arbuscule; elle recommence sous la onzième écaille. Le museau est pointu, le corps oblong et régulièrement ovale; sa hauteur est le tiers de la longueur totale. Les dents sont coniques et vertes. Il en est de même des rayons osseux des nageoires, et des arêtes du squelette.

La longueur varie de quatre pouces à près de huit; à cette taille on voit déjà un petit filet au lobe supérieur de la caudale.

MM. Quoy et Gaimard ont rapporté cette espèce de leur premier voyage avec M. Freycinet des îles Sandwich et de l'archipel des Mariannes. Mais déjà Commerson l'avait déposée au Cabinet du Roi, et M. Dussumier l'a retrouvée à l'Isle-de-France.

La Chéiline a deux taches.

(*Cheilinus bimaculatus*, nob.)

Les mêmes îles Sandwich ont procuré à MM. Eydoux et Souleyet une nouvelle espèce de chéiline, assez semblable à la précédente pour la forme,

mais qui a le corps un peu plus alongé; car la hauteur est comprise trois fois et demie dans la longueur totale. Le museau est moins aigu, l'œil placé plus haut sur la joue; celle-ci paraît avoir été rougeâtre avec des linéamens verts autour de l'œil et sur les opercules. Au-dessous de la ligne latérale est une bandelette longitudinale formée par un réseau de lignes vertes anastomosées; cette bandelette diminue et s'efface même sur la queue. Au-dessus de la ligne latérale il y a deux séries de points bruns. Mais ce qui est plus caractéristique, au milieu de ces variétés de couleurs sont deux taches assez fortes; l'une derrière l'œil, entourée de vert; l'autre sur les flancs, sur la sixième rangée d'écailles. Celle-ci est oblongue, sans bordure, et elle est d'un noir très-foncé; tandis que la première est plus pâle et tire au bleu.

La dorsale, variée à la base de vert et de rose pâle, a une bordure noire; les rayons mous et la membrane qui les réunit sont tout-à-fait incolores. L'anale, grise, a deux ou trois taches plus foncées, et un liséré noirâtre avec des taches vertes. La caudale a les trois rayons mitoyens prolongés, d'ailleurs son contour est arrondi; elle a le fond verdâtre, une tache noire fondue à la base, l'extrémité des rayons noirâtre, et des points violacés.

Ce petit poisson a cinq pouces de longueur. Il vient de l'île Onarourou.

La Chéiline diagramme.

(*Cheilinus diagrammus*, nob.)

Commerson avait laissé dans ses porte-feuilles le dessin d'une chéiline que M. de Lacépède, auteur du genre dont nous écrivons l'histoire, a cependant placée parmi ses labres, sous le nom spécifique conservé à cette espèce. Nous avons pu comparer le dessin du compagnon de Bougainville avec l'original desséché et conservé en herbier dans la collection du Cabinet du Roi, et donner de cette espèce une description plus détaillée sur les individus assez nombreux et conservés dans l'eau-de-vie, que les différens voyageurs ou naturalistes, cités déjà et si souvent par nous, ont déposés dans les collections du Muséum.

Cette espèce est remarquable par l'épaisseur de la mâchoire inférieure, et par la saillie mentonnière qu'elle fait au-devant de la mâchoire supérieure.

La hauteur du tronc, un peu moindre que la tête n'est longue, est contenue trois fois et demie dans la longueur totale. La forme du corps est assez régulière et semblable à celle de nos labres ordinaires. La ligne du profil descend très-obliquement, celle de la gorge est presque horizontale. Les narines, quoique petites, sont plus visibles que dans les autres espèces. Le préopercule est large, il n'a que deux rangs de grandes écailles; celles-ci sont au nombre de vingt bandes sur le tronc. La ligne latérale recommence à la douzième, elle n'est pas rameuse. La caudale est arrondie; mais le rayon supérieur est un peu alongé en fil. La dorsale et l'anale sont arrondies, les ventrales courtes, les pectorales petites.

D. 9/11; A. 3/12, etc.

La tête et le corps sont devenus roussâtres, avec une teinte verdâtre sur l'abdomen. Il y a au-devant de l'œil trois à quatre traits blanchâtres, des points et des traits anguleux derrière et sur le dessus de la tête; sur la joue et obliquement, d'avant en arrière et en bas, sept à huit traits fins et déliés, noirâtres, dont quatre moyens commencent sur les quatre traits blancs qui ne naissent pas du bord de l'orbite. Les traits noirâtres finissent sur le bord de l'appareil operculaire. La dorsale antérieure est brune, avec des vermicellures blanchâtres et d'autres plus fines noirâtres; la base de la portion molle est violette; les quatre premiers rayons mous sont vert d'aigue-marine, les autres sont incolores; l'anale, sans taches, a tous ses rayons verts. La caudale a les deux bords bruns, et les neuf rayons intermédiaires vert d'oxide de cuivre brillant. Les pectorales et les ventrales sont incolores.

Sur le frais, d'après M. Dussumier, le corps est brun rougeâtre, prenant une teinte plus claire vers les pectorales. La tête, verdâtre foncé, a des lignes verticales de couleur amaranthe. La dorsale, noire, a du rouge à la base; la portion molle est rose. La caudale, vert clair, est variée d'un peu de rose. Les deux rayons externes sont brun rougeâtre. L'anale est variée de brun et de rose; les pectorales sont rosées; les ventrales sont rose et variées de vert. Les dents sont d'un beau vert. L'iris de l'œil est jaune.

La longueur est de neuf pouces.

Outre les individus de Commerson, nous en avons plusieurs autres qui prouvent que l'espèce est commune et répandue dans la mer des Indes.

M. Dussumier, M. Desjardins, MM. Lesson et Garnot, et M. Lamarre-Piquot, nous l'ont procurée de l'Isle-de-France. M. Dussumier l'a retrouvée aux Séchelles; MM. Quoy et Gaimard l'ont prise à Madagascar, à la Nouvelle-Guinée.

Ses arêtes ont aussi une teinte verte assez notable.

M. Dussumier rapporte qu'on le mange à l'Isle-de-France.

La Chéiline veinée.

(*Cheilinus venosus*, nob.)

M. Geoffroy Saint-Hilaire a pris à Suez, pendant l'expédition d'Égypte, une chéiline qui nous a été ensuite rapportée du même port par M. Bové.

Quoique voisine de la précédente par le vert des rayons mitoyens de la caudale, elle en diffère parce que la mâchoire inférieure ne fait pas une saillie aussi prononcée, que la ligne du profil descend moins obliquement, qu'il n'y a que quelques petites veinules ou traits fins, blancs, sur la tête et sur le bord de quelques écailles des flancs; le tronc est roussâtre; la dorsale et l'anale n'ont pas de rayons verts; leur teinte jaunâtre offre les vestiges de quelques points gris ou brun très-pâle.

D. 9/11; A. 3/12, etc.

La longueur est de sept pouces. M. Botta vient d'en rapporter d'autres de Djedda.

M. Ruppel a pris dans la mer Rouge une espèce encore voisine de celle-ci, et qu'il a nommée

La Chéiline a menton

(*Cheilinus mentalis*, Ruppel),

à cause de la saillie de la mâchoire inférieure, et nous venons de l'observer dans les collections de M. Botta.

Sa couleur est rousse, tachetée de brun. Une tache noire existe au-dessus des nageoires pectorales. L'iris est brun, avec un cercle doré.

D. 9/11; A. 3/12, etc.

La longueur ordinaire de ce poisson est, suivant M. Ruppel, de sept pouces. Il l'a vu sur le marché de Massawah. Il a bien voulu en céder un exemplaire au Cabinet du Roi.

La Chéiline sablée.

(*Cheilinus arenatus*, nob.)

Une autre espèce, aussi à queue verte dans le centre, et noire sur les bords, vient d'être rapportée de Bourbon par MM. Eydoux et Souleyet.

Elle a le corps haut et trapu, la queue très-courte, les écailles grandes, minces, et fortement striées. La ligne latérale très-rameuse.

D. 9/11 ; A. 3/12, etc.

Par le milieu des flancs, à partir de l'œil jusqu'à la caudale, est une bande longitudinale, droite, noir foncé, formée par la réunion d'une quantité de petits points noirs, qui se répandent ensuite sur tout le dos, et forment un sablé noirâtre sur le fond jaunâtre ou décoloré du poisson sec que je décris. La dorsale a une tache sur la base de la membrane, entre les deux premiers rayons; tout le reste est gris ou plombé uniforme. Les autres nageoires sont incolores, le rayon supérieur et l'inférieur de l'anale se prolongent en fil court. Les ventrales sont courtes; la dorsale et l'anale sont tronquées.

La collection du Muséum ne possède qu'un seul individu de cette espèce, il est long de huit pouces et demi.

J'en ai vu d'autres de même taille parmi les poissons rapportés de Bourbon par M. Morel.

La CHÉILINE DE MERTENS.

(*Cheilinus Mertensii*, nob.)

Je trouve dans les dessins faits dans le grand Océan, par MM. de Mertens et Ketlitz, plusieurs chéilines voisines de celles que nous venons de décrire d'après nature, mais qui ne se rapportent précisément à aucune d'elles.

Ainsi j'en observe une voisine de notre *cheilinus sinuosus,* qui en diffère par les couleurs.

Sur un fond gris jaunâtre, le corps est tacheté de traits violets pâles, verticaux, sur chaque écaille; il y a deux traits de cette nuance au-devant de l'œil, un autre derrière, s'évanouissant sur la tempe; la caudale, bordée de jaune, l'anale et la portion molle de la dorsale, sont tachetées de gros points violets. La partie épineuse de cette dernière nageoire et la tête sont couvertes de taches ou de petits traits sinueux de couleur rouge. Sur l'occiput il y a des traits obliques olivâtres. Les pectorales sont olives.

La longueur du dessin est de huit pouces. Cette espèce se trouve aussi à Guam.

La CHÉILINE POLYGRAMME.

(*Cheilinus polygramma*, nob.)

Une chéiline voisine du *cheilinus diagramma* a été dessinée à Uléa;

Elle a la tête verte, avec de nombreuses lignes rouges sur toute la joue; le dos violet, le ventre rougeâtre, les écailles bordées de croissans couleur de brique. La dorsale a des raies roses et noires; l'anale a, entre ses raies roses des traits jaunâtres; la caudale, jaune, a ses rayons verts, la bordure verticale rousse, et les deux bords supérieurs plus pâles; les nageoires paires sont roses.

Le dessin que m'a communiqué M. de Mertens est long de neuf pouces.

La Chéiline maculée.

(*Cheilinus maculosus*, nob.)

Les mêmes collections nous font connaître une chéiline à corps plus court et plus haut de l'arrière que les précédentes.

Sa hauteur surpasse le tiers de la longueur totale; l'ovale du corps est d'ailleurs assez régulier; le fond de la couleur est un vert uniforme, avec de grosses taches d'un rouge brique dans l'angle des écailles : sur la tête ce sont des petits points. La dorsale a deux séries de taches de même couleur que le tronc. L'anale a de plus les rayons bleu d'azur; la caudale, verte, a les rayons bleu d'indigo foncé, et une bordure verticale de même teinte que les taches. La pectorale est jaune olivâtre; les ventrales, vertes comme le corps, ont quelque peu de rouge.

Cette espèce, longue de neuf pouces, a été dessinée à Oualan.

La Chéiline parée.

(*Cheilinus festivus*, nob.)

Une autre espèce, encore plus courte et plus haute, vient de la même île.

La hauteur, moitié de la longueur du tronc, n'est contenue que deux fois et demie dans la distance du bout du museau au bord terminal de la caudale. Le dos est surtout arqué.

Le fond est un olive bronzé, éclairé par de nombreux traits verticaux, interrompus sur chaque écaille, rouges ou bleu d'azur. Au-devant de l'œil on en voit deux ou trois horizontaux. La dorsale et l'anale ont leurs rayons verdâtres; la membrane est jaune, bordée de taches orangées. Sur la caudale cette teinte s'étend sur tous les rayons. La pectorale est brune; la ventrale verdâtre, à membrane pâle et olive.

Ce poisson n'a que cinq pouces.

La Chéiline rose.

(*Cheilinus roseus*, nob.)

Les mêmes voyageurs nous ont donné le dessin d'une chéiline

à corps alongé comme les premières; mais le corps est d'une teinte rose uniforme. La dorsale, plus pâle, a deux traits longitudinaux peints comme le fond général; les autres nageoires sont plus pâles, et sans aucunes taches ni rayures.

Ils ont dessiné à Uléa un individu long de sept pouces.

La Chéiline de Ketlitz.

(*Cheilinus Ketlitzii*, nob.)

Je dédierai à M. Ketlitz cette jolie chéiline,

dont le corps, sur un fond rose, a de nombreuses taches rouges sanguines sur la tête, le tronc et la caudale. L'opercule a une large tache bleu azuré. La dorsale et l'anale sont rosées, avec un trait vertical rouge plus foncé le long de chaque rayon; mais il n'y a pas de points sur les nageoires.

Cette chéiline a d'ailleurs le museau assez aigu, le chanfrein concave; la caudale arrondie, sans prolongation en filets.

L'individu pris et dessiné à Uléa a quatre pouces et demi.

La CHÉILINE SANGUINE.

(*Cheilinus sanguineus*, nob.)

Je trouve encore parmi ces dessins
une chéiline à corps rouge de sang, avec quelques taches plus
foncées : cette couleur est étendue sur toutes les nageoires. La
dorsale et l'anale ont des taches comme la caudale, dont les pointes
sont prolongées en filet; d'ailleùrs le museau est plus aigu, et le
chanfrein plus concave encore que dans la précédente. Il se pourrait
que les naturalistes qui l'ont observée fraîche, ne l'eussent considérée
que comme une variété de la précédente.

L'individu venait d'Uléa, et a huit pouces de long.

La CHÉILINE ÉCARLATE.

(*Cheilinus coccineus*, Ruppel.)

M. Ruppel a encore des chéilines que je ne connais que
par ses descriptions.

L'une a le corps alongé, vert; les opercules striés de blanc; les
nageoires purpurines, et cette teinte paraît s'étendre un peu sur
le tronc.

Ce poisson, décrit dans la Faune d'Abyssinie (p. 23), a
été pris à Djedda. Il est long de neuf pouces.

La CHÉILINE A CINQ BANDES.

(*Cheilinus quinquecinctus*, Ruppel.)

Dans ses *Neue Wirbelthiere*[1], M. Ruppel donne deux
nouvelles chéilines.

---

1. Ruppel, tab. 6, fig. 1.

L'une d'elles a le corps elliptique, le bord postérieur de la dorsale et de l'anale pointu, la caudale tronquée, et cependant la pointe des rayons dépasse la membrane. La couleur de la tête et du corps est d'un vert sombre, traversé par cinq bandes verticales jaunes; les pectorales ont aussi cette teinte; les autres nageoires sont rembrunies; la dorsale et l'anale sont bordées en arrière de jaune, et la nageoire du dos a de plus un liséré rouge.

D. 9/10; A. 3/8; C. 15; P. 12; V. 1/5.

M. Ruppel l'a prise à Djedda. Il remarque que les lèvres ne sont pas très-épaisses. L'espèce a du rapport avec le *sparus fasciatus* de Bloch.

La CHÉILINE ONDULÉE

(*Cheilinus undulatus*, Ruppel.)

est une espèce bien caractérisée, dont

les lèvres sont très-épaisses; le front est bombé; le corps est ovale; la dorsale et l'anale se terminent en angle obtus; la caudale est arrondie; les écailles sont peu visibles, quoique grandes.

La couleur est verte, avec des rivulations orangées sur la tête. Sur la région de la poitrine et du ventre les lignes labyrinthiques ont une teinte brune. Toutes les écailles du reste du corps portent un trait vertical vert rembruni; toutes les nageoires sont d'un vert foncé, et les verticales sont variées de lunules nombreuses d'une teinte plus claire que le fond.

D. 9/10; A. 3/8; C. 17; P. 12; V. 1/5.

M. Ruppel a observé à Djedda un individu de deux pieds de long. Il ne lui a pas entendu donner de nom vulgaire. L'espèce est représentée pl. 6, fig. 2, de l'ouvrage de M. Ruppel, cité plus haut.

La Chéiline de Bloch.

(*Cheilinus Blochii*, nob.)

Il faut encore rapporter à ce genre le poisson que Bloch a représenté sous le nom de *labrus fasciatus* (pl. 290).

Sur un fond brun, le corps est traversé par quatre larges bandes jaune olivâtre. Toutes les nageoires sont brunes, plus claires à la base.

Bloch dit que ce poisson vient du Japon. Aucune de nos espèces ne se rapporte à cette figure.

La Chéiline a gouttelettes.

(*Cheilinus lacrymans*, nob.)

J'ai vu à Leyde une chéiline

à museau pointu, relevé, à chanfrein concave, à caudale arrondie, dont le corps est brun rougeâtre, avec les pointes de la dorsale, de l'anale et de la caudale de couleur verte et brillante. Le bord supérieur de la caudale est blanc, et l'inférieur est brun. Le sous-orbitaire est traversé par deux traits blancs qui vont jusqu'au bout du museau.

L'individu est long de sept pouces. Il vient des Moluques, d'où il a été rapporté par M. Reinwards.

CHAPITRE XV.

Des Épibules (*Epibulus, nob.*).

J'ai établi dans le tome treizième de cet ouvrage, que les *epibulus* devaient être déjà un peu éloignés des sublets, à cause de l'interruption de leur ligne latérale; mais en examinant avec plus de détails leur organisation, on voit paraître dans le jeu qui met en mouvement le museau de ces *epibulus,* des pièces osseuses, qui deviennent des caractères de haute importance pour justifier davantage la distinction des deux genres. En effet, la protractilité du museau n'est plus due à la simple longueur des branches montantes des intermaxillaires, que le mouvement de bascule des maxillaires fait projeter en avant, ainsi que cela a lieu dans les smaris, les gerrès et les sublets. Le jugal, ordinairement carré et mince chez les poissons, devient ici un os long, arrondi, réuni avec le symplectique, et forme un levier qui sert à l'alongement excessif que peut prendre la bouche.

Il est à remarquer que, pour le reste du corps, ce poisson a tous les caractères des chéilines, avec lesquelles il a les plus grandes affinités.

Les naturalistes doivent la connaissance de ce poisson à Pallas, qui l'a publié dans ses *Spicilegia*[1], d'après un des individus de la collection de Schlosser, à l'obligeance duquel il devait le poisson. Il paraît même que la longueur du museau, quand il est tiré, donna à Schlosser l'idée de le comparer avec le *chœtodon rostratus,* qu'il avait déjà

----

1. PALL., *Spic. zool., fasc. octavus,* p. 41, tab. V, fig. 1.

décrit, et de lui attribuer les mêmes habitudes qu'à ce squammipenne. Je ne vois cependant aucun des voyageurs qui ont observé ce poisson vivant, parler de cette singulière manière de prendre les insectes. Renard est même, au contraire, plus précis à cet égard; car il dit que le *trompeur* prend les poissons en alongeant subitement les longues branches de ses mâchoires; mais il ne dit rien des gouttes d'eau lancées pour faire tomber les insectes; ce qu'il n'aurait pas manqué de rapporter, si notre poisson avait cette habitude. M. Dussumier n'en dit rien non plus dans ses notes. Je ne trouve donc aucun autre fondement de vérité à cette histoire que l'assertion de Schlosser, rapportée par Pallas, et évidemment déduite, comme je l'ai dit tout à l'heure, de la comparaison de ce poisson avec le chelmon.

Cette histoire n'a pas manqué cependant d'être racontée et même enjolivée, et M. de Lacépède y a ajouté quelque chose de plus extraordinaire encore; car il semble croire que le poisson fait entrer de l'eau par les fentes postérieures des branchies, pour la lancer en gouttelettes en avant; assertion contraire à toutes les précautions que la nature a prises au moyen du bord membraneux de l'opercule, pour empêcher l'eau d'entrer par derrière dans les ouïes; cette eau devant être tamisée entre les ratelures qui s'entrecroisent sur le bord antérieur des arceaux osseux des branchies, afin qu'aucun corps étranger ne s'introduise entre les lames délicates et vasculaires de l'organe respiratoire, qui serait trop souvent blessé sans cette précaution.

Pallas, en décrivant le premier et méthodiquement l'*epibulus,* cite déjà les figures des voyageurs ou des naturalistes qui avaient eu occasion de le voir et de le signaler. La première mention que l'on en trouve est dans Ruysch[1], qui publiait alors la description d'une collection nouvelle de poissons d'Amboine. Sa figure, tab. II, n.ºs 6 et 7, me paraît avoir été faite sur les matériaux qui ont été reproduits par Renard. Huit ans plus tard, cette même figure se reproduit dans Valentyn[2], ou du moins une très-semblable faite sans doute d'après les mêmes matériaux, et nous ne pouvons méconnaître une origine commune aux figures de Renard ; elles viennent toutes de celles de l'amiral Corneille de Vlaming qui, dès 1715, avait fait dessiner aux Moluques ce poisson, qu'il nomme *de Bedrieger,* c'est-à-dire, le trompeur ou le filou. Dans les deux dessins qu'il a rapportés, le poisson est représenté le museau en rétraction, et sur une étude de la tête, le museau est alongé. C'est dans cette position que Ruysch et Valentyn l'ont fait graver. Dans toutes ces figures, les ventrales seules sont un peu alongées ; mais la dorsale et l'anale ne se prolongent pas en pointe ; la caudale est coupée carrément, et n'a aucuns filets. Dans la gravure de Pallas, la caudale est coupée en croissant ; mais les ventrales sont moins alongées. Ayant aussi un dessin colorié fait par M. Th. Delisse, qui représente la caudale sans pointes et coupée en croissant, j'ai hésité longtemps, si je n'avais pas la preuve qu'il existe deux espèces de ce genre, parce que d'autres individus, venus de l'Isle-de-France, ont les nageoires impaires prolongées en longues pointes. Mais, en réfléchissant à l'affinité des épibules et des chéilines, j'ai pensé que, même dans des espèces de ce dernier genre,

---

1. *Theatr. anat.,* t. I, p. 3, n.° 6, tab. II, n.° 6, 7. — 2. Val., *Amb.,* p. 384, n.° 112, fig. 112 : il y a dans le texte, par faute de typographie, n.° 122 ; et cette faute a été copiée par tous les auteurs.

les jeunes individus d'épibules n'ont pas encore les nageoires prolongées.

J'ai d'ailleurs été confirmé dans cette opinion, parce que j'ai vu des individus, venus de Java, à dorsale, anale et caudale tout aussi pointues que celles de l'Isle-de-France.

Pallas crut devoir classer ce poisson dans le genre des spares, et il a été suivi en cela par Gmelin, Bonnaterre, Lacépède, Bloch et Shaw. Le second de ces auteurs a fait copier la figure du célèbre naturaliste de Berlin dans l'Encyclopédie. Pallas n'a donné qu'une description très-courte et des seules parties externes de ce poisson.

M. Cuvier, en établissant ce genre dans le Règne animal, a imaginé de traduire l'épithète donnée par Pallas à ce poisson; et, en effet, le nom de επίβουλος, *insidieux,* convient très-bien à ce poisson, qui peut prendre les petites espèces qui nagent sans défiance à quelque distance de lui. Mais il faut remarquer que l'illustre auteur du Règne animal n'a pas vu complétement la singulière et remarquable organisation de ce poisson; car il croit que le mécanisme de la protractilité de la bouche n'est dû qu'à la longueur des branches montantes de l'intermaxillaire, comme dans les sublets, les zées, les picarels et autres poissons à museau protractile.

J'ai fait la description que l'on va lire sur un individu long de seize pouces, venu de l'Isle-de-France, et quoique ce poisson y soit rare, nous en avons reçu trois individus. Il paraît plus commun dans la mer des Moluques. Celui décrit par Pallas venait de l'île de Nassau près Sumatra. J'en ai vu d'autres, envoyés de Java par MM. Kuhl et Van Hasselt.

Dans ce poisson, les proportions relatives de la hauteur et de la longueur changent, selon que l'animal a le museau retiré ou l'a porté en avant dans sa plus grande extension. Dans le premier cas, c'est-à-dire, quand la bouche est en rétraction, la hauteur est le tiers de la longueur totale, prise jusqu'à l'extrémité des pointes de la caudale, et quand les maxillaires sont tirés en-avant, la hauteur n'est que le tiers de la distance de la symphyse de la mandibule inférieure au bord concave de la caudale; ce qui prouve que la bouche peut avancer par la protractilité des intermaxillaires d'une quantité égale à la longueur des pointes de la caudale; longueur qui est comprise deux fois et deux tiers dans la hauteur du tronc. Cette mesure donne également l'épaisseur du corps. Quand la bouche est retirée, le museau fait une grosse saillie au-devant de l'œil, et à partir de cet organe, la ligne du profil monte assez directement jusqu'au haut de l'occiput, d'où elle va en ligne droite jusqu'à la fin de la dorsale, qui fait une forte saillie sur le tronçon de la queue. Les longues branches de la mâchoire inférieure forment une ligne droite oblique, et l'extrémité devient une pointe saillante sous la fente des ouïes. La courbe du profil inférieur est assez convexe et remonte vers la fin de l'anale pour rejoindre le dessous de la queue, dont la hauteur est comprise deux fois et deux tiers dans celle du tronc.

L'œil est de grandeur médiocre, son diamètre n'étant que du septième de la longueur de la tête; l'orbite est creusé sous l'angle fait par le museau avec la ligne ascendante de la nuque; le premier sous-orbitaire est petit, et la peau qui le recouvre est sans écailles, ainsi que celle qui est sur le dessus du museau et passe sur les deux os du nez. C'est la seule partie de la tête qui soit, avec les mâchoires, privée d'écailles. Toute la joue, les petits osselets qui constituent la chaîne sous-orbitaire et l'appareil operculaire, sont cachés sous de grandes écailles, semblables à celles du corps. Aussi a-t-on de la peine à en distinguer, à l'extérieur, les différentes pièces dont la forme ne peut être bien décrite que sur le squelette. Cependant on reconnaît que le préopercule descend assez bas sur la joue, ayant au haut du bord vertical une échancrure suivie d'un bord convexe, simulant la partie libre d'une grande écaille; que le bord, qui est horizontal dans les autres poissons, devient dans celui-ci oblique en avant et presque vertical; il va rejoindre la ligne d'écailles qui couvrent la joue, et remonte ainsi en avant pour atteindre l'angle postérieur du jugal de la mâchoire, qui est ici très-alongé; au-dessous est l'interopercule plus libre, qui ressemble à une grande écaille; l'opercule et le sous-opercule, entièrement écailleux, forment ensemble une plaque à contours sinueux, dont le bord membraneux est peu large. Tout cet appareil est avancé sur l'ossature de l'épaule, et cache la membrane branchiostège et l'isthme de la gorge Il n'y a que cinq rayons à cette membrane : le premier est large, aplati et courbé en lame de sabre.

Comme dans tous les poissons à bouche protractile, les branches montantes des intermaxillaires sont très-longues; elles remontent sur le crâne jusqu'à l'angle postérieur de la crête impaire, de sorte que, quand la bouche est fermée, l'œil est à la moitié de la longueur des branches de l'intermaxillaire; mais, pour rendre encore ce museau plus mobile, la nature a donné de la longueur et de la mobilité au jugal, et lui fait jouer un rôle important. L'articulaire de la mâchoire est très-alongé, et atteint en arrière, quand la bouche est retirée, au-delà de l'interopercule. La symphyse qui réunit les deux branches, est assez longue. Tous les os de la mandibule, ainsi que les longs ligamens qui jouent dans cette composition, sont d'ailleurs enveloppés sous une peau épaisse, plissée, d'où il résulte que je suis obligé d'en renvoyer la description complète à celle du squelette. Je ferai seulement remarquer que la longueur des branches horizontales de cette mandibule égale le quart de la longueur totale, quand le museau est retiré.

Les lèvres sont assez charnues. L'ouverture de la bouche est médiocre. La mâchoire supérieure forme une sorte d'ogive en dessus. Les dents sont sur un seul rang; elles sont coniques, petites, sauf les deux mitoyennes, qui sont dirigées en avant comme deux petites défenses horizontales; celles de la mâchoire inférieure sont semblables; mais les deux moyennes, plus fortes, remontent obliquement vers la mâchoire supérieure. Les pharyngiennes sont tuberculeuses, et ressemblent tout-à-fait à celles de nos labres ordinaires.

La langue, libre et pointue, est reculée dans le fond de la bouche.

Les fosses nasales sont d'une extrême petitesse, et l'ouverture de la narine est réduite à un trou fin comme la pointe d'une aiguille, difficile à apercevoir. On reconnaît l'ouverture antérieure au rudiment de papille qui se redresse derrière elle.

Toutes les nageoires de ce poisson sont prolongées en longues pointes. La dorsale, assez basse dans sa portion épineuse, commence vers le premier tiers du corps, sans compter la caudale. Ses rayons ne dépassent point la membrane épaisse qui les enveloppe, de sorte que le bord de la nageoire n'est pas festonné. Les rayons mous s'alongent jusqu'aux septième et huitième, qui deviennent quatre fois plus longs que les rayons épineux, et qui forment une pointe égale aux deux tiers de la hauteur du corps La pointe de l'anale a plus d'un quart en longueur que celle de la dorsale; le cinquième et le sixième rayon sont les plus longs. Ces deux nageoires sont portées sur une courbe relevée et arrondie des deux profils du corps, ce qui rend le tronçon de la queue assez étroit à son origine; il n'a en effet que moitié de la hauteur du corps entre les deux nageoires. Sa longueur n'est guère plus considérable. La caudale a les rayons externes prolongés et égaux à peu près à ceux de la dorsale ou de l'anale, et une fois aussi longs que les rayons mitoyens, qui sont à peu près égaux et coupés carrément. Les ventrales sont aussi très-alongées. Le troisième rayon mou atteint au-delà de l'anus; il est trois fois plus long que l'épine, d'ailleurs peu visible, car elle est presque entièrement cachée sous la peau. La pectorale est de grandeur moyenne, en trapèze irrégulier. Le second rayon supérieur se prolonge quelquefois en filet court.

B. 5; D. 9/11; A. 3/8; C. 13; P. 12; V. 1/5.

Les écailles du corps sont très-larges et très-grandes; j'en compte vingt et une entre l'ouïe et la caudale, et huit dans la hauteur. Vue isolément, une écaille montre que son bord libre est membraneux, que la portion non recouverte est très-finement granuleuse, et n'est guère que le tiers de la partie cachée. Il y a neuf ou dix rayons seulement à l'éventail, qui entaillent et festonnent le bord radical. Les stries d'accroissement sont très-fines et très-resserrées; mais du sommet de l'éventail on voit sortir une trentaine de stries ou de rayons courbés, et qui se dirigent vers le bord libre de l'écaille.

La ligne latérale est tracée sur la troisième rangée; elle se compose d'une série de longs traits ou tubes non ramifiés; elle est interrompue sous la fin de la dorsale.

La couleur des individus conservés dans l'alcool est plus ou moins rembrunie, et ne laisse aucune trace des couleurs assez brillantes dont ce poisson est peint. Je puis en juger par les dessins coloriés que j'ai reçus de M. Théodore Delisse, ou par les descriptions faites sur le frais par M. Dussumier. Selon cet observateur,

ce poisson a le dessus du dos rougeâtre, et le reste du corps verdâtre. La dorsale est variée de vert foncé et d'orangé sombre; les pectorales sont noires, bordées de blanc; les ventrales, l'anale et la caudale, sont verdâtres, avec un peu d'orangé.

Je retrouve à peu près ces mêmes teintes sur un des dessins de M. Delisse, et qui est fait d'après l'individu qui a servi à ma description. Il représente

le museau et la queue noirâtres; le dos seul rougeâtre; les flancs jaunâtres, passant au vert sous le ventre. Toutes les écailles sont bordées de vert, et on en voit des traces sur celles qui recouvrent la tête. La portion épineuse de la dorsale a deux raies longitudinales vertes sur un fond rougeâtre. La partie molle et toutes les autres nageoires sont noirâtres.

Voilà donc une première variété, qui paraîtrait constante; mais le second dessin de M. Delisse peint le poisson d'un beau jaune orangé, avec quatre ou cinq rayures longitudinales sur les flancs. La dorsale épineuse est verte, avec un liséré jaune, et un trait de cette couleur dans le milieu de la hauteur des rayons. La fin de la dorsale et toutes les autres nageoires sont jaunes et brillantes. La ventrale a de l'orangé à la base. Comme le dessinateur a représenté la caudale échancrée, mais sans pointes, que

14. 12

la dorsale et l'anale n'ont pas les pointes aussi longues que celles du précédent, il reste à décider si ces différences sont spécifiques, ou si, comme je le crois, elles sont caractéristiques des deux sexes. Le corps dans cette variété paraît plus haut proportionnellement; la nuque est moins relevée sur le bout du museau.

Ces variétés me font hésiter à faire des espèces distinctes de ceux qui sont représentés par Renard, Ruysch et même Pallas. Je suis confirmé dans l'opinion de regarder toutes ces peintures faites sur des variétés individuelles, parce que j'ai examiné à Leyde plusieurs des individus envoyés de Java par MM. Kuhl et Van Hasselt, que M. Temminck en a cédé au Musée de Paris, et que la comparaison des différens individus entre eux ne laisse entrevoir aucune différence spécifique. Il en existe deux dessins dans le Recueil de l'amiral Corneille de Vlaming : l'un d'eux, nommé en hollandais *Bedrieger* (le trompeur ou le filou),

a tout le corps peint en violet. La dorsale, bleue, a une seule bande orangée. La caudale a ses rayons alternativement violets et jaunes. Les ventrales et l'anale ont une seule teinte claire et lilas. La pectorale est d'un beau jaune, ainsi que la lèvre.

L'autre dessin, intitulé : *Moussour of Bedrieger,* a exactement la même disposition de couleurs; mais les teintes sont plus pâles. Je ne dois pas négliger de faire remarquer que le contour du poisson et la hauteur de la nuque sont tout-à-fait semblables au poisson de l'Isle-de-France. Le dessinateur de l'amiral n'a pas représenté des nageoires prolongées en filet; mais les individus venus de Java ont ce caractère comme ceux de l'Isle-de-France.

Ces figures ont servi d'original à celles de Renard (fol. 42, n.° 209); mais elles y sont coloriées en brun, au lieu de l'être en violet. Renard les a reproduites dans sa seconde partie (pl. 4, fig. 13, et pl. 17, fig. 81). Le trait en serait assez fidèlement retracé, s'il n'avait pas oublié les ventrales; mais elles sont ici enluminées de couleurs arbitraires et idéales.

Ces dessins sont peu semblables dans leurs teintes à celui que MM. Kuhl et Van Hasselt ont fait faire à Java. Le leur est enluminé partout d'un beau jaune; la caudale est fourchue; l'anale prolongée en pointe plus que la dorsale; les ventrales atteignent à l'anus. Le dessin de ces jeunes voyageurs est donc conforme au second de M. Delisse. C'est ce qui me semble constater l'identité spécifique de toutes ces variétés.

Je ne puis rien dire touchant la splanchnologie de ce curieux poisson, tous les individus manquant de leurs viscères. Un d'eux m'a montré une grande vessie aérienne simple.

Quant au squelette, son étude est curieuse, et surtout celle de la tête, qui explique le mécanisme de la protractilité du museau.

Le dessus du crâne est creusé d'une gouttière très-profonde, dans laquelle glissent les longues branches de l'intermaxillaire. Cette gouttière est formée par les deux crêtes saillantes internes qui s'élèvent de dessus le frontal, passent sur l'orbite, et vont en arrière se porter au-delà de l'occipital latéral, pour donner attache au surscapulaire. Elles donnent de leur côté interne naissance à une autre plus petite, qui se relève un peu sur le devant de la grande crête impaire, et qui, en se joignant à celle du côté opposé, forme un méplat sur lequel glissent les branches de l'intermaxillaire, et les aident à passer sur la crête impaire, dont elles atteignent l'extrémité lors de leur plus grande rétraction du museau. Un peu en arrière de cette première crête transverse en naît une seconde, qui se perd en une arête relevée sur les côtés de la grande

crête mitoyenne. La gouttière du milieu du crâne est d'ailleurs divisée
en deux par une arête osseuse, longitudinale, qui suit la direction de
la crête impaire. En dehors en est une autre longitudinale, plus
basse que celle dont je viens de parler, et qui se porte du frontal
sur le temporal ou le mastoïdien, en donnant attache au préopercule. Le frontal postérieur est aussi un peu saillant. On voit donc
qu'il existe sur le crâne cinq crêtes longitudinales et deux transversales de chaque côté, ce qui divise le dessus de la tête en plusieurs
fossettes. La crête impaire est triangulaire, et ne fait pas grande
saillie en arrière. L'angle postérieur de la branche horizontale de
l'intermaxillaire est retenu au maxillaire par un ligament qui va
s'insérer à la face interne de l'extrémité de cet os. Ce ligament,
assez fort, est plus long que la branche de l'intermaxillaire. Le
maxillaire, articulé par son extrémité supérieure sur le côté du
vomer, passe sous le sous-orbitaire; il donne de son angle antérieur
une apophyse, qui se dirige vers sa correspondante de l'autre
côté, et forme la voûte sous laquelle glissent les intermaxillaires.
Le maxillaire se courbe un peu vers le bas, et contribue par cette
courbure à augmenter sa course; il retire en arrière l'intermaxillaire par le moyen du ligament fixé à son extrémité, et par les fibro-
cartilages qui le réunissent à la mâchoire inférieure sur l'articulaire;
celle-ci a un dentaire assez petit, qui est situé au-devant de l'extrémité postérieure du maxillaire. Dans son angle pénètre, comme
d'ordinaire, la pointe de l'articulaire, qui se porte en arrière et
forme cette branche si longue de la mâchoire. Vers les deux tiers
ou les trois quarts de sa longueur est une petite cavité articulaire,
qui reçoit le condyle du jugal, devenu ainsi un os très-long, arrondi
et articulé par son extrémité supérieure avec l'angle antérieur du
préopercule. La longueur du maxillaire et celle du jugal éloignent
la mâchoire inférieure de la supérieure, et ces os, surtout le jugal,
en prenant leur point fixe sur les parties inférieures de la tête,
portent en avant ou en arrière cette mâchoire inférieure d'une
quantité d'autant plus longue que le jugal lui-même a pris plus
de longueur. Un fort ligament s'insère d'une part sur l'extrémité
postérieure de l'articulation, et de l'autre sur le bord de l'interoper-

cule. Cet os mince est en partie caché par le préopercule, qui est assez remarquablement conformé. De sa tête, articulée avec le crâne, on voit descendre un corps étroit, qui correspond au limbe, et qui, au milieu de sa longueur, s'élargit en une grande palette à trois arêtes mousses qui recouvre l'interopercule. L'opercule et le sous-opercule, presque réunis, forment une grande plaque triangulaire finement striée.

Le surscapulaire a ses deux branches pliées, et, comme à l'or-dinaire, il est petit; sa facette aplatie en écailles est peu saillante, et ne paraît pas sous celles du corps. Le scapulaire est assez grand, et forme avec les autres os du bras cette grande ceinture des labroïdes, et même des autres osseux. Le trou radial est petit; le styléal est assez élargi; on ne voit à l'extérieur que peu de ces os. La colonne vertébrale a dix vertèbres abdominales et treize caudales. La dernière ne forme qu'un médiocre éventail à deux branches; elle n'a pas d'apophyse transverse. La première vertèbre n'a pas d'interépineux, dont on compte ensuite dix-huit, correspondant à chaque rayon de la dorsale; l'anale en a huit.

La conformation de la colonne vertébrale et le peu de force de la queue, justifient cette assertion de Renard, que c'est un poisson lent ou lourd, qui se tient au fond de l'eau, guettant les autres poissons, pour les prendre en lançant avec adresse son museau. Cette version, qui est aussi celle de Ruysch[1], me semble plus vraisemblable que celle de Pallas.

M. Dussumier dit dans ses notes que ce poisson est rare à l'Isle-de-France, et qu'on l'y mange. Il n'en donne pas de nom vulgaire. Valentyn est le seul qui ait indiqué une dénomination malaise, qui ne me paraît pas être affec-tée à ce poisson plutôt qu'à tel autre. Il l'appelle, en malais,

---

1. *Theat. anat.*, vol. I, p. 3.

moeloet bezar : le premier mot signifie *bouche,* et le second est un adjectif qui veut dire *grande;* ce que Valentyn a traduit en hollandais par *groot smoel.* Cette dénomination lui convient d'ailleurs assez, à cause de l'alongement que peut prendre le museau. L'amiral Corneille de Vlaming l'avait appelé *Bedrieger,* et cette dénomination, adoptée par ses copistes, l'a fait nommer par Ruysch, avec une épithète : *de groote Bedrieger,* qui a passé dans notre langue sous le nom de *filou,* et que Pallas a saisi, en nommant aussi le poisson *sparus insidiator.* Ruysch et Valentyn s'accordent à dire que, dans l'Inde, sa chair est estimée. Celui-ci même s'exprime ainsi sur lui : « c'est un beau, grand et délicieux poisson, bien qu'il soit difforme. » Je ne sais jusqu'où l'on peut étendre l'épithète de grand, que le naturaliste hollandais lui a donnée. Le plus long de nos individus, quand la bouche est aussi alongée que possible, n'a que seize pouces. Cette mesure surpasse dans tous les cas celle indiquée par Lacépède.

L'histoire de l'*epibulus* que je viens de présenter, montre ici plusieurs faits curieux et nouveaux de l'organisation des poissons. Le point le plus important est ce qui a rapport au jugal en ce qui touche d'abord son changement de formes, appropriées aux nouvelles fonctions que la nature a voulu lui donner. On se rappelle que dans la plupart des poissons cet os, petit, mince et aplati, est confondu dans cette grande aile formée par les os du palais, les ailes des ptérygoïdiens, et que M. Cuvier encore faisait entrer dans la composition de cette aile un os complémentaire qu'il nommait le *symplectique.*

On voit dans l'épibule que cet os appartient au jugal, car il est confondu avec lui; et devenu libre, arrondi et grand, il joue un rôle actif dans le mouvement de protraction de la mâchoire.

On voit aussi dans cet article combien l'histoire de ce poisson est dégagée de toutes les fables accréditées et répétées sans critique par nos prédécesseurs.

SECONDE GRANDE TRIBU DES LABROÏDES.

LABROÏDES A DENTS RÉUNIES EN LAMES OSSEUSES AVEC LES MACHOIRES.

J'avais cru, en rédigeant les premières feuilles de l'histoire naturelle des labres, que je n'avais que peu de modifications à apporter au travail préparé depuis long-temps sur les labroïdes, et selon la direction que M. Cuvier lui avait donnée; mais, en poursuivant l'étude des différens genres, de manière à m'en faire bien connaître l'organisation et les rapports à en déduire, je viens de me convaincre que les Chromis, les Cychlas et les genres voisins que je plaçais difficilement à la suite des labres, et que j'y rattachais par un caractère extérieur de peu de valeur, sont bien plus éloignés des labres, des chéilines et des genres qui se rapprochent de ces deux têtes de famille que M. Cuvier ne l'a établi, et que je ne le croyais moi-même, en me fondant sur l'autorité de ce grand maître.

En effet, quand on examine le chromis commun de nos côtes de la Méditerranée, on ne tarde pas à se convaincre que ce poisson est d'un genre qui ne peut appartenir à la famille des labroïdes; car il a deux cœcums de chaque côté du pylore. Willughby avait déjà indiqué cette particularité. Je m'étonne que M. Cuvier n'ait fait attention ni à la conformation de cette partie du poisson, ni à l'observation du naturaliste anglais. D'ailleurs ce chromis n'a pas la ligne latérale interrompue; mais elle finit sous la dorsale, sans reparaître en un second trait par le milieu de la queue. Les dents pharyngiennes, en fine carde, ne sont pas d'un labroïde; les écailles qui remontent sur la portion molle de la dorsale et de l'anale, et qui couvrent presque entièrement la caudale, montrent encore que ce poisson n'appartient pas aux labres. Les six rayons de la membrane branchiostège, et l'ensemble des caractères que je viens de rappeler, prouvent que notre poisson aurait été peut-être mieux placé dans la tribu de nos sciènes à ligne latérale interrompue, et à moins de sept rayons branchiaux.

Le bolti ou chromis du Nil a la même dentition maxillaire et pharyngienne que le chromis de la Méditerranée; il n'a pas d'appendices cœcales; mais son estomac est en cul-de-sac, et ce caractère dans la méthode de M. Cuvier éloigne les poissons qui le présentent de la famille des labres, ou en ferait tout au moins des labroïdes un peu hétérogènes. Ces mêmes difficultés se représentent dans les cychlas.

J'avoue, qu'en admettant avec trop de confiance les rapports établis par M. Cuvier, je crois m'être trompé en les adoptant comme je l'ai fait, et c'est ce qui m'engage à reporter ces genres en appendice des familles précédentes, comme nous l'avons fait pour les mulles.

Les scares, au contraire, tiennent de bien plus près aux labres : ils en ont tout-à-fait l'organisation interne; la simplicité du canal intestinal, sans cœcum, en est une preuve manifeste. La ligne latérale interrompue ou rameuse, et les dents pharyngiennes confondues et réunies en larges plaques, comme celles des mâchoires, ont aussi les plus intimes rapports avec les autres labroïdes. C'est ce qui m'a décidé à en traiter immédiatement après ceux dont nous venons d'écrire l'histoire.

On aurait pu en faire une famille distincte, dont on

aurait tiré le caractère d'après le mode singulier de la dentition. Mais on voit cependant que les callyodons et les odax ramènent tous les scares aux labroïdes ordinaires, les premiers par leurs dents séparées, les autres par leur forme alongée.

CHAPITRE XVI.

Des Scares.

On nomme ainsi, d'après Forskal, des poissons assez nombreux dans les mers de la zone torride, et qui ont tous les caractères des labres, si ce n'est que leurs mâchoires se présentent à nu, en forme convexe, comme celles des tétrodons, et ne paraissent point avoir de dents séparées, mais seulement des dentelures. Cependant, à l'examen, elles se trouvent être de véritables petites dents, qui, après leur sortie des mâchoires, s'y sont unies, et ont fait corps avec elles d'une manière intime. Cette forme convexe des mâchoires, jointe aux couleurs vives dont ces poissons brillent ordinairement, leur ont fait donner, sur diverses côtes, le nom de *poissons perroquets.*

L'application du nom de *scare* est due primitivement à Aldrovande, et d'après les recherches faites par M. Cuvier, il paraît que c'est véritablement un poisson de ce genre qui était le *scarus,* si célébré dans les écrivains de l'antiquité, soit à cause de la faculté de ruminer et de celle de rendre un son qu'on lui attribuait, soit par l'adresse avec laquelle on prétendait qu'il savait, avec le secours de ses semblables, se tirer des nasses où il était pris, soit parce qu'on faisait surtout une estime particulière de ses intestins, soit, enfin, par les efforts et les dépenses que l'on fit pour le propager sur les côtes de l'Italie, afin qu'il ne manquât pas au luxe effréné de la capitale du monde.

Aristote parle de sa rumination en trois endroits, mais comme d'une chose dont il ne s'était pas assuré par lui-même. Il dit dans l'Histoire des animaux (l. II, c. 17), que « certains poissons ont l'estomac différent des autres; tel est le scare, le seul que l'on croie ruminer; » (l. VIII, c. 17) que « le scare est le seul qui passe pour ruminer à la façon des animaux terrestres, » et dans le Traité des parties des animaux (l. III, c. 14), qu'un « petit nombre de poissons seulement n'a pas les dents disposées comme celles d'une scie, et que de ce nombre est le scare; aussi est-ce pour cela que l'on croit, et avec raison, qu'il est le seul poisson qui rumine. »

Ces assertions ont été répétées, sans autre examen, par les écrivains postérieurs à Aristote; par Pline (l. IX, c. 17), par Ælien (l. II, c. 54), par S. Ambroise, par S. Basile. Les poëtes, surtout Ovide[1] et Oppien[2], n'ont marqué à cet égard aucun doute, et cette rumination est devenue en quelque sorte un fait constant, bien que personne ne dise en avoir été témoin.

Comme les ruminans terrestres, le scare ne se nourrissait que de végétaux. Aristote (l. VIII, c. 2) assure que « le mélanure et le scare vivent de fucus, » et dans un autre passage, qu'on ne retrouve pas dans ses œuvres, mais qu'Athénée rapporte (l. VII, p. 319), il ajoute qu'on emploie des fucus comme appât pour le prendre. Ælien dit qu'il vit d'algues (l. I, c. 2). Aussi se tenait-il parmi les rochers couverts d'herbes marines. Oppien[3] et Ovide[4] le témoignent également. Selon Ælien, on le prenait avec

---

1. *Halieut.*, v. 119.

> « *At contra herbosa pisces laxantur arena,*
> « *Ut scarus, epastas solus qui ruminat herbas,* etc.

2. *Halieut.*, l. I, v. 136. — 3. *Ibid.* I, v. 133. — 4. *Ibid.* v. cit.

du coriandre et du panais, pour lesquels il avait une grande passion, encore plus aisément qu'avec des fucus. [1]

Le scare passait pour avoir une voix, pour produire un son. Oppien[2] ne lui attribue pas moins exclusivement cette propriété que celle de ruminer, et Suidas, employant l'expression de πνεύμων, l'explique en disant qu'il produit ce bruit en rejetant l'eau avec un sifflement, et qu'il ne peut le faire entendre quand il est dans la profondeur.

Seul aussi parmi les poissons, selon *Seleucus de Tarse,* cité par Athénée (l. VII, p. 320), le scare avait l'habitude de dormir, et ne se prenait point la nuit.

On trouve encore dans Oppien, et d'après lui dans Ælien, que c'était de tous les poissons le plus ardent en amour, et l'on en attirait un grand nombre dans les filets, en leur faisant suivre une femelle, que l'on avait attachée à une ligne[3]. Néanmoins c'était aussi un poisson très-prudent. Leur amitié mutuelle n'était pas moins ingénieuse dans le danger que celle de l'anthias. Selon les mêmes auteurs, quand l'un d'eux était pris à la ligne, les autres venaient tâcher de couper la corde; et s'il s'en embarrassait dans les filets, ses compagnons cherchaient à le tirer par la queue, ou lui présentaient la leur pour qu'il la prît avec les dents et qu'ils pussent l'enlever.[4]

Ovide avait déjà raconté cette dernière industrie[5] :

«*Sic et scarus arte sub undis,*
«*Contextam si forte levi de vimine nassam,*
«*Incidit, assumtamque dolo tandem pavet escam.*
«*Non audet radiis obnixa occurrere fronte,*
«*Aversus crebro veniens sed verbere caudæ,*

---

1. Ælien, l. XII, c. 42. — 2. *Hal.* I, v. 134. — 3. Oppien, l. IV, v. 78 et suiv. Ælien, l. I, c. 4. — 4. Oppien, l. IV, v. 40 et suiv. — 5. *Hal.*, v. 9 et suiv.

« *Laxans subsequitur, tutumque evadit in æquor.*
« *Quin etiam si forte aliquis, dum pone nataret,*
« *Mitis luctantem scarus hunc in vimine vidit,*
« *Aversam caudam morsu tenet : atque ita flexu*
« *Liberiore natans, quem texit nassa, resultat.* »

Sa patrie naturelle était l'Archipel et les mers voisines. Selon Archestrate[1], dans Athénée, on devait le manger à Éphèse ou près de Calcédoine ; car il faut évidemment, en cet endroit, écrire avec Bochart[2], χαλκηδόνι, au lieu de κασχηδόνι, que portent les imprimés. C'est aussi près des mêmes côtes qu'Ennius, dans des vers de ses Phagésies, cités par Apulée[3], plaçait les plus grands et les meilleurs scares :

« *Scarum præterii, cerebrum Jovi pæne supremi :*
« *Hectoris ad patriam hic capitur, magnusque, bonusque.* »

Il est vrai que certaines éditions mettent *Nestoris ad patriam;* mais, enfin, ce serait toujours dans la mer du Péloponnèse. Pline le restreint dans des limites plus étroites (l. IX, c. 17) ; c'était, selon lui, dans la mer Carpathienne (entre la Crète et l'Asie mineure) qu'il y en avait le plus, et il ne dépassait pas, de son gré, le promontoire de *Lecton* dans la Troade.

Cependant il était déjà fameux parmi les gourmands de Rome long-temps avant d'avoir été introduit sur leurs côtes. Aux vers d'Ennius, qui le prouvent, on peut en ajouter d'Horace[4], par lesquels on voit qu'il en arrivait quelquefois dans la mer inférieure :

« *Non me lucrina juverint conchylia*
« *Magisve rhombus, aut scari,*

---

1. Athén., VII, p. 320. — 2 Hierozoïc., l. I, c. 6, p. 42. — 3. Apul., *Apologet.* I.
— 4. *Epod.*, II, v. 49.

> *« Si quos eois intonata fluctibus,*
>   *« Hiems ad hoc vertat mare; »*

Cependant, quatre-vingts ans après Horace, et lorsque Columelle écrivait, l'espèce n'avait pas encore dépassé la Sicile.

Scarus, dit-il, l. VIII, c. 16, *qui totius Asiæ Græciæque littoribus, Sicilia tenus frequentissimus exit, nunquam in ligusticum, nec per Gallias enavit ad Ibericum mare.*

Mais du temps même de cet auteur, c'est-à-dire sous le règne de Claude, à ce que raconte Pline [1], Optatus Elipertius en apporta des côtes de la Troade, et en répandit entre Ostie et la Campanie. On prit soin que, pendant cinq ans, tous ceux qui se trouvaient pris dans des filets, fussent rejetés dans l'eau, et depuis lors, ajoute Pline, ils ont été assez abondans le long des côtes de l'Italie : *admovitque sibi,* ajoute-t-il, *gula sapores piscibus satis.*

La même histoire et la même pensée sont reproduites par Macrobe [2]. C'est peut-être à cette transportation que Pétrone fait allusion, lorsque, nommant ce poisson parmi les mets venus de loin et auxquels, la difficulté vaincue, on ajoutait tant de prix, il l'appelle le *scare attiré de rivages lointains* :

> *« Nolo quod cupio statim tenere,*
>   *« Nec vitoria mi placet parata*
>
>   — — —
>
>   —   —   *ultimis ab oris*
> *« Attractus scarus —   —*
>   *«   —   —   probatur. »*

Il paraît que les dépenses et les peines de l'entreprise d'Elipertius étaient justifiées, du moins aux yeux des

---

1. Pline, *l. c.*, l. IX, c. 17. — 2. *Saturn.*, l. II, c. 12.

gourmands, par l'extrême délicatesse du scare. Du temps de Pline, il passait pour le premier des poissons (*nunc scaro datur principatus*[1]). Galien lui donne le même rang parmi les poissons de roche[2]. Aëtius répète la même chose[3]. C'est à cette délicatesse que le vers d'Ennius, que nous avons déjà allégué, semble se rapporter :

> *Scarum præterii, cerebrum Jovi pæne supremi :*

Un vers d'Épicharme, cité deux fois par Athénée[4], y ajoute une circonstance particulière :

> . . . . καὶ Σκάρους,
> Τῶν ὐδὲ τὸ σκὼρ θεμιτὸν ἐκβαλεῖν θεοῖς.

Les scares dont les dieux même craignent de rejeter les excrémens.

Ses intestins et les matières qui y étaient contenues, semblent en effet avoir beaucoup contribué à l'estime qu'on en faisait.

Martial dit (l. XIII, épigr. 84) :

> «*Hic scarus æquoreis qui venit obesus ab undis*
> «*Visceribus bonus est, cætera vile sapit.*»

Vers qui nous montrent aussi qu'il était gras intérieurement. C'est à cette propriété que se rapporte encore un passage d'Oribase[5], extrait du Traité du médecin Xénocrate, sur les alimens que fournissent les poissons, où il est dit que le scare nouvellement pris, et qui n'a point été tenu dans des viviers, est agréable par l'abondance de ses parties intérieures (πολλοῖς ἐνκάτοις ἔυςομος).

D'après ces détails, il y a la plus grande apparence qu'on préparait le scare avec ses propres intestins, et

---

1. L. IX, c. 17. — 2. Galen., *De aliment. facult.*, l. III, c. 28; et Orib., *Medic. coll.*, l. II, c. 49. — 3. Aëtius, *Tetr. I, serm.* 11, c. 140. — 4. Athén., l. VII, p. 319 et 320. — 5. Orib., *Collect. medic.*, l. II, c. 58.

peut-être s'en servait-on pour l'assaisonnement, comme nous faisons aujourd'hui pour le pluvier et pour la bécasse.

On en estimait aussi le foie, pris séparément, et Suétone[1] nous apprend que Vitellius en fit entrer avec des cervelles de paons et de faisans, des langues de flamans et des laitances de murènes, dans ce plat recherché, qu'il nommait *bouclier de Minerve*.

C'est sans doute à cause de cet usage de ses intestins qu'on voulait l'avoir dans l'état de la plus grande fraîcheur, et même que, selon Pétrone, on l'apportait vivant sur les tables :

«*Ingeniosa gula est : siculo scarus æquore mersus*
«*Ad mensam vivus perducitur.......*»

Enfin, ses qualités diététiques, bonnes et mauvaises, n'étaient pas moins connues que la délicatesse de sa saveur. Diphilus de Siphnium, auteur d'un livre sur les alimens à donner aux malades ou aux hommes en santé, dont Athénée a conservé de longs extraits, disait[2] que la chair du scare était tendre, friable, douce, légère, facile à digérer, qu'elle passait vite et se distribuait bien, et cependant il ajoutait que ce poisson devenait suspect lorsqu'il avait mangé du lièvre marin (*l'aplysia*), et qu'alors ses intestins donnaient le *choléra-morbus.*

Galien, Aëtius[3] ne parlent que de la facilité avec laquelle ce poisson se digère, et de son extrême salubrité. On le croyait même, à Rome, capable d'exciter et de ranimer l'appétit, comme on le dit des huîtres. De là ces vers d'Horace[4] :

---

1. Suet., *In Vitell.*, c. 13. — 2. Athén., l. VIII, p. 355. — 3. Gal. et Aët., *locis supra cit.* — 4. Sat., l. II, sect. 2, v. 21.

«   — *pinguem vitüs albumque nec* ostrea
«*Nec* scarus, *aut poterit peregrina juvare lagois.* »

Il est, comme on voit, difficile de trouver un poisson qui ait été plus connu et dont il soit plus souvent parlé dans les auteurs qui nous restent, et néanmoins, parmi tant de témoignages, c'est à peine si l'on peut découvrir quelque caractère propre à en faire reconnaître l'espèce.

Dans le long récit qu'il fait des différentes manières de prendre le scare (l. IV), Oppien lui donne, v. 40, l'épithète de *varié* (ςικτός); v. 88, celle de *peint* (βαλιός), et v. 113, celle de *blanc* ou *couleur de lait* (γλαγόεις.)

Marcellus de Seïde lui en donne une qui semble se rapporter à la beauté de ses couleurs; c'est celle de Fleuri, καὶ σκάροι ανθεμοειτης.

C'était un assez grand poisson, et de forme large; car Archestrate, dans un passage de sa Gastronomie, rapporté par Athénée, prétendait qu'à Byzance on en voyait qui égalaient un bouclier rond en diamètre.

Selon un passage d'Aristote, qui n'est point dans les œuvres de ce philosophe que l'on possède à présent, mais qui est cité par Athénée[1], et en lisant ce passage tel qu'on le trouve dans les exemplaires imprimés d'Athénée, il aurait eu la bouche petite; la langue peu adhérente; le cœur triangulaire; le foie blanc, divisé en trois lobes; le fiel et la rate noirs; les branchies en partie doubles et en partie simples, et les dents en scie: il aurait été carnivore et solitaire; mais les premiers ichthyologistes modernes n'ont pas manqué de faire remarquer que ces caractères des dents en scie, et de l'appétit pour la chair, sont en

---

1. Athén., l. VII, p. 319.

contradiction directe avec ce qui est dit dans un vrai
passage d'Aristote, que nous avons rapporté précédemment;
en sorte qu'on ne sait si celui qu'on ne connaît que par
Athénée est supposé ou seulement altéré, ou si le nom du
poisson auquel il se rapporte, n'a pas été changé. Si l'on
veut enfin ajouter une dernière qualité apparente à toutes
celles que nous venons d'énoncer, on peut croire que
c'était un poisson sauteur, qui avait l'habitude de s'élancer,
peut-être comme les feintes et les muges, puisque Athénée
dérive son nom de cette habitude : σκάρος ἀπὸ τῦ σκαίρειν. [1]

Mais tant de caractères ne nous font pas encore reconnaître le poisson, et il règne à son égard la plus grande
incertitude parmi les érudits.

Gillius ne paraît pas avoir cru qu'il se trouvait sur les
côtes de Provence, puisqu'il n'en parle pas dans sa Nomenclature des poissons de Marseille.

Belon assure qu'en Crète on appelle encore *scaros* un
poisson qui est du petit nombre de ceux dont il ne donne
pas de figure dans son *Historia aquatilium,* mais qu'il
décrit dans les termes suivans, que je donne d'après sa
propre traduction [2], parce qu'elle est sur quelques points
un peu plus développée que son texte latin.

« Le *scarus* a des éminences en l'aile de la queue en
travers, deux de chaque côté, que je n'avais onc aperçu
en aucun autre poisson. Il est entre-plombé, et rouge
comme le rouget barbé (le surmulet) et est couvert
d'écailles larges et transparentes. Toutes ses ailes sont
mousses, comme sont celles du corbeau de mer. Ses ouïes
sont doubles, quatre en chaque côté; il ressemble aucune-

---

1. Athén., l. VII, p. 324. — 2. Édition française, p. 233 et suiv.

ment à celui qu'on nomme *phycis* (le phycis de Belon, p. 252, est le *labrus lapina*, un de nos crénilabres). Sa tête est plate par les côtés; ses dents sont posées ès mâchoires comme à nous; car celles de devant, pour trancher les herbes, ressemblent aux nôtres; mais celles de derrière sont mousses pour mâcher. L'ouverture de sa bouche n'est guère grande. Les scares ne deviennent guère plus grands que ce qu'on pourrait empoigner du pouce et du maître doigt, et en longueur autant que s'étend le pouce de la main suivant à l'extrémité du petit doigt: il a une aile dessous le ventre. »

Sur ce dernier point il est plus exact dans le texte : *Scarus unicam habet in tergore pinnam, tenuibus aculeis asperam; sub ventre autem quatuor.*

Belon donne la figure de ce même poisson dans ses *Observations,* p. 21 [1]; elle représente à peu près un spare, qui aurait des dents tranchantes, comme celles des sargues, mais en plus grand nombre, et de chaque côté de la queue, le long de la ligne latérale, un organe particulier, espèce de nageoire horizontale, soutenue par des rayons; ce qu'aucun naturaliste, depuis Belon, n'a pu observer dans quelque poisson que ce soit.

L'auteur ajoute (*ibidem*) que ce scare est si commun en quelques endroits des rivages de Crète, qu'on n'y en pêche aucun autre plus abondamment; qu'il vit en troupes; qu'on le trouve dans la même contrée et pendant la même saison où se fait la récolte du *ladanum;* qu'il est attiré en ces endroits par une petite herbe qui croît sur les rochers; mais qu'il aime aussi les feuilles de phaséoles, et qu'on s'en sert pour l'attirer dans les nasses; ce qui a fait nommer

---

1. Édit. 1588; mais p. 9, verso, édit. 1554.

cette plante *scaro-votano;* ce qu'il a de meilleur est l'herbe qu'il mange, dont il y a toujours grande quantité en son estomac. Il a aussi le foie très-grand, qui sert à lui faire sa sauce; car étant battu avec ses boyaux, du sel et du vinaigre, il donne bon goût à tout le poisson.

«Quatre ou cinq Grecs, dans un repas, trempant leur pain dans la sauce ainsi préparée d'un seul scarus, dépêcheront, dit Belon, huit ou dix quarts de forte malvoisie. »

Cet article de Belon nous paraît composé en partie de faits vrais, et en partie d'observations rapportées de mémoire et altérées; mais si ce qui y est dit du poisson luimême était exact, il annoncerait un genre très-particulier, et ce serait bien gratuitement qu'Artedi en aurait rangé l'espèce parmi ses labres, et M. de Lacépède, parmi ses chéilines, qui ne sont que des labres à grandes écailles et à ligne latérale interrompue. Cependant il est une autre erreur, encore plus grave, qui est commune à ces deux auteurs et à beaucoup de naturalistes peu soigneux de remonter aux sources; c'est d'avoir confondu, comme synonymes d'une même espèce, le scare de Belon et le premier de ceux de Rondelet (l. VI, c. 2), qui n'est qu'un sargue ordinaire; le second des scares de Rondelet (l. VI, c. 3) n'est qu'un labre, et cet auteur ne donne, ni pour l'un ni pour l'autre, aucune preuve d'identité avec le scare des anciens.

Aldrovande donne (*Pisc.,* p. 8) une figure d'un poisson du genre qui porte aujourd'hui le nom de *scare* parmi les naturalistes, et il l'intitule *scarus cretensis;* mais, dans son texte, il ne dit pas un mot qui s'y rapporte; il n'y explique point d'où il l'avait reçu, ni par quels traits d'habitudes ou de conformation il avait cru y reconnaître une espèce si célèbre; il ne nous apprend même pas si c'est un poisson de la Méditerranée : aussi Willughby crut-il le reconnaître dans une espèce des Indes, qu'il publia d'après Lister (App., 23, pl. X, 10). Artedi et Linnæus regardèrent comme distinctes l'espèce de Belon et celle d'Aldrovande; mais ils les laissèrent dans le même genre : la première porte encore dans Gmelin le nom de *labrus scarus,* et la seconde celui de *labrus cretensis,* quoique cet éditeur ait adopté le genre des scares de Forskal, auquel ce *labrus cretensis* appartient manifestement.

M. de Lacépède (t. III, p. 530) fait, comme nous l'avons dit, de la première de ces espèces, de celle de Belon, sa *chéiline scare,* et, le décrivant sur la foi de Belon, lui applique tout ce que les anciens ont dit de leur *scarus,* tandis que Bloch, se souciant fort peu de ce qu'a pu être ce *scarus* des anciens, confond la seconde espèce, celle d'Aldrovande, avec un poisson des Indes, du genre des scares d'aujourd'hui, et l'appelle *scare grec;* mais uniquement, dit-il, d'après le témoignage d'Aldrovande.

C'est sur cette confusion d'espèces que Lacépède et Shaw placent leur scare grec à la fois dans la mer des Indes et dans la Méditerranée; et que Schneider, y ajoutant encore et prenant un des scares de Parra pour le même, le met aussi dans les mers d'Amérique.

Mais, sans nous arrêter à des confusions qui seront suffisamment éclaircies lorsque chaque espèce sera décrite en son lieu, il était de première importance de reconnaître le poisson des mers de la Grèce que les anciens avaient pu nommer *scaros;* et comme ce nom, au rapport de Belon, était encore usité dans l'Archipel, et que dans beaucoup d'autres cas nous avions reconnu la constance de ces sortes de nomenclatures, le moyen qui pouvait nous conduire le plus directement au but, était de nous procurer le poisson auquel ce nom se donne, et d'examiner s'il répond par ses propriétés à celui qui le portait dans l'antiquité. C'est à quoi, après plusieurs tentatives infructueuses, nous avons enfin réussi, grâce à l'intérêt que M. le comte de Chabrol, alors ministre de la marine, portait aux sciences, et aux recommandations qu'il a bien voulu transmettre à l'escadre qui croisait dans l'Archipel en 1827. M. Le Mesle, commandant du brick le Cuirassier, a pu apporter à Toulon, et envoyer au Cabinet du Roi trois de ces *scaros* des Grecs modernes en bon état de conservation : ils répondent à la figure d'Aldrovande ; ils sont par conséquent du genre que les naturalistes nomment aujourd'hui *scarus,* mais ils appartiennent à une espèce qui n'a pas encore été décrite. Quant à la figure de Belon et à la prétendue chéiline scare, pour peu que l'on croie qu'elles aient quelque chose de réel, il est évident qu'elles sont très-différentes.

Il reste à établir que ce scare des Grecs modernes est le même que celui des anciens; or, c'est ce que le témoignage de M. Le Mesle nous paraît d'autant mieux prouver, que cet officier n'avait point de connaissance de ce que les anciens avaient dit.

« Ce poisson, dit-il, est très-commun, dans la belle saison, sur presque tous les points de l'Archipel, en Candie et sur les côtes adjacentes du continent. Ceux que l'on vous envoie ont été pris sur le cap *Crio,* là où était Gnide. L'espèce a conservé en Grèce le nom de *Scaro,* qui indique, je crois, la manière dont il se meut sur les fonds (c'est la même étymologie que donnait

Athénée : σκάρος ἀπὸ τᾶ σκαίρειν). Il est très-difficile à pêcher à la ligne; nos matelots n'y ont pas réussi (voilà ce que les anciens rapportent de sa prudence); les habitants seuls savent y parvenir, lorsque, dans les beaux temps, ils l'aperçoivent jouant sur les hauts fonds de roche, au milieu des varecs ou d'autres herbes marines, dont les fleurs ou les graines le nourrissent (on se rappellera ici ce qui est dit de sa nourriture végétale et de son habitude de se tenir parmi les roches couvertes d'herbes marines). Cette pêche exige quelque expérience; on prétend même qu'il faut un individu vivant pour amorcer les autres (encore ici l'on se souviendra de ce que disent Ælien et Oppien, qu'on en attire un grand nombre en les faisant suivre une femelle attachée à la ligne).

« Les Turcs leur donnent les noms de *poisson bleu* ou de *poisson rouge,* suivant qu'il affecte l'une de ces deux couleurs. » (En effet, il a les écailles teintes de pourpre et de bleu, et l'on retrouve encore ici l'explication de l'épithète de *fleuri* que lui donnait Marcellus de Seïde, et celles de *varié* et de *peint,* qu'il porte dans Oppien.)

Enfin, M. Le Mesle nous a assuré verbalement que c'est un poisson d'un goût exquis, tenant en partie du merlan en partie du surmulet. Ainsi, ceux-là n'avaient point tant de tort qui, du temps de Pline, lui accordaient la primauté sur les autres poissons : *nunc scaro datur principatus.*

A ces coïncidences déjà très-frappantes, il faut ajouter celle qui a été affirmée par le savant M. Pouqueville à M. Cuvier; c'est que les Grecs mangent ce poisson en lui faisant une sauce avec son foie et ses intestins : c'est le *visceribus bonus,* etc., de Martial.

Jusqu'à la circonstance qu'il devenait suspect lorsqu'il avait pris des alimens venimeux, se retrouve, sinon expressément dans l'espèce de l'Archipel, du moins dans celles de la mer des Indes. Commerson et M. Dussumier le rapportent entre autres des scares de l'Isle-de-France ou des Séchelles, lorsqu'ils mangent des coraux.

Il ne reste que la faculté de ruminer qui ait besoin d'être, ou constatée, ou au moins expliquée. Nous devons avouer que ce n'est pas du moins une rumination à la manière de celle des quadrupèdes à pieds fourchus, et que son estomac n'est pas autrement fait que celui des labres; néanmoins, quand on examine la structure de ses doubles mâchoires, et la disposition de ses dents, on conçoit que les herbes dont il se nourrit, doivent éprouver une forte trituration, et qu'il est possible qu'elles reviennent des mâchoires pharyngiennes sur les mâchoires ordinaires. D'ailleurs, la conformation toute particulière de ces mâchoires, et leur mobilité due au singulier mode d'articulation de la mâchoire inférieure sur l'angulaire devenu ici un os détaché, explique comment le scare peut donner à sa mâchoire un mouvement de va et vient, qui peut être fort bien comparé au mouvement de rumination des mammifères. Il est encore possible que les alimens fassent un long séjour dans la bouche; ce qui donnerait lieu encore à croire à une véritable rumination. Ce qui est certain, c'est que les matières alimentaires sont excessivement divisées quand elles arrivent dans l'estomac, et y paraissent presque homogènes. Quant à leurs affinités ichthyologiques, il est facile de se convaincre que les scares sont de vrais labroïdes.

Leur forme oblongue et un peu massive, leur dorsale

conique, égale, leur ligne latérale interrompue sous la fin de la dorsale et reprenant plus bas, leurs grandes écailles recouvrant la joue et les opercules aussi bien que le corps, tous leurs caractères extérieurs, en un mot, aussi bien que leurs intestins, sans cœcums et sans cul-de-sac stomacal, les placent dans cette famille. La structure très-particulière de leurs organes de manducation, sont ce qui distingue éminemment les scares, et ce qui ne permet pas de les confondre avec les labres, comme l'avaient fait Artedi et Linnæus, quoique, d'ailleurs, leurs mâchoires, comme nous l'avons dit, ressemblent à celles des tétraodons, et sont de même divisées chacune en deux parties par une suture verticale; mais leur structure intime est fort différente. Leur surface convexe est couverte et comme pavée de plaques, disposées en quinconces, et qui sont les couronnes d'autant de petites dents qui ont percé la substance osseuse et se sont incorporées avec elle. Les fusts de ces dents sont couchés au-dessus les uns des autres, et transversalement à la face par où leurs couronnes sortent. Celles qui forment les dentelures du tranchant de la mâchoire sont les plus anciennes; et les plus nouvelles sont plus près de la base, au-dessous de laquelle il y en a qui ne sont qu'en coques encore enfilées par leur noyau pulpeux, et qui n'ont pas percé la lame osseuse; mais on voit déjà dans cette lame les trous par où elles doivent sortir. A mesure que les dents du tranchant s'usent et se détachent par la détrition, la rangée des dents qui était derrière elles prend leur place, et toutes sont destinées à arriver aussi à leur tour vers le tranchant, et à servir alors à la mastication; mais, à mesure qu'elles vont prendre leurs services, une rangée de coques du côté de la base se développent, percent la mâchoire, s'y incorporent, et font partie du pavé ou du quinconce qui en revêt la surface; ainsi, la succession a lieu constamment de la base vers le tranchant. Dans certaines espèces, le quinconce qui revêt cette surface des mâchoires est lisse et poli; dans d'autres, il est granuleux, chaque tête de dent y formant une convexité; il y en a où les dents de certaines parties sont inégales, et les autres lisses; il y en a enfin où quelques dents prennent la forme de pointes plus ou moins aiguës, plus ou moins saillantes, et fournissent ainsi des armes offensives, des espèces de canines, placées tantôt à l'angle de la mâchoire supérieure ou de toutes les deux, et quelquefois tout autour de la base de la première : ce sont d'ordinaire les dernières rangées qui l'entourent ainsi d'une couronne de pointes. Ces dents en pointes sortent comme les autres de l'intérieur de la mâchoire, en perçant sa lame osseuse extérieure; on en voit dans de jeunes sujets qui ne sont pas encore consolidés, et il est probable que le nombre en varie avec l'âge.

Les dents pharyngiennes des scares ne sont pas moins remarquables que celles qui garnissent leurs mâchoires; elles sont tranchantes et hérissent les pharyngiens comme des briques que l'on aurait implantées verticalement dans le sol, et présentent, quand elles s'usent, des ellipses étroites et saillantes de substance éburnée, entourées d'un cercle d'émail. Les supérieures appartiennent aux deux pharyngiens supérieurs postérieurs, qui sont d'une forme alongée, glissent dans deux concavités de la base du crâne; chacun de ces os en porte une, deux ou trois rangées longitudinales, selon les espèces, et toutes les dents sont comprimées d'avant en arrière. L'os pharyngien inférieur, au contraire, est impair, comme dans les labres, attaché en avant par une lame verticale mince dans l'angle que forment ensemble les deux dernières branchies, et s'appuyant par deux apophyses latérales sur les os huméraux.

Sa surface, légèrement concave, reçoit la convexité correspondante des pharyngiens supérieurs, et offre des dents comprimées d'avant en arrière, comme celles d'en haut, et disposées en quinconce.

Ces pharyngiens, soit les supérieurs, soit l'inférieur, sont d'autant plus longs, et ont d'autant plus de rangées transversales de dents que le poisson est plus âgé.

On voit en effet que ces os grandissent et durcissent par degrés en arrière, à mesure que les dents postérieures se développent et que les antérieures se détruisent.

Dans un poisson d'âge moyen, les dents antérieures font corps avec l'os, et sont usées plus ou moins profondément. Celles du premier rang ont même la portion d'os qui les porte usée comme elles. Dans le milieu, les dents sont entamées moins avant, et font saillie à la surface de l'os; en arrière, elles ont encore leur tranchant saillant entier et bien recouvert d'émail; enfin, la partie postérieure de l'os n'a qu'une lame mince, déjà percée de trous, au travers desquels vont passer les coques de dents que l'on trouve en grand nombre dans l'intérieur, encore sur leurs noyaux pulpeux. A mesure que ces coques se compléteront, elles traverseront la lame osseuse, et s'y fixeront pour être portées en avant et usées à leur tour comme celles qui les ont précédées. C'est, en un mot, un système dentaire où la succession a lieu d'arrière en avant, et que l'on pourrait comparer à celui de l'éléphant, si ce n'est que dans ce quadrupède les lames transverses et recouvertes d'émail, qui servent à sa mastication, s'unissent entre elles en certain nombre, pour former une dent, et que les dents successives ne font jamais corps avec l'os maxillaire [1]. L'action de ces os, dont la surface est constamment rendue inégale par la saillie des dents, est exactement celle de deux meules qui frotteraient l'une contre l'autre, et on doit la considérer comme beaucoup plus puissante que celle des pharyngiens des labres et des pogonias, qui n'ont que des dents en pavé.

La membrane du fond de la bouche, en avant de ces os, est très-veloutée, ainsi que le voile qui est derrière les mâchoires et le commencement de l'œsophage. Il y a plus profondément, aux deux côtés de la lame verticale du pharyngien inférieur, sous la membrane du pharynx, deux bourses muqueuses, hérissées en dedans de papilles, et dont les orifices s'ouvrent entre cet os et les supérieurs de chaque côté, probablement pour verser quelque humeur propre à favoriser la mastication.

Cet appareil semblerait, comme on voit, bien propre à triturer des substances végétales, et cependant Commerson et M. Dussumier nous assurent que les scares vivent principalement de coraux et de lithophytes, dont ils brisent les pousses naissantes et dévorent la substance animale.

---

1. On peut prendre une idée de l'os pharyngien inférieur d'un scare dans la figure qu'en donne Cheselden (Ostéographie, à la fin du premier chapitre), mais sans nommer le poisson auquel il appartient, ou dans celle publiée par M. Reinhardt, qui avait reçu cet os de l'île de Sainte-Croix, où on l'attribuait à un poisson nommé *hog-fish*. Parra a bien représenté tous les traits, et a fait connaître le genre dont ils proviennent. Schneider a traduit cet article de Parra, et l'a inséré dans le Système posthume de Bloch, p. 290. Il y a ajouté, p. 293, une description faite sur nature des os pharyngiens du scare de Sainte-Croix.

Mais personne, avant M. Cuvier, n'a fait connaître la manière dont les dents, soit des pharyngiens, soit des mâchoires, croissent et se succèdent. Les premières observations ont été publiées dans la première édition de l'Anatomie comparée, t. III.

Gronovius est le premier méthodiste qui ait songé à former un genre à part de nos poissons : il en possédait un, probablement celui que l'on a nommé depuis *scarus Sanctæ Crucis,* et il le décrivit dans son *Museum,* en 1756 (II, p. 8, n.° 156, pl. VII, fig. 4), sous le nom générique de Callyodon. Dans son *Zoophylacium,* en 1763, I, p. 72, il lui associa comme une seconde espèce (n.° 245), le poisson d'Aldrovande, en sorte que, s'il y a quelque chose qui montre combien peu de jugement Bloch a mis dans son travail, c'est qu'il ait pu, dans son *Systema,* p. 312, conserver ce genre des callyodons indépendamment des *scarus,* et après en avoir retranché le poisson d'Aldrovande, y ajouter à la première espèce de Gronovius, le *perca marina gibbosa* de Catesby, ou *perca gibba* de Linnæus, qui est un *hœmulon,* et qui n'a pas le moindre rapport de conformation avec cette première espèce.

L'acception généralement donnée aujourd'hui au nom de *scarus* est due à Forskal. Ce fut lui qui, ayant observé dans la mer Rouge plusieurs espèces analogues à celle d'Aldrovande, en fit un genre, auquel il imposa ce nom, qui leur est resté. Il faut cependant écarter de sa liste ses deux premières espèces, qui sont des amphacanthes, et les deux suivantes, qui sont des labres. Les deux premières font même double emploi dans la plupart des auteurs venus après Forskal, et qui ont copié ce qu'il dit de ces prétendus scares, ne s'apercevant pas qu'eux-mêmes en avaient déjà parlé sous d'autres noms : ce sont des centrogastres dans Houttuyn et dans Gmelin; des buro dans Lacépède. Bloch, dans son Système posthume, les a distinguées sous le nom d'*amphacanthes.* Ce n'est pas, au reste, la seule erreur qu'aient commise Gmelin et ses copistes; leur *scarus Schlosseri,* ajouté par le premier à la fin du genre, d'après une note de Pallas[1], et adopté sans examen par les autres, n'est que le *toxotes,* comme cette note même l'établit clairement. C'est le même poisson qui reparaît dans Bonnaterre sous le nom de *sciène sagittaire,* dans Lacépède et dans Shaw sous celui de *labrus jaculator.*

Ainsi le genre des scares, tel qu'il est déterminé aujour-d'hui, ne contient plus de poissons publiés que les six dernières espèces de Forskal, et celles que Bloch et Lacépède y ont ajoutées, soit d'après nature, soit d'après les papiers de Plumier et de Commerson, soit, enfin, d'après l'ouvrage de Parra; mais il en existe dans les deux Océans un grand nombre d'autres, et nous en avons en ce moment plus de quatre-vingts sous les yeux, soit en nature, soit en dessins bien authentiques, avec des descriptions correspondantes; ce qui, avec les espèces observées par d'autres auteurs, et que nous n'avons pas retrouvées, en fait un des genres les plus nombreux en espèces de la famille des Labroïdes.

Peu de genres de poissons se composent d'espèces plus semblables entre elles que celui des scares. Leurs couleurs varient beaucoup; mais leurs formes générales, les nombres de leurs rayons et jusqu'à ceux de leurs écailles, demeurent presque les mêmes. Il est rare que leur dorsale n'ait pas neuf rayons épineux et dix branchus; leur anale, deux épineux et huit branchus. Dans quelques espèces la faiblesse des épines dorsales et les plis que la membrane fait entre elles, ont donné

---

1. *Spicil. zool.,* VIII, p. 41, note.

à croire à quelques naturalistes, et même à Forskal, que tous les rayons de cette nageoire étaient mous; mais c'est une erreur dont il est facile de se détromper. Leurs écailles même sont généralement au nombre de vingt et une sur une ligne longitudinale, et de huit sur une ligne verticale à l'endroit des pectorales; celles de la base de la caudale sont grandes et embrassent une bonne partie de ses rayons, comme dans les chéilines. Leur ligne latérale est toujours interrompue près de la fin de la dorsale, pour recommencer un peu plus bas. A l'intérieur, leurs plus grandes différences consistent dans le volume relatif de leur vessie natatoire.

Pour leur trouver des caractères bien distinctifs, il faut avoir égard surtout à la courbe de leur profil, à la disposition des dents de leurs mâchoires, à la longueur ou à l'absence des pointes de leur caudale et aux ramifications plus ou moins compliquées des linéamens dont la suite compose leur ligne latérale.

Il est encore plus difficile de constater la synonymie des scares décrits par les auteurs, que d'en caractériser les espèces. Forskal n'a guère distingué les siens que par les couleurs, qui disparaissent plus vite peut-être dans ce genre que dans aucun autre. Commerson, sur quatre dont il a laissé les dessins, n'en a décrit que deux, sans marquer la correspondance de ses descriptions avec ses dessins, et les croquis que Plumier avait rapportés, ont été enluminés ensuite d'idée par Aubriet: deux circonstances qui ont engagé M. de Lacépède à en multiplier les espèces et à en transporter même quelques-unes dans d'autres genres. Sur les quatre espèces que Bloch a fait graver, les deux premières sont assez mal rendues, et d'ailleurs il a fort embrouillé la concordance de ses espèces avec celles de ses prédécesseurs.

Parra est le seul qui en ait nettement distingué quelques-unes par des caractères constans; mais ses observations ne portent que sur les scares des Antilles, et il s'est
aussi attaché aux couleurs plus qu'à d'autres caractères qui
se seraient mieux conservés.

Nous allons donc, comme en beaucoup d'autres occasions, décrire ceux que nous avons sous les yeux, et
marquer le plus ou moins de rapports que nous leur
trouvons avec les articles que les auteurs ont publiés sur
ce genre, mais sans donner une synonymie positive, quand
nous ne pouvons pas l'appuyer sur des caractères décisifs.

Nous commencerons, suivant notre usage, par l'espèce
la plus rapprochée de nous, celle de l'Archipel, qui a été
connue des anciens; nous passerons ensuite à celles des
mers d'Amérique.

Parra en a décrit sept; mais il s'en trouvait déjà une des
sept dans Catesby, qui de plus en avait une huitième,
aussi décrite par Plumier, et Bloch en a fait connaître une
neuvième dans sa grande Ichthyologie, et une dixième
dans son Système posthume.

Nous les possédons presque toutes, et d'autres encore,
grâces aux soins que se sont donnés MM. Pley et Delalande
pour enrichir le Cabinet du Roi.

Nous arriverons alors à celles de la mer Rouge et de
la mer des Indes, dont Forskal a décrit six, et Bloch une
ou deux, dont il y avait déjà deux ou trois dans Renard
et dans Valentyn, dont enfin Commerson a rapporté
quatre, qui ont passé dans l'ouvrage de M. de Lacépède.

Nous en avons trouvé encore plusieurs inédites dans les
dessins de MM. Parkinson, Ehrenberg et Mertens. Mais,
pour les objets en nature, nous n'avons pas été si heureux

que relativement aux espèces américaines, et bien que, depuis Commerson, MM. Péron et Lesueur, Leschenault, Quoy et Gaimard, Lesson et Garnot, et Dussumier, en aient rapporté un assez grand nombre et même des espèces nouvelles, il en reste plusieurs de celles des auteurs dont nous ne pourrons parler que d'après leur témoignage.

Le Scare des mers de Grèce *ou* Scare des anciens.

(*Scarus cretensis*, nob.; *Labrus cretensis*, L.)

Après ce que nous avons dit de ce poisson dans notre dissertation préliminaire, il ne nous reste plus qu'à en donner la description.

Sa forme est oblongue, son museau obtus, sa caudale carrée; sa plus grande hauteur, à peu près vis-à-vis le milieu des pectorales, est trois fois et un cinquième dans sa longueur totale, son épaisseur fait moitié de sa hauteur; sa tête n'est pas beaucoup plus longue qu'elle n'a de hauteur à la nuque, et sa longueur est trois fois et deux tiers dans celle du poisson. Celle de la caudale y est six fois et demie; la convexité du dos descend légèrement et à peu près uniformément, d'une part jusqu'au museau, de l'autre jusque vers la fin de la dorsale. La courbe du ventre est un peu moins convexe, mais disposée à peu près de même. La queue est presque rectiligne sur un espace de moitié plus long que la caudale et dont la hauteur fait les deux tiers de la longueur.

Le profil est peu arqué, nullement tranchant; l'œil en est fort rapproché et à moitié de la longueur de la tête. Son diamètre est du cinquième de cette longueur, et la distance d'un œil à l'autre de quelque chose de plus. La bouche, au bout du museau et horizontale, ne prend que le quart de la longueur de la tête; le maxillaire est entièrement caché sous la peau; des lèvres membraneuses doubles et minces recouvrent les mâchoires; les intérieures ont le bord dentelé; la mâchoire inférieure dépasse un peu l'autre par son bord; toutes les deux sont lisses; les têtes des dents ne s'y marquent que par la couleur; elles se montrent comme des points blancs occupant, en quinconce, toutes les surfaces et séparés par des lignes grises; celles du bord forment des dentelures obtuses peu prononcées. Le front, le museau, le tour des lèvres, sont sans écailles, mais il y en a sur la joue et sur les pièces operculaires d'aussi grandes que sur le reste du corps. Le préopercule a le bord montant vertical et l'angle arrondi; son limbe ne se distingue pas, et c'est à peine si son bord se voit au premier coup d'œil; il est mince et entier; l'opercule se termine en angle arrondi; les écailles cachent sa séparation du subopercule; la fente des ouïes se termine sous l'angle du préopercule, et leur membrane, très-courte et très-serrée, se joint à l'isthme, qui est large et arrondi en dessous. La dissection y fait reconnaître cinq rayons arqués, comprimés et assez forts.

L'épaule n'a point d'armure particulière. La pectorale est coupée et demi-ovale; sa longueur est cinq fois et demie dans celle du corps et elle a douze rayons, dont le premier et le deuxième sont les plus longs.

Les ventrales naissent un peu plus en arrière que les pectorales, mais ne les dépassent point; elles sont rapprochées; leur forme est obtuse; leur épine occupe les trois quarts de leur longueur; sur leur bord externe est une écaille triangulaire pointue; entre elles il y en a une ovale; la dorsale commence vis-à-vis le haut de la fente branchiale. Sa longueur totale est d'un peu plus de moitié de celle du poisson. La longueur des épines est trois fois et demie dans la plus grande hauteur; elles sont assez minces. Les rayons mous s'alongent un peu plus et par degrés. Il y en a neuf des premières et dix des autres. La membrane forme derrière chaque épine une très-petite lanière. L'anale répond aux deux derniers cinquièmes de la dorsale et est à peu près de même hauteur; elle a deux épines minces et flexibles et neuf rayons mous. Nous avons déjà vu les formes et les proportions de la caudale; elle a treize rayons, dont les deux extrêmes sont simples.

Les écailles de ce scare sont grandes, ovales, plus longues que larges; leur partie visible est arrondie, lisse et a les bords membraneux. La partie cachée est trilobée et marquée de plus de trente stries arquées, qui se rapprochent en avant, sans former cependant un éventail aussi régulier qu'à l'ordinaire.

Il y en a huit rangées longitudinales, et l'on en compte vingt-cinq sur la rangée moyenne.

Les dernières, qui garnissent la base de la caudale, sont un peu alongées en pointes obtuses.

La ligne latérale occupe la troisième rangée jusque vis-à-vis la fin de la dorsale, où elle s'interrompt pour passer à la cinquième rangée, qui, à cet endroit, est la quatrième; elle se marque par des arbuscules qui occupent toute la partie visible de l'écaille et se divisent dès leur base en cinq ou six branches, donnant elles-mêmes de petits rameaux; leur tige est représentée par un tube simple, qui occupe les deux tiers de la longueur de la partie cachée.

Dans la liqueur, tel que ce poisson nous est parvenu, il paraît avoir été d'un beau pourpre, tirant au rose du côté du ventre, et au brun violet du côté du dos. Le milieu de chaque écaille y paraît partout d'un violet prononcé; la pectorale paraît orangée; la ventrale a des teintes de cette couleur, et des lignes transverses violâtres; le fond de la dorsale est gris violâtre, mais il y a des taches ou bandes obliques et nuageuses d'un bel aurore; la base surtout en est presque entièrement teinte; sur l'anale c'est aussi lui qui domine; elle n'a de gris violâtre que vers le bord. La caudale est presque toute gris violâtre avec une légère teinte d'aurore vers la base; son bord postérieur a un liséré blanc.

On conçoit bien que pour peu que les teintes violettes se renforcent, et que le bleu s'y montre plus marqué que le pourpre, ce poisson peut devenir plus bleu que rouge; c'est apparemment ce qui lui arrive dans des circonstances déterminées par l'âge, le sexe ou la saison, puisqu'il porte alternativement les noms de poisson rouge et de poisson bleu.

Quant aux parties internes du poisson, voici ce que nous avons observé, et ce qui confirme la ressemblance de la splanchnologie des scares et des labres,

L'intestin est très-long, replié huit fois sur lui-même; quatre de ces replis ont la longueur de la cavité abdominale, les quatre autres sont un peu moins longs. Les parois sont très-minces, la veloutée est relevée en dedans en petites arêtes, disposées de manière à former des mailles hexagonales, alongées, régulières et qui diminuent de grandeur à mesure que l'on avance vers le rectum.

Le foie recouvre de chaque côté l'intestin; il est composé de deux lobes alongés, épais, et divisés en petits lobules qui pénètrent entre les divers replis de l'intestin. La vésicule du fiel est petite, alongée, blanchâtre; le canal cholédoque est court et débouche peu en arrière de l'œsophage.

La rate est petite, alongée et placée sous l'œsophage dans la moitié antérieure de l'abdomen.

Les deux sacs à ovaires sont peu gros, peu alongés, et ils communiquent dans un oviductus commun aussi long que les sacs eux-mêmes.

La vessie aérienne est assez grande, arrondie en avant, argentée; ses parois sont peu épaisses, mais solides. Les reins sont très-gros; ils occupent toute la longueur des vertèbres abdominales depuis le pharynx jusqu'en arrière de la vessie aérienne. Ils versent l'urine par un uretère court et grêle dans la vessie urinaire, qui est très-grande, alongée et à parois minces.

Nous n'avons trouvé dans l'intestin des deux individus que nous avons ouverts, qu'une pâte verdâtre tellement homogène, qu'il nous a été impossible de reconnaître les corps que l'animal avait mangés.

Les *scares*, et notamment le *scarus cretensis*, ont les crêtes et la fosse antérieure des frontaux peu marquées; celle-ci manque même dans quelques espèces.

Leur occipital a en-dessous deux rainures longitudinales larges et peu profondes pour les pharyngiens. Une arête très-saillante se montre de chaque côté, et, se joignant avec l'épine externe et par une bifurcation avec la mitoyenne, produit sous le rebord du crâne deux fosses, dont l'antérieure, bordée encore en avant par une crête de la grande aile, se trouve très-profonde.

Le sphénoïde est très-comprimé, et le sphénoïde antérieur donne une lame osseuse, qui remplit une grande partie de la membrane interorbitaire. Les branches de l'intermaxillaire sont courtes; et à la mâchoire inférieure l'articulaire est mobile sur le dentaire; les vertèbres abdominales sont au nombre de treize, et les caudales de quatorze.

En comparant à ce poisson la figure donnée par Aldrovande, p. 8, sous le nom de *scarus cretensis*, on n'y trouve de différence un peu marquée que dans la plus grande hauteur de la dorsale, et en ce que l'interruption de la ligne latérale n'y est pas marquée; deux fautes qui, pour ce temps-là, n'étaient pas considérables : il est donc très-probable que cette figure est vraiment celle d'un individu de notre espèce venue de Crète. Uterverius, éditeur de cette partie de l'ouvrage d'Aldrovande, la trouvant dans les recueils de ce naturaliste sans autre note, l'aura donnée telle qu'il l'avait trouvée, ne composant d'ailleurs son article que de compilations prises dans Rondelet, dans Belon et dans Gesner.

Quoique Bloch ait prétendu que son *scarus cretensis*, pl. 220, est le même que celui d'Aldrovande, il s'en faut de beaucoup que son assertion soit exacte; les épines latérales des mâchoires, les sillons empreints sur les écailles, la queue taillée un peu en croissant, l'en distinguent suffisamment; mais je n'ai pu retrouver de scare qui correspondît à cette figure, ce qui tient en partie à ce qu'elle est très-mal faite, au point que l'on n'y a pas même marqué la ligne latérale, et j'aurais été fort en peine de parler de l'espèce représentée par Bloch, sans l'obligeance de mon célèbre ami, M. Lichtenstein, de Berlin, qui a bien voulu m'envoyer un dessin exact de l'individu que Bloch a fait représenter. Il me paraît certainement d'une espèce distincte, voisine de celles qui habitent les mers de Java.

Le scare grec, si commun, comme on l'a vu, dans l'Archipel, n'existe point sur nos côtes, et il ne paraît pas qu'il s'en soit conservé sur celles de l'Italie, malgré la tentative d'Elipertius. Nos ichthyologistes français n'en parlent pas; il n'en est pas question dans M. Risso, et si M. Rafinesque nomme le chéiline scare parmi les poissons de Sicile, c'est tout simplement parce qu'il a tiré ce nom de Lacépède, mais non pas parce qu'il a vu le poisson; d'ailleurs ce chéiline n'est point notre scare; c'est, comme nous l'avons déjà dit, très-probablement un être factice ou dessiné de mémoire par Belon.

Ce confinement d'une espèce dans la partie orientale de la Méditerranée n'a rien qui doive surprendre; car nous en connaissons d'autres exemples, et tel est notamment le blépharis d'Alexandrie, dont on n'a aucune connaissance en deçà de la Sicile.

Le SCARE RUBIGINEUX.

(*Scarus rubiginosus*, nob.; *Callyodon rubiginosus*, Soland.)

D'après ce que nous venons de dire dans l'article précédent, on doit conclure que la Méditerranée ne possède qu'une seule espèce de scare, et qu'elle y est confinée dans ses parties les plus orientales; elle n'avance même pas dans le détroit de Messine, où nous voyons arriver des espèces de l'océan Atlantique, qui vivent en troupes aux Canaries et à Madère. Vers ces îles nous commençons à trouver des scares, et peut-être même y en a-t-il de plusieurs espèces. Il est assez étonnant qu'on ne les ait signalés que tout dernièrement, lorsque déjà du temps de Cook, Solander avait observé le scare de Madère, et en avait laissé une description détaillée sous le nom de *callyodon rubiginosus,* et une figure que nous avons retrouvée dans la bibliothèque de Banks. Depuis, MM. Webb et Berthelot ont rapporté, avec leurs belles collections ichthyologiques, des scares des Canaries, et j'en trouve aussi dans celles faites à Ténériffe par M. d'Orbigny.

M. Lowe cite aussi un scare dans son Catalogue des poissons de Madère. En comparant le nom vulgaire qu'il lui donne, *budio,* avec celui que rapporte déjà Solander, *budiam,* on doit croire que ce nom est générique.

L'espèce que nous avons sous les yeux est très-voisine de celle de la Méditerranée; elle me paraît avoir cependant

les dents plus lisses, la caudale coupée plus carrément, et les couleurs sont assez distinctes.

Le poisson a, selon Solander, le dos ferrugineux rougeâtre, le ventre blanc et la caudale terminée par une fascie jaune.

M. Lowe a nommé le poisson qu'il a décrit, *scarus mutabilis,*

et le dit brun, olivâtre ou rouge, ou peint de ces deux couleurs.

Celui que nous avons fait figurer dans l'Atlas de l'Histoire naturelle des Canaries de MM. Webb et Berthelot, est représenté, sous le nom de *scarus Canariensis,*

brun verdâtre uniforme sur tout le corps, avec des nageoires plus claires; quatre traits bruns verticaux descendant de l'œil sur le fond rougeâtre de la joue; les dents sont vertes.

Enfin, je trouve dans les dessins envoyés de Ténériffe à M. Cuvier par M. d'Orbigny, la figure d'un scare

rouge lie de vin sur le dos; la face est jaune, ainsi que le bout de la queue; la dorsale molle, rose, a un liséré jaune; l'anale est d'un rose plus vif; la caudale est rose à la base, avec une bande jaune terminale; la pectorale a du jaune à l'extrémité : sous la gorge de ce scare il y a trois croissans rouge très-vif.

On voit que dans ces trois poissons, et surtout dans le dernier, il y a des différences très-notables dans les couleurs; cependant les individus envoyés par M. d'Orbigny et conservés dans l'eau-de-vie, où ils sont décolorés et noircis, n'offrent pas des différences appréciables dans leur forme, mis à côté de ceux de M. Berthelot, et ne diffèrent que très-peu de ceux de la Méditerranée.

M. Berthelot m'a communiqué sur ces poissons les détails suivans :

On les nomme aux Canaries *viejas*. C'est le poisson le plus abondant des îles, et bien plus sur les côtes rocailleuses que dans le détroit qui les sépare de la côte d'Afrique. Cette espèce n'est ni assez grande ni assez estimée par les insulaires qui se livrent à la grande pêche, pour qu'ils la recherchent; mais les petits pêcheurs la poursuivent et même la sèchent. Ainsi préparée, elle est la nourriture du pauvre. Fraîche, on la trouve toujours en abondance sur le marché: séchée, elle est exportée en liasse à la Havane, où les Canariens établis dans cette île l'aiment et l'estiment, parce qu'elle leur rappelle leur patrie.

On pêche aussi la vieja en abondance à la Graciosa et à Lancerote.

M. Lowe dit de son scare, qu'il ne mérite en aucune manière la réputation qui lui a valu tant de célébrité chez les Romains; car, selon lui, c'est un des plus mauvais, si ce n'est le plus mauvais de tous les poissons apportés journellement au marché, sous le rapport de sa qualité et de son goût.

Cette différence dans le goût doit peut-être aussi confirmer la distinction spécifique que je fais de ces poissons.

Je vois encore que des scares s'avancent jusque sur la côte d'Afrique; car le poisson figuré par Barbot, vol. V, pl. 6, n.° 107, sous le nom de *parrot*, est aussi un scare; mais je ne trouve aucun détail sur cette espèce.

Le Scare rouge.

(*Scarus Abildgaardii*, nob.)

Les ichthyologistes seront probablement étonnés d'apprendre que le *sparus Abildgaardii* de Bloch (pl. 259) et le *spare rougeor* de Lacépède (III, pl. 33, fig. 3), ne sont qu'un seul et même poisson, et que ce poisson est un scare, et celui-là même que Parra représente (pl. 28, fig. 2), et que Bloch reproduit dans son Système posthume, p. 289, n.° 2, sous le nom de *scarus coccineus*. Cependant la chose est certaine. Nous avons sous les yeux l'individu même de Bloch, et un individu tout semblable, envoyé par M. Pley de Saint-Thomas, où on le nomme *red-fish,* nom justifié par la description faite sur le frais qui l'accompagne, et qui le représente d'un beau rouge. Nous leur comparons le dessin original de Plumier[1], dont une copie altérée, faite par Aubriet[2], a servi à M. de Lacépède à établir son espèce du *spare rougeor*[3], et aucun doute ne peut nous rester sur l'identité de tous ces poissons. Si l'on n'a pu s'en apercevoir jusqu'ici, c'est que Bloch, ne disposant que d'un individu décoloré, l'a

---

1. Il est intitulé : *Aper erythrinus, squamis amplis.* — 2. Elle est dans la collection des vélins, et porte pour titre : *Aper seu turdus erythrinus, squamis amplis*, Plum. — 3. Lacépède, t. IV, p. 56, n.° 98, et p. 200. La figure III, pl. XXXIII, n.° 3, est si servilement calquée d'Aubriet, que l'on n'y a pas même ajouté les ventrales, qui manquent en effet dans l'original.

enluminé arbitrairement d'un beau violet, et qu'Aubriet,
qui exagérait toujours la vivacité des couleurs indiquées
par Plumier, a peint tout le sien d'une couche presque
égale de carmin nuancé de jaune.

Ces causes d'erreur une fois écartées, il nous reste le
poisson même à décrire.

Sa hauteur est trois fois et demie dans sa longueur; la longueur
de sa tête y est quatre fois; elle est un peu plus longue que haute
sa mâchoire supérieure est lisse et a au bord dix dentelures rondes;
et fortes, et à l'angle deux petites pointes; la postérieure surtout
est fort petite; l'inférieure a les mêmes crénelures, mais la surface
conserve les marques des anciennes dents, disposées en quinconce,
mais peu saillantes; les angles de la caudale s'alongent en pointes
aiguës du tiers de sa longueur totale. C'est une des espèces où les
écailles paraissent les plus grandes; leur bord externe est presque
à trois pans, ce qui les fait paraître comme des pavés à peu près
hexagones, mais de près du double plus hauts que longs. Leur
partie visible est comparativement presque lisse, ou du moins les
stries qui y sont s'aperçoivent à peine, tant elles sont fines; les
arbuscules de sa ligne latérale n'ont point de tige et se divisent dès
la base en six ou sept branches, qui elles-mêmes donnent quelques
branches plus petites, et qui s'étendent sur presque toute l'écaille
à laquelle chacune appartient.

A l'état sec, ce poisson paraît avoir la moitié supérieure d'un gris
violâtre avec du brun noirâtre au bord des écailles, et la partie
inférieure d'un blanc jaunâtre; la membrane qui borde son opercule est noirâtre, ses nageoires jaunes et ses mâchoires blanches;
mais dans le frais le dos est d'un beau rouge de sang, les flancs
d'un rouge plus pâle; le ventre d'un rose pâle; chaque écaille a
une bordure brunâtre peu sensible, et l'opercule est bordé de noir.

L'individu sec de Bloch, qui nous a été prêté par
M. Lichtenstein, est long de quinze pouces et demi. Nous
en avons de même taille qui nous sont venus de Bahia,
par M. Blanchet.

Le Guacamaia *ou* grand Scare a machoires bleues.

(*Scarus Guacamaia*, nob.)

M. Pley a préparé à Saint-Thomas un individu de cette espèce, long de trente-deux pouces, et qui pesait trente livres.

Sa hauteur est quatre fois dans sa longueur totale; ses mâchoires, très-bombées et un peu striées, ont de chaque côté, la supérieure vingt ou vingt et une, l'inférieure quinze ou seize crénelures rondes, et cette dernière a sous les dents du bord quatre ou cinq rangées de têtes de dents en quinconce très-marquées. A l'angle de la supérieure sont, d'un côté trois, de l'autre cinq ou six pointes coniques, disposées en groupes irréguliers; la base des mâchoires est d'une belle couleur de vert-de-gris; les épines de la dorsale sont peu robustes; la caudale a les pointes de ses angles plus longues même que sa partie moyenne, et celle-ci, lorsqu'elle n'est pas très-étendue, a elle-même au milieu une pointe courte. L'angle postérieur de l'anale est aussi fort pointu; celui de la dorsale le paraît un peu moins; les écailles, membraneuses à leur bord, ont sur leur disque une granulation très-fine, disposée un peu en stries; les arbuscules de la ligne latérale ont chacun une tige assez longue, un peu relevée et terminée par un petit bouquet de branches courtes et irrégulières.

Dans son état actuel, ce poisson parait d'un beau vert sous la pectorale, le long du flanc et sur toute la partie postérieure; la tête, la partie antérieure et supérieure du dos et le ventre n'offrent qu'un gris jaunâtre; la dorsale et l'anale sont brunes et ont des taches vertes le long de leur base; la caudale, sur un fond gris-jaune, paraît avoir des raies vertes sur sa partie moyenne; les pectorales et les ventrales ont aussi des teintes vertes.

A l'état frais, selon la description un peu vague de M. Pley, ce poisson avait les écailles d'un rouge nuancé de bleu et de vert, et ses mâchoires étaient d'une belle couleur bleue à leur partie supérieure. Il était mâle, et l'on n'en connaît pas de plus gros à Saint-Thomas. On le nomme dans cette île *cacabelly* et *great-parrot-fish* (grand poisson perroquet).

Le plus grand des scares de Parra, nommé par cet observateur (p. 54) *guacamaia*, et figuré sur sa planche 26, présente exactement la grandeur et les formes de celui que nous venons de décrire, et n'en diffère pas beaucoup par les couleurs. Il est long d'une vare espagnole, c'est-à-dire, de deux pieds et demi et davantage :

> ses mâchoires sont bleues; le dessus de sa tête est obscur, ses côtés sont teints de rose; sa poitrine est mêlée de vert et d'incarnat; la moitié antérieure du corps est cannelle, le reste jusqu'à la queue tout vert; la caudale obscure, bordée de vert et à pointes incarnates; les autres nageoires brunes, bordées de vert, excepté les ventrales, qui sont bordées de rouge.

Il y a grande apparence que ces nuances ne diffèrent de celles qu'a indiquées M. Pley que par les temps ou pour le moment auquel elles ont été décrites.

Bloch, dans son Système posthume, rapporte ce *guacamaia* à son *scarus cretensis* (pl. 220), et l'on pourrait en effet y voir quelque ressemblance pour l'arrangement des pointes latérales de la mâchoire supérieure; mais la queue de ce dernier, telle qu'il la représente, en diffère beaucoup; il marque aussi sur les écailles des stries beaucoup trop profondes; d'ailleurs ce poisson lui était venu de la mer des Indes, et nous verrons qu'il est d'une espèce particulière.

Le MOYEN *et le* PETIT SCARE A MACHOIRES BLEUES.

(*Scarus cœlestinus*, nob.)

Nous avons reçu de M. Pley deux autres scares à mâchoires bleues ou vertes.

Le premier, envoyé de Saint-Thomas avec le précédent, et sous le même nom, est d'un tiers moins grand ;

les pointes de sa caudale n'ont pas moitié de la longueur du reste de la nageoire; on ne voit pas à sa mâchoire supérieure de pointes latérales, si ce n'est une petite près du bord du côté droit l'inférieure est presque toute verte; la supérieure a du vert près des bords; ses écailles sont granuleuses comme dans le précédent, mais les arbuscules de sa ligne latérale semblent former des bouquets plus alongés.

Dans son état desséché, ce poisson paraît d'un brun noirâtre et a sur le milieu de chaque écaille une tache d'un beau vert foncé; les nageoires sont d'un beau brun foncé, et l'on n'y distingue de vert que sur le bord externe des ventrales.

Dans le frais, les teintes doivent être fort différentes; car M. Pley nous assure que toutes ses écailles étaient peintes du plus beau bleu céleste.

Cet individu était mâle comme le précédent, et long de vingt et un pouces.

Le SCARE COTORRA.

(*Scarus turchesius*, nob.)

Le second de ces scares à mâchoires bleues n'est long que de treize pouces, et les pointes de sa caudale n'ont que le quart de la longueur du reste de sa nageoire. Il a été envoyé de Porto-Rico, où il porte le nom de *cotorra,* c'est-à-dire perruche.

Ses mâchoires, entièrement teintes de bleu de turquoise, ont quinze ou seize petites crénelures; leur moitié voisine du bord est marquée en quinconce de cinq ou six rangées d'empreintes, menues comme les crénelures et légèrement saillantes; la moitié de la base, recouverte par les lèvres, est entièrement lisse; il n'y a pas de pointes latérales; ses écailles ont des stries légères, et leur surface n'est pas entièrement lisse. On voit à la loupe qu'elle est marquée de petites pointes serrées; les arbuscules de la ligne latérale ont une tige terminée par trois ou quatre petites branches, dont une ou deux sont fourchues.

Selon M. Pley, la couleur générale de ce poisson est d'un vert sombre; son ventre est rose; les pointes des rayons de sa dorsale et de son anale sont bleues. A l'état sec il offre encore du vert sur les écailles, des taches ou bandes vertes entre les rayons de sa dorsale; le bord de sa dorsale et de son anale, ainsi que celui de sa caudale entre les pointes, paraissent verts ou bleu foncé; ses pectorales et ses ventrales sont jaunes, et les premières teintées de vert près des bords.

Le SCARE A TROIS POINTES.

(*Scarus trispinosus*, nob.)

Le Cabinet du Roi a reçu cette espèce de celui de Lisbonne, et l'origine primitive n'en est pas connue. Il y a lieu de croire cependant qu'elle venait du Brésil.

Ses formes sont les mêmes que celles du scare à mâchoires bleues; mais ses mâchoires sont blanches ou jaunâtres et non pas bleues, elles ont plus de vingt crénelures rondes, et l'inférieure a trois ou quatre rangées de têtes de dents en quinconce, assez sensibles; le reste de leur surface est lisse; il y a de chaque côté trois fortes pointes l'une derrière l'autre à l'angle de la supérieure; les angles de la caudale forment deux pointes aiguës, aussi longues que le milieu de la nageoire; les écailles, membraneuses au bord, sont finement granuleuses sur leur disque; les arbuscules de la ligne latérale ont les tiges courtes ou cachées et seulement deux ou trois branches peu divisées, qui ne s'écartent pas vers les côtés de l'écaille.

A l'état sec il paraît entièrement d'un brun un peu rougeâtre; sa caudale est plus claire au milieu, et a ses bords supérieur et inférieur et ses pointes noirâtres.

Notre individu est long de vingt-huit pouces.

Le SCARE CATESBY.

(*Scarus Catesbœi*, Lacép.)

Nous ne croyons pas pouvoir rapporter à aucun des scares que nous venons de décrire, celui que Catesby a représenté (t. II, pl. 29) sous le nom de *psittacus-piscis viridis Bahamensis,* dont Bonnaterre a fait son *scare poisson vert* (Encycl. méth., n.° 193), Lacépède son *scare Catesby* (t. IV, p. 16), mais qui ne paraît ni dans le Bloch posthume, ni dans la Zoologie de Shaw; peut-être même devrait-on le ranger parmi les spares avec autant de probabilité que parmi les scares.

En effet, sa figure nous montre des crénelures assez fortes aux deux mâchoires, mais comme elles y sont couvertes par les lèvres jusqu'auprès du bord, elle ne nous apprend point quelle est leur surface, ni si la supérieure a des pointes à l'angle; le texte les décrit ainsi : . . . . *obtusis atque, ut in lupo marino, confertissimis dentibus, quasi stratum*, ce qui s'applique assez bien à un scare. Cette figure ne fait rien voir non plus de la ligne latérale; sa hauteur est moins de trois fois dans sa longueur; sa queue est taillée en croissant, et si elle n'était pas si étendue, elle montrerait des pointes assez longues; son corps et sa caudale sont verts, avec une bande rouge sur cette nageoire et parallèle à son bord; la dorsale est rougeâtre; l'anale rouge, bordée de vert; les ventrales rouges, bordées de bleu; les pectorales violettes, à bord supérieur bleu; la tête paraît d'un gris foncé, tirant au violâtre, avec du pourpre aux bords de l'opercule et du préopercule; une tache jaune à l'écaille surscapulaire, et une bande pourpre sur la tempe, allant de la lèvre supérieure sur l'opercule. On voit aussi une tache jaune sur le côté de la queue.

Selon Catesby, on estime ce poisson pour sa beauté plus que pour la bonté de sa chair, et on le prend aux îles de Bahama et sur les côtes de Saint-Domingue et de Cuba.

Le Scare a nageoires dorées.

(*Scarus chrysopterus,* Bl., Syst. posth., p. 286, n.° 5.)

Voici une espèce bien déterminée par Bloch. Sa figure (Syst. posth., pl. 57) est fort bonne, et son individu, que nous avons sous les yeux, est parfaitement identique avec celui qui appartient au Cabinet du Roi, et que M. Pley avait recueilli à Saint-Thomas.

Sa hauteur diminue plus rapidement du côté de la queue que dans la plupart des autres; son profil n'a rien de bombé, mais descend obliquement à compter du front; les pointes de sa caudale prennent moitié de sa longueur; sa mâchoire supérieure a de chaque côté une vingtaine de crénelures, dont les latérales sont beaucoup plus petites que les mitoyennes, et sa surface est hérissée de pointes saillantes, tantôt sur un, tantôt sur deux rangs, et variant en nombre depuis quatre ou cinq jusqu'à six ou huit. La mâchoire inférieure a des crénelures un peu plus fortes, et toute sa surface est fortement marquée en quinconce de vestiges de dents. Ses écailles sont grandes, à peine sensiblement striées, membraneuses sur leurs bords; les arbuscules de la ligne latérale n'ont qu'une courte tige et six ou sept branches qui en portent de plus petites et s'étendent sur presque toute l'écaille.

Tout ce poisson paraît à l'état sec d'un beau vert tirant au bleu;

ses nageoires sont jaunes, une large bande verte couvre le bord supérieur et l'inférieur de la caudale, et il y a un liséré de cette couleur sur son bord extrême; le bord extérieur de la ventrale est vert, et il y a une tache brune ou noirâtre sur la base de sa pectorale en dessus : il doit avoir peu changé par le dessèchemont.

M. Pley nous dit qu'à l'état frais il était d'un beau bleu clair verdâtre, et avait la dorsale rouge et l'iris d'un beau rouge.

Les individus ont d'un pied à quatorze. pouces de long.

On nomme l'espèce *snoper* à Saint-Thomas; mais on y donne aussi ce nom à d'autres poissons, et notamment au *mésoprion boucanelle*.

Le Scare a front bombé *ou* le Scare bleu.

(*Scarus cœruleus*, nob.)

Les mers d'Amérique produisent des scares où toute la partie du front qui est au-devant des yeux est renflée par une substance graisseuse ou gélatineuse en une sorte de bosse arrondie, qui leur donne une physionomie particulière. Parra en représente deux sur sa planche 27 : un vert, figure 1.re, qu'il nomme *loro,* et un bleu, figure 2, qu'il nomme *trompa.* Le premier a la bosse moins saillante, et est le *scarus loro* de Bloch (Syst. posth., p. 288, n.° 13); le second, qui l'a beaucoup plus bombée, avait déjà été représenté par Catesby (pl. 13) sous le nom de *novacula cœrulea :* c'est le *scarus cœruleus* de Bloch (*ibid.*, n.° 12). M. Pley nous a envoyé de Saint-Thomas trois individus de l'espèce bleue; mais ils sont devenus verts par le dessèchement, et plusieurs autres exemples m'ont prouvé que ce changement du bleu au vert est général dans les scares.

Leurs mâchoires ont le bord tranchant et divisé en très-petites crénelures au nombre de plus de vingt-cinq de chaque côté; étant plus faible que dans d'autres espèces, il s'ébrèche facilement; leur surface est lisse et d'un blanc jaunâtre; on y distingue à l'inférieure des vestiges de dents très-petites, mais par la couleur seulement et non par la saillie; ni l'une ni l'autre n'a d'épines vers l'angle. La caudale a ses pointes de plus du tiers de sa longueur totale, et le milieu de son bord un peu convexe. Ses écailles, lisses et un peu membraneuses au bord, sont légèrement striées et mates; sur le reste de leur surface on n'en distingue guère le pointillé qu'à la loupe. Les arbuscules de la ligne latérale ont une tige simple, et trois ou quatre branches inégales et tortueuses, mais qui ne s'étendent pas sur les côtés de l'écaille

A l'état sec tout le corps paraît vert ou d'un gris-brun verdâtre; les écailles et les nageoires sont bordées d'un vert plus vif et tirant plus au bleu.

Nos individus sont longs de seize, de dix-huit et de vingt pouces; la bosse de leur front est très-lisse et ne paraît avoir grossi avec l'âge des individus, les plus grands l'ont plus saillante; elle est arrondie en tout sens, et non pas comprimée et tranchante comme la crête du *rason* ou *novacula*.

On nomme cette espèce à Saint-Thomas *bleu-serin* ou *peau bleue*. M. Pley assure ne l'avoir jamais vue à la Martinique, et ne l'avoir observée qu'une fois à Porto-Rico. Il a trouvé de petits crustacés parasites sur les branchies de ces poissons, et même sur les narines et autour des yeux, qui paraissent les tourmenter beaucoup.

Parmi les dessins faits à la Havane, et qui m'ont été remis par M. Poey, je trouve celui d'un scare, très-semblable à ceux de M. Pley, mais à proéminence encore moindre qu'au *loro* de Parra et plus avancée sur le museau, et où les angles de la queue font très-peu de saillie. Sa couleur est d'un bleu pur, plus foncée sur le dessus de la tête et sur les nageoires. Le bord des écailles du dos tire au bistre.

Il sera bon de rechercher si ce n'est pas une variété d'âge ou de sexe des précédentes.

La figure de Plumier, sur laquelle M. de Lacépède a établi son *scare trilobé,* est aussi celle d'un scare à front bombé; sa proéminence est très-avancée sur le museau; sa caudale a deux pointes alongées et le milieu convexe, ce qui a donné lieu à ce nom de trilobé: ainsi il doit être fort voisin de ceux que nous venons de décrire, mais nous ne savons point quelle était sa couleur, et il n'y a d'autre étiquette sur le dessin que ces mots: *turdus varius, rictu obtuso, cauda fuscinulata.*

Il y a cependant parmi les dessins de Plumier des traces d'un scare à front bombé et bleu, qui ont même produit dans Bloch une coryphène et dans Lacépède un spare, mais après avoir subi de telles altérations, qu'il m'en a coûté beaucoup de peine pour ramener ces espèces factices à leur véritable source.

L'esquisse primitive, dont M. de Lacépède n'a point fait usage, est intitulée dans les manuscrits de Plumier : *Aper, aut varius, aut lœte virens;* et les couleurs indiquées par des renvois sont du vert pour le corps; du rouge pour la dorsale, les pectorales et l'anale; du jaune pour une bande en travers de la caudale, suivie d'un bord vert; du gris sur la base de la caudale et sur les ventrales; enfin, du noir sur la base des pectorales.

Ce devrait être un scare très-voisin (s'il n'est pas le même) de celui que représente Catesby, II, pl. 29, et dont M. de Lacépède (IV, p. 4, n.° 11, et p. 16) a fait son *scare Catesby;* mais Aubriet, en copiant, en calquant cette esquisse, l'a enluminée tout entière d'un bel outremer, et l'a intitulée *turdus marinus totus cœruleus Plumieri*, ce qui ne peut s'expliquer que parce que Plumier, sous les yeux duquel il travaillait, se souvenait vaguement d'avoir vu un scare bleu, et ne se rappelait pas qu'il n'avait pas la même forme de tête.

Cependant M. de Lacépède faisait graver cette figure d'Aubriet (t. III, pl. 33, fig. 2), et sans égard pour ce nom de *turdus* ni pour l'évidence des formes, il en faisait un *spare*.

C'est son *spare holocyanéose* (t. IV, p. 45, n.ºs 65 et 141).

Mais une autre copie en tombait dans les mains de Bloch, et soit qu'elle eût déjà le front plus convexe, soit qu'il l'eût altérée dans ce sens, comme cela lui est arrivé pour son prétendu *coryphena Plumieri*, qui n'est qu'un malacanthe, Bloch le considéra comme une coryphène, et tout en apercevant très-bien son identité avec le poisson de Catesby, pl. 18, trompé même par le nom de *novacula cœrulea*, donné à ce poisson par l'observateur anglais ou peut-être aussi par celui de *tænia cœrulea*, que portait la figure de Plumier qu'il avait sous les yeux, il en fit sa *coryphène bleue* (pl. 176, et Syst. posth., p. 295), qui a passé ensuite dans M. de Lacépède (III, p. 175, n.° 7, et p. 200) et dans Shaw (IV, part. II, p. 216), et qui passerait de même dans vingt autres compilateurs, si nous n'avions pris la peine de remonter aux sources et de débrouiller la confusion qui lui a donné naissance.

Nous pouvons donc affirmer que les espèces du *spare holocyanéose*, de la *coryphène bleue* et du *scare bleu* n'ont pour base réelle qu'un seul et même poisson, qui est le *trompa* de Parra, et l'espèce que nous venons de décrire; peut-être même le *loro* de Parra n'en est-il encore qu'une variété d'âge.

Le SCARE BRIDÉ D'OR.

(*Scarus aurofrenatus*, nob.)

Cette belle espèce nous a été envoyée de Saint-Domingue par M. Ricord.

Sa tête plus longue que haute, ses fortes dentelures et les gros grains de ses mâchoires, les deux épines de l'angle de la supérieure, sa caudale un peu taillée en croissant, peuvent la distinguer indépendamment de ses couleurs.

Sa hauteur aux pectorales, qui est aussi la longueur de sa tête, est trois fois et demie dans sa longueur; la hauteur de sa tête à la nuque est une fois et un tiers dans sa longueur; son profil descend presque en ligne droite; ses dentelures sont au nombre de dix ou douze de chaque côté, et les têtes de dents sont à proportion, néanmoins elles forment une surface lisse; en arrière le bord des mâchoires est presque entier, et c'est vis-à-vis le commencement de cette partie entière que sont deux fortes pointes dirigées de côté; les écailles sont très-légèrement striées; les arbuscules de la ligne latérale, à cinq ou six branches un peu rameuses, occupent toute la partie découverte de l'écaille. La caudale est taillée en croissant, et quand elle s'étend, ses deux pointes saillent à peine du tiers de sa longueur au milieu.

· D. 9/10, etc.

Tout son corps est d'un beau cramoisi, un peu teint de brun sur le dos et mêlé de verdâtre vers le bas. La poitrine semble verdâtre, un ruban d'un bel orangé va de l'angle de la bouche sous l'œil et se prolonge un peu plus en arrière; il y en a un petit sur la tempe, parallèle à ce prolongement. La dorsale est d'un orangé plus grisâtre en avant, et plus vif en arrière. L'anale est rouge, bordée d'un liséré violet, et avec un peu de violet vers la base. La caudale est rouge avec un, large bord blanc, et ses pointes sont noires sur leur moitié voisine des bords supérieur et inférieur. C'est entre ces deux parties noires que règne le bord blanc. La pectorale est d'un orangé pâle et a son premier rayon violet ou noirâtre; les ventrales sont rouge pâle; l'iris est rose.

Nous avons plusieurs individus de cette belle espèce et l'un d'eux est long de dix pouces.

Le SCARE A RAIES VERTES.

(*Scarus vetula*, Bl. Schn.)

Jusqu'ici nous n'avons parlé que de scares dont la caudale a les angles prolongés en pointes; dans ceux qui vont suivre elle est coupée carrément ou à peine un peu concave à son bord.

La première et l'une des plus belles de ces espèces, assez bien représentée par Parra (pl. 28, fig. 1), a été nommée par Bloch (Syst. posth. p. 289, n.° 1) *scarus vetula,* d'après le nom de *vieja* que les Espagnols de Cuba donnent en commun à plusieurs espèces du genre, et qu'ils étendent, comme nous faisons de celui de *vieille,* à plusieurs espèces de labres.

M. Pley nous en a envoyé quelques individus de Saint-Thomas.

Leur hauteur est quatre fois ou à peu près dans leur longueur; leurs mâchoires ont les bords tranchans, les dentelures à peine sensibles, la surface lisse, mais où les vestiges des dents se marquent comme de petits points blanchâtres sur un fond plus gris; une ou deux pointes aiguës assez fortes à l'angle de la mâchoire supérieure. Dans l'envoi qui nous a été fait, le mâle a deux pointes de chaque côté, et la femelle une seule; mais nous n'oserions affirmer que ce soit une marque constante des sexes. Les écailles, lisses au toucher, sont à l'œil et surtout à la loupe finement striées et granulées. La ligne latérale n'a à ses arbuscules que des tiges presque indivises ou à deux ou trois petites houpes courtes. La caudale est coupée carrément.

C'est une des espèces qui conservent, en se desséchant, les plus belles couleurs. Son dos est vert olivâtre; une large bande jaune part de l'épaule et règne sur le flanc jusque vers le milieu du tronc, où elle se perd; le ventre reprend un fond verdâtre; du vert vif entoure les lèvres et forme deux bandes, qui vont du museau vers l'œil et se continuent sur la tempe et sur le tronc au-dessus de la bande jaune, mais en s'y mêlant bientôt avec des taches vertes transverses qui se montrent sur chaque écaille au-dessus de la bande jaune, en arrière sur toute la queue et même en partie sur le ventre. Le bas de la joue et le dessous de la gorge sont aussi teints de beau vert; la dorsale a une bande longitudinale jaune, entre deux bandes d'un vert vif, l'une sur sa base, l'autre, plus étroite, sur son bord. L'anale en a à peu près de même, si ce n'est que sa bande intermédiaire tire au verdâtre. La caudale est toute d'un vert vif, et a une bande jaune à son bord supérieur et à l'inférieur. Les pectorales et les ventrales paraissent jaunâtres.

Les couleurs sont les mêmes dans les deux sexes.

Dans le frais, selon M. Pley, les bords de la dorsale et de l'anale et les bandes de la tête seraient plutôt bleues que vertes, et la caudale serait bordée latéralement de rouge.

Nos individus sont longs de neuf à dix pouces.

Le Scare pointillé.

(*Scarus punctulatus,* nob.)

Un scare plus petit, envoyé de la Martinique, ressemble assez aux précédents pour n'en être considéré que comme une variété.

Il a les mêmes formes, les mêmes bandes sur la tête, mais point de jaune sur les flancs. Le milieu de ses nageoires verticales est jaunâtre pointillé de vert, et les bords de sa caudale sont verts et non pas jaunes.

Cet individu a deux pointes de chaque côté de sa mâchoire supérieure.

Il n'est long que de six pouces.

Le Scare a bandelettes.

(*Scarus tæniopterus*, Desmarets.)

Le scare représenté par M. Desmarets dans les planches du Dictionnaire classique d'histoire naturelle

a les mêmes formes, les mêmes mâchoires, les mêmes écailles, la même ligne latérale que notre *sc. vetula*, on lui voit même des lignes semblables sur la dorsale, sur l'anale, et une bande jaune au-dessus de la pectorale; mais il paraît entièrement d'un brun tirant à l'olivâtre, et ne montre point de traces des lignes vertes de la tête, ni des bords jaunes ou orangés de la caudale. La bande de la base de sa dorsale et de son anale paraît d'un gris jaunâtre opaque, et la ligne du bord est étroite et brune.

Il me semble aussi avoir la tête plus large.

Comme il était conservé dans la liqueur, nous avons pu examiner ses viscères.

Il a, comme toutes les espèces du genre que nous avons disséquées, un long canal intestinal cylindrique, sans aucun renflement particulier; ses parois sont d'une minceur extrême. Il fait quatre replis sur lui-même, et il est plissé et onduleux sur toute sa longueur. La rate est très-alongée; la vessie aérienne est très-grande, arrondie et grosse en avant, terminée en pointe en arrière. Ses parois sont peu épaisses, fibreuses, assez solides. Sa couleur est argentée.

L'individu décrit par M. Desmarets et que ce zélé na-

14. ¹9

turaliste a bien voulu céder au Cabinet du Roi, vient de
Cuba; il est long de près de dix pouces.

Le SCARE A QUATRE POINTES.

(*Scarus quadrispinosus,* nob.)

Il s'est trouvé dans les collections de M. Pley un scare
étiqueté *cacabari,* et qui ressemble, pour la forme générale, aux trois précédens, et surtout au scare à bandelettes.

Ses mâchoires ont la surface encore plus unie, et, ce qui fait son
principal caractère, il y a de chaque côté de celle d'en haut quatre
pointes aiguës placées sur une ligne longitudinale.

Les angles de sa caudale font une saillie, mais très-peu sensible.
Ses écailles sont striées, mais légèrement et finement, et les tiges
des arbuscules de sa ligne latérale à peu près indivises.

A l'état sec il paraît entièrement d'un brun olivâtre, plus clair
sur les flancs et sous le ventre. Ses nageoires inférieures tirent au
jaunâtre; on ne lui aperçoit de lignes ou de bandes ni sur la tête
ni sur les nageoires.

Notre individu est long de treize pouces.

Je vois dans les papiers de M. Pley que d'autres scares,
le bleu et celui à mâchoires bleues, portent à Saint-
Thomas le nom de *cacabelly,* mais je n'y trouve aucun
renseignement sur l'espèce actuelle.

Le SCARE DIADÈME.

(*Scarus diadema,* nob.)

Cette espèce a été envoyée de la Martinique par
M. Pley et par M. Achard sous le nom de *perroquet.*

Les formes sont les mêmes que dans le scare à bandelettes et
le scare à quatre pointes, c'est-à-dire qu'il a la tête un peu obtuse,

la queue tronquée carrément, les arbuscules de la ligne latérale
très-peu divisés. Ses mâchoires sont tranchantes, à dentelures insensibles; les têtes des dents ne s'y marquent que par de très-petits
points blancs à leur surface. La supérieure porte de chaque côté
trois pointes à la suite l'une de l'autre.

Tel que nous l'avons dans la liqueur, il paraît d'un gris verdâtre;
une bande jaune va d'un œil à l'autre au travers du front, et se
continue derrière l'œil sur le haut de la tempe. Une seconde va,
parallèlement au-dessous de celle de la tempe, du bas de l'œil à
l'angle de l'opercule; la lèvre supérieure est jaune et l'inférieure
est entourée de deux bandes jaunes. Il y a aussi du jaune vers le bas
du préopercule et de l'opercule. La dorsale a une ligne sur son
bord, une vers sa base, et des taches rondes et ovales entre ces
deux lignes, qui paraissent violâtres. L'anale a aussi un rang de
taches entre deux lignes, et sur la caudale il y a des rivulations
un peu en labyrinthe.

Nous ne pouvons dire quelles sont ses nuances à l'état
frais, MM. Achard et Pley n'en ayant envoyé aucune
description.

Nos individus n'ont pas plus de six pouces.

Le SCARE A VENTRALE ET ANALE ROUGES.

(*Scarus rubripinnis*, nob.)

Cette espèce, envoyée de Saint-Domingue par M. Ricord,
est grosse et a la tête courte; sa hauteur est trois fois et un quart
dans sa longueur; la longueur de sa tête y est près de quatre fois;
elle n'est que d'un sixième plus longue que haute. Son front fait
une convexité vis-à-vis de l'œil. On voit sur le front et le museau
de petits points saillans, et des veinules sur la joue et la tempe.
Les dentelures de ses mâchoires vont à douze ou quinze de chaque
côté; la surface en est à peu près lisse; ses écailles sont grandes et
presque unies; chaque arbuscule de la ligne latérale a quatre ou

cinq rameaux, qui s'étendent en rayons irréguliers sur l'écaille et
n'ont presque point de ramuscules. La caudale est coupée carrément.

D. 9/10; A. 1/10, etc.

Ce poisson est d'un vert olivâtre, glacé de brun vers le dos,
et mêlé de rose vers la poitrine et le ventre; ses ventrales et son
anale sont d'un beau rouge; sa dorsale est d'un gris olivâtre; ses
rayons, surtout les mous, ont des taches brunâtres. Sa caudale est
cendrée, marbrée vers la base d'un brun cendré, plus foncé. Ses
pectorales tirent sur l'orangé; son iris semble aussi plus ou moins
orangé.

Notre individu est long de dix pouces.

Le Scare a raies rouges et blanches.

(*Scarus alternans*, nob.)

Cette jolie espèce ressemble exactement, pour les formes
et pour les couleurs, à la figure que Bloch donne, pl. 121,
de son *scare de Sainte-Croix*[1], mais ses mâchoires n'ont
pas les mêmes caractères, et je crains que Bloch n'ait fait
ici comme en d'autres occasions et n'ait composé sa figure
de traits pris d'espèces différentes; nous sommes même
certains qu'il avait encore dans son cabinet, sous le nom
de scare de Sainte-Croix, une troisième espèce dont nous
parlerons plus loin.[2]

Celle-ci a sa hauteur trois fois et deux tiers dans sa longueur;
sa tête n'y est que trois fois et demie. Sa queue est coupée carrément; ses mâchoires sont tranchantes, à douze ou quinze dentelures

---

1. *Scarus croicensis*, changé dans le Système posthume, p. 285, n.° 2, en *Scarus
insulæ Sanctæ Crucis*.

2. On peut remarquer dans son texte, p. 18, qu'il n'attribue de bandes qu'à un
de ses *individus*, et que les uns avaient une pointe à l'angle, les autres non.
C'est que, comme pour son *Scare vert*, il confondait plusieurs espèces.

presque insensibles de chaque côté et à surface lisse marquée entièrement, pour tous vestiges de dents, de points blanchâtres,
séparés par des lignes grises et sans aucunes pointes latérales. Ses
écailles sont finement striées et pointillées, quoique leur ensemble
paraisse assez lisse. Les arbuscules de sa ligne latérale sont des tiges
simples, n'ayant que deux ou trois branches très-courtes le long du
tronc. Bloch ne marque pas du tout dans sa figure la ligne latérale.
Le fond de sa couleur est argenté; sa tête est presque entièrement
rose; trois larges bandes d'un rose vif règnent sur sa longueur. La
première, assez près de la dorsale, part de la nuque et se termine
au bord postérieur de cette nageoire; la seconde vient du museau,
embrasse l'œil, et se termine à la moitié supérieure de la caudale;
la troisième, plus pâle que les deux autres, part de l'aisselle de la
pectorale et se rend vers la moitié inférieure de la caudale. Toutes
les nageoires sont jaunes.

Dans certains individus on voit un trait blanc et opaque ou argenté sur le milieu de chaque écaille du ventre, ce qui y forme
trois lignes de cette couleur. Elles ne dépassent pas l'anus.

Cette espèce ne paraît pas devenir très-grande; nous
n'en avons que des individus de sept à huit pouces : ils
nous ont été envoyés de la Martinique par M. Pley sous
le nom de *perroquets.*

C'est pour avoir confondu plusieurs espèces en une
seule, que Bloch prétend avoir reçu ce scare de Sainte-
Croix et du Japon; ce dernier, qu'il appelle *ikan-kakatoea-
merra,* ne venait d'ailleurs évidemment pas du Japon, car
ce nom est malais et signifie *poisson perroquet tacheté.*
Pour lui-même il prouverait déjà que le poisson qui le
portait n'était pas celui que Bloch a représenté, et qui est
rayé et non *tacheté.*

Le Scare rayé de jaune.

(*Scarus flavo-marginatus*, nob.)

Sous ce même nom de perroquet, qui paraît générique
dans nos Antilles, et avec le précédent, M. Pley nous a
envoyé un scare

qui a les mêmes mâchoires, la même ligne latérale, la même caudale, les mêmes écailles; mais qui est un peu plus ovale et a la
tête un peu plus obtuse.

Dans la liqueur il paraît d'un brun fauve, sans bandes ni lignes
sur le corps ou sur la tête. Sa dorsale est tachetée de violâtre et a
une ligne jaune près du bord et une autre le long de sa base, ou
plutôt son bord est de la couleur de ses taches. L'anale est à peu
près de même; je ne vois pas de taches à sa caudale.

M. Pley indique sa couleur en termes généraux comme
d'un vert jaunâtre, et dit qu'il atteint le poids de deux ou
trois livres et que sa chair est peu estimée; mais je crains
que dans ses articles sur les scares il n'ait souvent mêlé
des attributs de plusieurs espèces.

Le Scare vert d'eau.

(*Scarus virens*, nob.)

Le même zélé collecteur nous a envoyé de Porto-Rico,
sous le nom de *cotorra* ou perruche, et M. Achard de
la Martinique, sous le nom de *perroquet bleu*, un scare
qui nous paraît le même, ou peu s'en faut, que celui de
Parra, pl. 28, fig. 3, dont Bloch (Syst. posth., 289, n.° 3)
a fait son *scarus chloris*.

Sa hauteur et la longueur de sa tête sont trois fois et trois quarts
dans sa longueur totale; sa mâchoire supérieure est lisse, sans

granulations ni pointes à l'angle, et son bord est si finement crénelé, que l'on peut le regarder comme entier. Les crénelures de la mâchoire inférieure sont plus marquées, et la surface est granulée par les vestiges des dents; sa caudale est coupée carrément; les arbuscules de sa ligne latérale n'ont qu'une tige courte et cachée, et trois ou quatre branches longues et droites, qui n'en ont que fort peu de petites.

Selon M. Pley, sa couleur est vert d'eau, et il a les ventrales et la caudale rougeâtres. A l'état sec il paraît d'un gris verdâtre, avec des teintes brunâtres, des pectorales et des ventrales jaunâtres. On aperçoit sur sa caudale des restes de petites taches brunâtres, qui y forment des espèces de bandes peu régulières.

L'espèce de Parra, pl. 28, fig. 3 (*scarus chloris*, Bl. Schn.) est verte et a toutes les nageoires rougeâtres, excepté les bords supérieur et inférieur de la caudale, qui sont verts. L'auteur semble lui attribuer des granulations aux deux mâchoires, par opposition à celui de sa fig. 4 (*sc. flavescens*, Bl. Schn.), auquel il n'en donne qu'à l'inférieure.

Le Scare rameux.

(*Scarus frondosus*, nob.)

Un scare rapporté du Brésil par Lalande et que nous appellerons *sc. frondosus*, a beaucoup de rapports avec le vert d'eau; par ses mâchoires, qui sont semblables, c'est-à-dire sans épines latérales;

la supérieure lisse et à crénelures du bord presque insensibles, l'inférieure à crénelures plus marquées et têtes de dents plus sensibles sur sa surface; mais il en diffère par sa caudale un peu taillée en croissant, et surtout par les arbuscules de sa ligne latérale, qui ont la tige cachée et six, sept et jusqu'à huit branches, la plupart indivises et étalées en éventail sur toute l'écaille. Son profil descend peu. Il n'a pas de petites taches sur sa caudale; du reste, nous ne savons pas quelle est sa couleur. Sec, comme nous l'avons, il paraît d'un gris verdâtre avec des nuances brunâtres, qui paraissent avoir formé sur chaque écaille une tache ou bande transverse; ses pectorales et ses ventrales semblent avoir été jaunâtres.

A l'état frais, dont nous pouvons juger par une esquisse que nous a donnée feu M. Choris, nous voyons que le dos est violet, que ce ton passe au jaunâtre argenté sur le flanc, et devenant rosé sous le ventre. Chaque écaille a une grosse tache rose. La gorge est jaune, les pectorales olivâtres, les autres nageoires sont rouge plus ou moins lavé de violet. L'œil a son iris rouge entouré d'un large cercle jaune doré.

Nos individus sont longs de sept et de huit pouces. Nous avons fait le squelette de cette espèce.

Outre ce que l'on voit à l'extérieur et ce que nous avons dit des mâchoires et des os pharyngiens, l'on peut ajouter les observations suivantes : la crête mitoyenne du crâne est en triangle médiocrement élevé; les latérales sont basses, mais toutes comprimées et tranchantes.

L'épine a vingt-cinq vertèbres comprimées et à deux fossettes de chaque côté; les dix premières appartiennent à l'abdomen, et ont, à compter de la troisième, des apophyses transverses descendantes, et assez longues pour porter des côtes. A compter de la sixième, la base de ces apophyses est réunie par une traverse et forme l'anneau pour les vaisseaux. Leur partie unie s'alonge par degrés, et chaque paire prend ainsi une forme fourchue. La dixième est encore fourchue, et donne de son milieu un filet qui fait le commencement de la queue; mais toutes les suivantes terminent leur anneau en dessous en un simple filet ou apophyse épineuse.

Les scares sont du petit nombre des poissons où les interosseux répondent pour le nombre aux apophyses épineuses, à la série desquelles ils s'attachent. Ceux de la dorsale ont des lames minces, larges d'avant en arrière, et dont les crêtes latérales sont peu saillantes; ceux de l'anale, au contraire, ne sont que de simples filets. La vertèbre caudale est, comme à l'ordinaire, en éventail vertical; elle est profondément divisée dans son milieu, et les intervalles entre elle et les apophyses transverses des deux vertèbres qui la précèdent sont remplis par des lames osseuses.

L'échancrure du cubital est très-grande; le radial n'a qu'un trou ovale médiocre; les os du carpe, surtout les trois inférieurs, sont assez alongés; les coracoïdiens sont minces et élargis. Les os du bassin forment un triangle trois fois plus long que large.

Le SCARE A MACHOIRE RAYONNÉE.

(*Scarus radians*, nob.)

Les mâchoires de cette espèce ont du rapport avec celles du scare à nageoires dorées,

mais les dents aiguës de la supérieure y sont disposées plus régulièrement, quatre de chaque côté, qui en occupent tout le pourtour et se dirigent horizontalement et en rayonnant; le bord de cette même mâchoire est divisé en une vingtaine de petites crénelures rondes; l'inférieure est également crénelée, mais la surface est comme pavée par la saillie des têtes de dents qui y sont en quinconce.

La hauteur aux pectorales surpasse la longueur de sa tête et fait le tiers de sa longueur totale; son profil descend obliquement et par une ligne légèrement convexe; sa caudale est coupée carrément; les arbuscules de sa ligne latérale ont les tiges cachées et trois branches très-peu rameuses, qui vont en s'écartant sur presque toute l'écaille; les épines de sa dorsale sont fortes et poignantes. Par un hasard singulier, le premier individu de cette espèce que nous ayons vu, s'était trouvé dans l'estomac d'un chironecte; mais il en a depuis été rapporté un plus entier du Brésil par M. Delalande. Il est dans la liqueur, et paraît d'un brun verdâtre ou bleuâtre foncé, avec des lignes de reflets plus foncées qui suivent les rangées d'écailles.

D'après une figure que nous avons vue dans la collection peinte au Mexique, par M. Mocigno, nous croyons que sa couleur naturelle est verte.

Les côtes atlantiques de l'Amérique nous ont donc fourni jusqu'à vingt-trois ou vingt-quatre espèces de scares : la mer Rouge, l'archipel des Indes et les îles de la mer du Sud en ont encore un plus grand nombre, ainsi que l'on va le voir; mais, comme il est ordinaire pour les poissons de la zone torride, ce sont des espèces différentes de celles de la mer Atlantique.

Nous prendrons d'abord celles dont la caudale est coupée carrément et qui se lient aux dernières d'Amérique, dont nous venons de donner les descriptions.

Le SCARE A MACHOIRES HÉRISSÉES.

(*Scarus muricatus*, nob.)

Nous commencerons par une espèce qui surpasse même pour la grandeur le grand scare à mâchoires bleues d'Amérique, et qui se fait remarquer en outre parce que les têtes de dents qui pavent la surface de ses mâchoires conservent chacune un petit tubercule, qui ne s'use que lorsque ces dents sont fort rapprochées du bord, en sorte qu'une grande partie de cette surface est hérissée de petits tubercules disposés régulièrement en quinconce.

MM. Kuhl et Van Hasselt ont envoyé de Java au Musée royal des Pays-Bas un de ces grands scares, long de quarante pouces.

Ils ont donné à l'espèce le nom de *gibbosus,* parce qu'elle a une proéminence au-dessus des yeux, moins considérable cependant et surtout moins avancée que celle du *scarus cœruleus*.

Je l'ai dessinée à Leyde, et voici la description que j'en ai faite.

Sa hauteur est trois fois et quelque chose dans sa longueur; sa tête est un peu moins longue que le corps n'est haut, et d'un quart moins haute que longue; son œil est petit et au quart supérieur de la hauteur de la tête; sa caudale est coupée carrément; les arbuscules de sa ligne latérale ont chacun quatre ou cinq branches peu rameuses. Tout son corps est vert; ses mâchoires sont blanches.

Nous avons au cabinet d'anatomie du Muséum une mâchoire supérieure que nous jugeons de cette espèce. Les bords en sont divisés en crénelures rondes, dont chacune est une dent. Le nombre des rangées transversales de têtes de dents est dans le milieu de quinze. Les quatre premières rangées seulement n'ont plus de tubercules, parce qu'elles les ont perdues par la détrition.

Le SCARE STRIÉ.

(*Scarus striatus*, nob.; *Scarus cretensis*, Bl. 220.[1])

Nous croyons que c'est ici la place du poisson que Bloch a donné comme le *scarus cretensis* (pl. 220), et qui est certainement d'une espèce distincte. La caudale taillée en croissant, la bosse du chanfrein, la longueur des pectorales, la ciselure des écailles par les stries parallèles, dont nous tirons le nom spécifique de cette espèce, ne peuvent laisser aucun doute à cet égard.

La hauteur fait le tiers de la longueur totale; la tête est plus courte que cette hauteur. Le profil, concave au-devant des yeux,

---

1. NB. Que dans le Système posthume il a cité, par faute d'impression, pl. 228, et que cette faute a été copiée par plusieurs auteurs.

se relève en bosse; au-dessus il y a deux canines dans l'angle de la mâchoire supérieure, une à celui de l'inférieure, et le bord des mâchoires est denticulé.

La dorsale a ses rayons antérieurs flexibles; la pectorale est longue, elle est comprise quatre fois et demie dans sa longueur totale; la caudale est rehaussée.

La ligne latérale est rameuse, ses arbuscules ressemblent assez à ceux de l'espèce précédente; ses écailles sont larges et striées longitudinalement.

Les nombres sont:

D. 9/10; A. 3/8; C. 17; P. 16; V. 1/5.

Tels sont les principaux caractères de ce poisson, que j'ai vu à Berlin conservé dans l'eau-de-vie et entièrement décoloré.

Il est impossible de douter que le poisson ne venait pas des Indes; car il dit : «j'ai reçu le mien d'un encan hollandais, dont le catalogue lui donne les Indes pour patrie, sous le nom de *kakatoe visch*. » Cependant Bloch, s'étant mépris sur l'identité spécifique avec le poisson d'Aldrovande, a tout brouillé. Il est inutile de relever encore ici les autres inexactitudes de synonymie, de raisonnement et de défaut de critique de l'ichthyologiste allemand; mais on doit le blâmer plus fortement de l'inexactitude de sa description.

J'ai sous les yeux un très bon et très fidèle dessin du poisson de Berlin; je le dois à la complaisance de M. Lichtenstein : or, les neuf premiers rayons de la dorsale y sont nettement représentés simples, souples et flexibles. Bloch non-seulement prétend dans le texte que tous les rayons de la dorsale sont mous, mais il les a fait représenter branchus sur sa planche. Je ne doute pas que les nombres des rayons de la membrane branchiostège ne soit inexact. Il marque deux dents à la mâchoire inférieure, je n'en vois qu'une sur le dessin que M. Lichtenstein m'a fait faire. La pectorale est tout-à-fait inexacte pour le contour et la forme; il en est de même du profil général : c'est en un mot une des plus mauvaises figures de l'Ichthyologie de Bloch.

Le SCARE AUX POINTES ROUGES.

(*Scarus rubro-notatus*, Ehrenb.)

M. Ehrenberg a rapporté du golfe d'Araba, sur la mer Rouge, un scare qui ressemble beaucoup à ce *scarus muricatus*, s'il n'est le même; il a des arbuscules semblables à sa ligne latérale, et offre les mêmes proportions, sauf un peu plus d'alongement.

M. Ehrenberg le décrit comme d'un brun verdâtre, avec des points rouges sur les écailles; la tête rougeâtre; des pectorales d'un jaune rougeâtre; les ventrales jaunâtres; la dorsale et l'anale variées de noir et de pourpre; la caudale à points pourpres.

Son individu est long de onze pouces.

Le SCARE VEINÉ.

(*Scarus venosus*, nob.)

Cette espèce vient de l'île de Bourbon, d'où elle a été rapportée par M. Leschenault. Ses formes sont très-semblables à celles du scare d'Amérique à bandes rouges et blanches.

Sa hauteur est trois fois et demie dans sa longueur; sa tête est aussi longue que son corps est haut au milieu, mais elle-même a un tiers de moins en hauteur qu'en longueur. La ligne de son profil descend doucement et celle de sa gorge monte de même.

Il a les mâchoires tranchantes sans dentelures sensibles, à surface
lisse, marquée de petits points blancs, très-serrés, pour toutes traces
de dents. Une petite épine pointue se voit à l'angle de la supérieure
dans un individu et manque dans un autre. Sa caudale est coupée
carrément; ses écailles sont finement striées; les arbuscules de sa
ligne latérale n'ont que des tiges simples à deux ou trois pousses
latérales courtes.

Dans la liqueur, au premier coup d'œil, il paraît tout d'un brun
noirâtre, mais la partie cachée de ses écailles est veinée de brun
sur un fond blanchâtre.

Les individus sont longs de cinq pouces.

Le Scare noiratre.

(*Scarus nigricans*, Ehrenb.)

M. Ehrenberg a recueilli dans la mer Rouge une espèce
très-semblable au *scare veiné* pour les formes. Il la nomme
scarus nigricans.

Sa couleur est d'un brun noirâtre, tirant sur l'olivâtre; il a l'abdomen blanchâtre, la caudale violette; la lèvre supérieure bordée
de couleur de chair; l'inférieure de violet avec une tache couleur
de chair au milieu, couleur qui s'étend aussi sous la mâchoire
inférieure; ses pectorales sont jaunes, ses ventrales couleur de
chair, sa dorsale bleuâtre, avec deux lignes couleur de chair;
son anale a deux lignes semblables sur un fond transparent.

Sa caudale est fort courte, tronquée ou même un peu arrondie;
les arbuscules de sa ligne latérale sont peu branchus. Nous n'avons
pas de détails sur ses mâchoires.

L'individu est long de sept pouces.

Le Scare de Vaigiou.

(*Scarus Vaigiensis*, nob.)

Jolie petite espèce due à MM. Quoy et Gaimard, qui
l'ont rapportée des îles de Vaigiou et de Rawak, et l'ont

décrite dans la partie zoologique du Voyage de Freycinet,
p. 288.

Ses formes sont encore un peu plus alongées que dans le veiné.
Sa hauteur est quatre fois et demie dans sa longueur; ses mâchoires
sont finement crénelées, lisses, sans pointe à l'angle; ses écailles
sont également lisses; les arbuscules de sa ligne latérale ont la
plupart trois branches écartées et simples ou à peu près; sa caudale
est un peu arrondie.

Il paraît tout entier d'un gris jaunâtre, avec une tache d'un brun
roussâtre sur chaque écaille; ses nageoires verticales sont verdâtres
et ont des points bruns sur les rayons. Il y a un trait brun sur la
base de la pectorale, qui est grise, ainsi que la ventrale.

La longueur n'est que de trois pouces et demi.

Le SCARE HERTIT.

(*Scarus hertit*, Ehrenb.)

Parmi les poissons de la mer Rouge, décrits et dessinés
par M. Ehrenberg, il s'en trouve un qui a aussi le corps
tacheté, et qui ressemble encore au précédent

par sa forme oblongue; sa hauteur est trois fois et demie dans sa
longueur; sa caudale est coupée carrément; sa tête et son dos
sont fauves, avec trois bandes verticales un peu plus foncées; les
flancs sont d'un fauve plus pâle que le dos, et le ventre, en avant
de l'anale, est un peu rougeâtre. Il y a à la bouche des lignes d'un
bleu clair, semblables à celles du *scarus Blochii*, savoir : une autour
de la lèvre supérieure, deux autour de l'inférieure, une de celles-ci
allant de la bouche vers l'œil. Il s'en trouve aussi de petites qui
rayonnent autour de l'œil. Sur chacune des écailles des opercules
et du corps est une tache bleue ou verte; plus elles sont en arrière,
plus elles tirent au vert. La dorsale et l'anale sont orangées, avec
une ligne verte sur leur base et une sur leur bord. La caudale
est aussi orangée et a ses lignes vertes aux bords supérieur et in-

férieur; la pectorale est pâle, son bord supérieur est vert; les nageoires sont verdâtres.

M. Ehrenberg a entendu nommer ce poisson à Lohaïa *hertit.*

Son individu est long de cinq pouces et demi. Nous en avons observé d'un peu plus longs, parmi les poissons pris à Suez par M. Bové, et à Djedda par M. Botta.

Le SCARE GHOBBAN.

(*Scarus ghobban,* Forsk.)

Le *ghobban* de Forskal doit avoir eu d'assez grands rapports avec le hertit.

Ses mâchoires sont crénelées, sans pointes latérales; les lèvres bordées de jaune, vertes à leur base; des lignes d'un vert bleuâtre règnent au-dessus et au-dessous des yeux. Il y en a une courte derrière l'œil, une au bord postérieur du préopercule, une en travers sur le vertex, et une également en travers sous la gorge. Son corps est blanchâtre et a une petite ligne bleue sur chaque écaille, et une brune à sa base, avec des stries longitudinales étroites, ce qui le fait paraître tout tacheté. Les pectorales, transparentes, ont le bord supérieur vert; les autres nageoires, d'un violet roussâtre, ont les bords extérieurs verts. La dorsale et l'anale ont aussi une ligne verte sur leur base; la caudale est tronquée carrément et verdâtre vers son extrémité.

Forskal lui refuse aussi des épines, mais par une méprise semblable à celle qui a eu lieu pour d'autres espèces. M. Ruppel[1] a aussi un *scarus ghobban* dont il n'a pas donné de figure, mais qu'il dit

---

1. Ruppel, *Atl. zu der Reise im nördl. Afr.*, p. 78.

d'un jaune blanchâtre, avec des taches bleues sur les écailles. La caudale est égale et jaunâtre, et le milieu a une lunule bleue.

On voit qu'il est voisin de notre *sc. harid*, M. Ruppel l'a pris à Massuah, où il l'a entendu nommer *durrat-el-bahherr*.

Le SCARE LÉZARD.

(*Scarus lacerta*, nob.)

Le plus petit des scares que nous possédions vient de Pondichéry, où il est connu des indigènes sous le nom de *pally-mine,* qui signifie poisson lézard.

Il ne passe pas trois ou quatre pouces.

Sa longueur comprend trois fois et demie sa hauteur, laquelle égale à peu près la longueur de sa tête. Ses mâchoires sont tranchantes, lisses, sans dentelures sensibles, sans épines angulaires; sa caudale est coupée carrément : ses écailles ne montrent leur pointillé qu'à la loupe; il n'y a à sa ligne latérale que des tiges sans rameaux ni autres divisions; les aiguillons de sa dorsale sont flexibles. Sa couleur paraît d'un gris jaunâtre, plus pâle sous le ventre.

On aperçoit des points brunâtres sur les rayons de sa dorsale.

Selon M. Leschenault, qui nous l'a envoyé, sa couleur est à peu près la même à l'état frais. On le mange.

Le SCARE OREILLARD.

(*Scarus auritus*, K. et V. H.)

MM. Kuhl et Van Hasselt ont nommé *scarus auritus* un scare de Java,

à queue tronquée ou même un peu arrondie; à profil très-droit; à mâchoires finement crénelées, sans épines latérales, teintes en vert ou en bleu; ses arbuscules sont assez branchus. La ligne de

14. 21

son abdomen est beaucoup plus convexe que celle de son dos. Sa hauteur au milieu prend près du tiers de sa longueur; la longueur de sa tête n'en fait guère que le quart, et elle est d'un tiers moins haute que longue.

Le nom d'*auritus* vient de ce que l'angle de son opercule, quoique obtus, est plus saillant en arrière que dans la plupart des autres. Les épines de sa dorsale sont flexibles; sa couleur dans la liqueur paraît d'un vert noirâtre mêlé de jaune. Sur le corps sont des taches éparses d'un beau blanc mat, et sous la lèvre inférieure un ruban de la même couleur. Sa dorsale est tachetée de noir et sa base tout du long d'un beau blanc de lait. L'anale est rayée de brun; la caudale verdâtre, faiblement rayée et plus faiblement encore ocellée de gris; les pectorales petites, arrondies et noirâtres; les ventrales jaunâtres avec deux taches rousses.

L'individu est long de huit pouces.

Le SCARE DE BLOCH.

(*Scarus Blochii*, nob.)

Nous donnerons à cette espèce le nom de Bloch, quoiqu'il le mérite peu; car son *scare vert* (pl. 222), à la place duquel nous mettons celui-ci, repose sur une confusion qu'il a faite d'individus venus ensemble de l'archipel des Indes, mais qui appartenaient à plusieurs espèces différentes. Sa figure même, quoique prise principalement de l'une d'elles, a quelques traits empruntés des autres, et nous en trouvons la preuve dans les pièces qui lui ont servi d'original; aussi suppose-t-il dans sa description que ce scare varie par le nombre des dents latérales, et par la disposition des bandes sur les nageoires; supposition qui n'est fondée que sur ce mélange. D'ailleurs, l'épithète de *vert* qu'il donne à cette espèce factice, ne lui convient pas plus qu'à beaucoup d'autres. Nous restreignons donc le nom de *scare de Bloch* à une espèce dont la mâchoire supérieure n'a de chaque côté qu'une dent saillante, dont la caudale est coupée carrément, dont la ligne latérale n'est presque pas rameuse, dont la dorsale, l'anale et la caudale ont les bords supérieur et inférieur verts, ou plutôt bleus.

Nous la décrivons sur le sec d'après un des individus de Bloch, et probablement celui qui a servi d'original principal à sa planche 222.

Sa hauteur est trois fois et un cinquième dans sa longueur; sa tête y est près de trois fois et demie. Il a vingt et une ou vingt-deux écailles sur une ligne longitudinale, huit ou neuf sur une verticale, toutes à bord mince et comme déchiré, à surface marquée de lignes très-fines, longitudinales, peu régulières. L'intervalle des yeux et le museau n'en ont point. Ses mâchoires sont bombées, à surface lisse, à bord marqué de chaque côté, en haut de dix ou onze, en bas de sept ou huit crénelures rondes; au côté de sa mâchoire supérieure est une dent ou épine conique, aiguë, forte, dirigée un peu en arrière. Sa caudale est coupée carrément; les arbuscules de sa ligne latérale ont un tronc simple, terminé par quelques branches courtes.

D. 9/10; A. 2/8.

Sa couleur (dans le sec) paraît jaunâtre, teinté d'olivâtre vers le dos. Les trois rangées supérieures d'écailles sont bordées de vert. Cette bordure s'affaiblit sur la quatrième et disparaît sur les autres. Sur le milieu de chaque rangée longitudinale d'écailles règne une bande étroite, plus grise que le fond. Autour de la lèvre supérieure est une ligne verte, qui à la commissure se recourbe vers la mâchoire inférieure et se termine à son angle, mais donne une autre branche, qui entoure la lèvre en dessous. De la ligne supérieure, à l'endroit où elle se recourbe, en part une autre, qui passe sous l'œil et traverse l'opercule jusqu'à son angle; de là elle descend en suivant le bord de l'opercule, et se perd sur le sous-opercule. On en voit aussi des traces d'une sur le bord montant du préopercule, et il y en a une en avant du bord supérieur de l'orbite, qui se termine vers les narines. Les lignes ne sont pas assez tranchées dans la figure de Bloch, toutes les nageoires sont jaunes.

La dorsale a le bord vert et une ligne verte le long de sa base; l'anale en a d'exactement semblables. Le bord supérieur et l'inférieur de la caudale, le supérieur de la pectorale et l'externe de la ventrale sont verts.

L'individu est long de onze pouces.

Bloch avait acheté ce poisson et les autres qu'il a confondus avec lui, de ses marchands hollandais, et mêlant toujours dans la géographie qui lui est propre, Java avec le Japon, et le malais avec le japonais, il dit qu'on l'appelle au Japon *kakatoe joe :* c'est évidemment un nom malais.

D'après d'autres espèces, que le dessèchement change de bleu en vert, il est très-possible que les traits verts de la tête et des nageoires aient été bleus dans le frais.

Le SCARE A BANDES.

(*Scarus fasciatus,* nob.)

Un autre scare, étiqueté aussi par Bloch *scarus viridis,*. est très-différent de celui qui a servi de base à sa planche, et que nous avons décrit ci-dessus.

Ses mâchoires ont les bords tranchans et les crénelures si fines, qu'à peine on les distingue; la supérieure a deux petites dents coniques de chaque côté, un peu écartées l'une de l'autre; l'inférieure en a aussi deux, mais plus petites et rapprochées. Les écailles ont leur bord entier, et les arbuscules de la ligne latérale ont le tronc simple et sans branches. Le fond de sa couleur (à l'état sec) paraît jaunâtre, avec sept bandes longitudinales d'un gris verdâtre, suivant le milieu des rangées d'écailles. Chaque écaille a une ligne verte près de son bord et une près de sa base, ce qui forme une espèce de réseau. La lèvre supérieure a deux lignes vertes, et le tour de l'œil, ainsi que le museau et le dessous de la mâchoire inférieure, ont des traits verts irréguliers, ou ce qu'on appelle des rivules. La dorsale et l'anale ont chacune, outre la ligne verte de leur base et de leur bord, une troisième ligne, placée entre les deux autres et régnant sur toute sa longueur. La caudale a des teintes vertes entre ses rayons; le bord vert de la ventrale est plus marqué que celui de la pectorale, qui se remarque à peine; mais il y a du vert sur sa base.

D. 9/10; A. 2/8, etc.

L'individu est long de dix pouces.

On ne doit pas douter qu'il ne vienne des Moluques comme le scare de Bloch.

Le Scare rivulé.

(*Scarus rivulatus*, nob.)

Cette espèce, envoyée de Java au Musée royal des Pays-Bas par MM. Kuhl et Van Hasselt, ressemble assez à ce *fasciatus* par la disposition de ses couleurs au museau et par le nombre des épines de ses mâchoires; mais elle en diffère à d'autres égards.

La longueur de sa tête est trois fois et deux tiers dans sa longueur totale, et sa hauteur au milieu y est trois fois et demie. Ses mâchoires sont tranchantes, à crénelures peu marquées, à surface lisse, marquée de points blancs; la supérieure a à l'angle deux pointes coniques, placées l'une derrière l'autre, et l'inférieure en a deux aussi, mais placées l'une au-dessus de l'autre, et de manière à répondre, quand la bouche se ferme, à l'intervalle de celles d'en haut. Sa caudale est coupée carrément, ses écailles striées et granulées, mais très-peu profondément; les arbuscules de sa ligne latérale n'ont que peu de branches irrégulières.

Conservé dans la liqueur, sa teinte générale paraît d'un gris roussâtre. On voit sur son museau des lignes irrégulièrement courbées, branchues, anastomosées, ce que l'on appelle rivulations; elles sont

jaunes et bordées d'un liséré violet fort étroit. Il y en a de semblables sur le haut et sur le bas de la caudale, qui de plus a des
bandes longitudinales jaunes dans les intervalles de ses rayons. La
dorsale en a aussi, mais moins compliquées et formant plutôt une
bande le long de sa base et une près de son bord, parallèlement
auquel règne une ligne étroite et violette; il y a une tache jaune à
la base de chaque intervalle de rayons; l'anale a aussi ces taches
et la ligne violette parallèle au bord. La pectorale a le fond jaune,
les rayons violets et une teinte violette à sa base; les ventrales sont
jaunâtres. Je ne vois sur le corps d'autres marques qu'une ligne
violâtre, parallèle au bord de chaque écaille.

Mais, nous le répétons, on ne doit prendre cette description que comme l'indication du dessin, et non comme
celle des vraies teintes de l'animal.

Notre individu est long de neuf pouces.

Le Scare a nuque ponctuée.

(Scarus nuchipunctatus, nob.)

Nous possédons maintenant une espèce dont les angles
de la caudale forment des pointes plus ou moins saillantes.

Le Cabinet du Roi en possède une, venue anciennement
de la mer des Indes, et qui a beaucoup de rapports avec
le *scare vert* de Bloch.

Cependant ses écailles sont un peu rudes; les dentelures des
bords de ses mâchoires ne sont presque pas apparentes, leur
surface est lisse et il y a deux fortes pointes à l'angle de la supérieure; les arbuscules de sa ligne latérale ont très-peu de branches.

A l'état sec il paraît brun foncé. Sa lèvre supérieure est pâle
et a une ligne verte, qui entoure aussi l'inférieure, où il y en a
une seconde, plus en arrière. De l'angle part une bride qui se
rend sous l'œil, mais pas plus loin. Sur la tempe est une série de
quatre points verts, qui se termine par un trait plus alongé sur

l'écaille surscapulaire. La dorsale et l'anale sont d'un brun noir, un peu pourpre, et ont vers le bord une ligne d'un vert foncé suivi d'un liséré vert jaunâtre. La caudale a les pointes de ses angles courtes et obtuses; elle est brune comme le corps, et a le bord supérieur et l'inférieur verts; les pectorales et les ventrales sont brunes, et je ne vois pas de vert à leurs bords.

D. 9/10; A. 2/8, etc.

Ses mâchoires sont teintes en vert.

Il faut, au reste, toujours se souvenir que ce qui paraît vert dans le poisson sec, a pu être bleu dans le frais.

La longueur de l'individu est de onze pouces et demi.

Il venait des Indes hollandaises, et était étiqueté *caca-toua;* mais c'est un nom générique.

Le SCARE PERROQUET.
(*Scarus psittacus*, Forsk.)

Ce poisson doit bien peu différer du *scare perroquet* (*scarus psittacus* de Forskal), qui, selon cet observateur,

a la ligne de l'abdomen plus convexe que celle du dos, les mâchoires crénelées, trois épines de chaque côté à la supérieure, une à l'inférieure, les angles de la queue un peu saillans, les écailles striées, les arbuscules de la ligne latérale ramifiés, le corps verdâtre, avec des lignes jaunâtres, des caractères bleus à la tête, le tour des lèvres bleu; une ligne de la même couleur allant de la lèvre supérieure sous l'œil, une en travers sous la lèvre inférieure, une longitudinale sous le milieu de la tête et une au bord inférieur de l'opercule. Toutes ses nageoires sont pourpres, bordées de bleu, les pectorales seulement au bord supérieur; la caudale est tachetée de bleu; ses épines dorsales sont grêles et flexibles, ses yeux petits et écartés.

On le nomme en arabe *durrat-el-barr;* ce qui signifie *perroquet de terre* ou *perle de terre.*

Ce nom est celui que M. Ruppel (*loc. cit.*) attribue au *sc. ghobban*. Cet auteur donne, pl. 20, fig. 1, une figure du *sc. psittacus*, qui a des couleurs distribuées à très-peu près comme le *sc. harid*, avec lequel les pêcheurs de Djedda le confondent; mais il a des rayures au bord des yeux, qui manquent à celui-ci, et il n'en a pas les brides mentonnières.

Le Scare bridé.

(*Scarus frœnatus*, Lacép.)

Commerson a laissé le dessin, sans description ni étiquette, d'un scare qui paraît avoir eu de grands rapports, dans la distribution de ses couleurs, avec le *scarus viridis* de Bloch, et c'est sur ce dessin que M. de Lacépède a établi son espèce du *scare bridé*. Il l'a fait graver t. IV, pl. 1, fig. 2.

Sa différence la plus apparente consiste dans les angles de sa caudale, formant des pointes aiguës aussi longues que le corps même de la nageoire. Le dessin étant au crayon, on ne peut pas juger de la couleur, mais on voit que la dorsale et l'anale ont, comme dans le vert, leur base et leur bord, la caudale ses bords supérieur et inférieur, et la pectorale le bord supérieur, plus obscurs que le fond, et qu'il y a une bande verte à la lèvre supérieure, qui se prolonge sous l'œil jusqu'à l'angle de l'opercule, et deux lignes autour de sa lèvre inférieure; le bord des mâchoires paraît n'avoir eu que de très-fines crénelures, et il semble qu'il y ait eu une dent vers l'angle, mais assez petite[1]. La partie postérieure du corps paraît avoir été plus pâle que le reste.

---

1. Les détails ont disparu dans la gravure.

Le SCARE CATAU-BLEUE.

(*Scarus capitaneus*, nob.)

Les rochers de l'Isle-de-France nourrissent parmi leurs coraux un scare que les colons de cette île nomment *la catau-bleue,* et que Commerson y a décrit et fait dessiner en 1770; qu'il en avait même rapporté à l'état sec. Tout annonce que c'est précisément l'espèce que Renard a représentée planche 20, figure 112, sous le nom de *cacatoe-capitano* ou *poisson perroquet.* Vlaming, d'où cette figure est tirée, n.° 124, dit que l'original fut pris, le 20 Octobre 1692, à l'île de Tabak, qui est à trois milles seulement de l'Isle-de-France, et son enluminure s'accorde bien avec la description de Commerson.

M. de Lacépède a trouvé moyen de faire trois espèces avec les matériaux fournis par Commerson. Le poisson même est devenu son *scare ennéacanthe* (IV, p. 2 et 6). Le dessin a produit son *scare denticulé* (p. 3 et 12, et pl. 1.re, fig. 1.re), et il a rapporté la description au *scarus niger* de Forskal, qu'il nomme *scare chadri,* p. 2 et 11.

Desséché, comme nous l'avons, cette espèce paraît grosse et courte. Sa hauteur n'est pas tout-à-fait trois fois dans sa longueur; ses écailles sont grandes et paraissent très-lisses; ce n'est qu'en y regardant de près que l'on voit qu'elles ont une large bande de leur disque marquée de stries si fines et si serrées qu'à quelques pouces de distance elles disparaissent pour l'œil. Les arbuscules de la ligne latérale ont une longue tige et quelques branches courtes; ses mâchoires sont bombées et lisses, si ce n'est vers le bord, où il reste des traces de deux ou trois rangs d'anciennes dents; le bord même a de chaque côté et à chaque mâchoire environ quinze dentelures rondes; à l'angle de la mâchoire supérieure, il y a dans notre individu une petite dent conique; mais il paraît qu'il

14.   22

y a des variétés à cet égard, le dessin de Commerson en marque
trois petites, qui ne paraissent pas dans la gravure de Lacépède.
Sa dorsale est peu élevée dans la partie antérieure; les points des
angles de sa caudale n'ont pas tout-à-fait le tiers du reste de la
nageoire.

Dans l'état sec ce poisson paraît verdâtre, le tour des lèvres et
les bords des écailles du dos sont d'un vert plus prononcé. La dorsale et l'anale sont d'un vert foncé bordé de vert plus clair; les
autres nageoires sont d'un vert jaunâtre et ont les bords extérieurs
ou supérieurs d'un vert plus prononcé.

Dans l'état frais, d'après la description de Commerson,
il n'est pas vert, mais bleu.

On lui voit quelques points et quelques traits pourpres peu
marqués sur le museau et les opercules; l'œil est entouré d'un
cercle pourpre; les nageoires tirent au violet et n'ont que leurs bords
d'un bleu pur.

La figure de Vlaming, passablement copiée dans Renard,
est enluminée d'un bleu verdâtre, et a les taches des joues
et des opercules et le tour de l'œil pourpres.

L'individu de Commerson était long de seize pouces,
et pesait trois livres.

Cet observateur nous dit que l'espèce se nourrit, comme
ses congénères, en rongeant les coraux, et qu'en conséquence on ne l'estime point à l'Isle-de-France, qu'on l'y
tient même pour suspecte. Nous venons d'en recevoir de
beaux individus dans les collections rapportées en France
par M. J. Desjardins et dans celles de M. Lamarre-Piquot,
où l'un de ceux-ci a deux pieds quatre pouces de long.
Ils ont conservé une belle teinte verte surtout sur les
mâchoires et sur la gorge.

Le SCARE BLEUATRE.

(*Scarus cærulescens*, Ehrenb.)

M. Ehrenberg a décrit et dessiné dans la mer Rouge un scare qu'il nomme *scarus cærulescens*, et qui nous paraît au moins très-voisin du précédent.

Il est d'un bleu verdâtre, avec une teinte de brun sur la tête et sur le dos. Son front, ses joues, sa mâchoire inférieure sont verts; sa lèvre supérieure est de couleur de chair; sa dorsale et sa caudale sont d'un pourpre noirâtre; la première est bordée et tachetée de vert, la seconde a en dessus et en dessous un large bord vert; l'anale est verte, avec une bande d'un pourpre noir au milieu; la pectorale d'un vert bleuâtre; la ventrale violette, bordée de vert en dehors, les dents bleues. La figure marque trois petites pointes à l'angle de la mâchoire supérieure et ne donne à la caudale que des pointes obtuses et très-courtes.

La longueur de l'individu est de neuf pouces.

Nous en avons un de cette espèce qui nous a été donné par M. Ruppel, qui le regardait comme le *sc. ferrugineus* de Forskal; mais nous ne pensons pas que cette détermination soit juste, le poisson de Forskal est certes plus voisin de notre *sc. scaber*.

Le SCARE BOSSU.

(*Scarus gibbus*, Ruppel.)

Je crois que l'on peut aussi placer auprès de cette *cataubleue* une espèce prise dans la mer Rouge par M. Ehrenberg et qu'il nomme *scarus viridis*, et que nous retrouvons dans l'ouvrage de M. Ruppel, pl. 20, fig. 2.

Ses proportions sont de même courtes et ramassées; les pointes de sa caudale médiocres; les arbuscules de sa ligne latérale peu branchus; mais sa figure lui donne au-devant des yeux une saillie dont je ne vois point l'analogue dans celle de Commerson.

Son corps est vert, teint de brun vers le dos. Chaque écaille du dos a en avant un trait rouge; les lèvres, le menton et la gorge sont bleuâtres. Il y a de l'orangé à l'angle de la bouche, sur une ligne en travers de la mâchoire inférieure, et sur une autre le long de la membrane branchiostège; une ligne de points bleus se voit au-devant de l'anus. La dorsale et l'anale sont rouges, bordées de bleu et tachetées de vert; la caudale violette, bordée de vert; les pectorales d'un vert brun; les ventrales rougeâtres, bordées de bleu; les mâchoires verdâtres.

M. Ruppel le peint violet foncé, avec les pectorales, les ventrales, la caudale et le dessous de la gorge vert de cuivre; la dorsale et l'anale, rousses, ont le bord bleu, et une bande verte.

L'individu est long de huit pouces et demi; mais M. Ruppel en a pris à Mohila de dix-huit pouces.

L'espèce est rare.

Le Scare noir.

(*Scarus niger*, Forsk.)

Le *scare noir* ou *chadri* de Forskal est décrit comme de forme ovale,

de couleur brun noirâtre, à lèvres bordées de rouge, une bande d'un brun vert à l'inférieure, suivie d'une autre, rouge; un ruban longitudinal vert foncé sous la gorge; des lignes d'un brun-vert derrière les yeux et vers le bord inférieur du préopercule; ses pectorales sont brun fauve et brunes à leur base; les autres nageoires sont d'un brun violet, bordées de vert bleuâtre; ses mâchoires sont crénelées, et la supérieure a deux pointes de chaque côté. Les angles de la caudale sont proéminens en lancette obtuse.

Forskal ne lui donne pas d'épines à la dorsale; mais c'est une erreur aisée à commettre, à cause de la faiblesse dés sommets des rayons épineux, et je le retrouve dans les collections de M. Botta et dans celles de M. Bové. M. Ruppel en a donné une figure dans ses *Neue Wirbelthiere,* pl. 8, fig. 1. Le poisson noir a des brides et des traits rouillés autour des lèvres et des yeux; les pectorales, la dorsale, l'anale sont de cette teinte; celles-ci, la caudale et les ventrales sont striées de bleu pâle.

M. Ruppel l'a pris à Djedda.

Le SCARE MENTONNIER.

(*Scarus mentalis,* Ehrenb.)

Nous croyons encore pouvoir placer ici un scare du golfe d'Accaba, appelé *scarus mentalis* par M. Ehrenberg.

Il est assez court; les pointes de sa caudale ont moitié de la longueur du reste de la nageoire; sa tête est plus alongée, son œil plus grand que dans le *cærulescens* et la *catau-bleue;* ses arbuscules plus branchus; il n'a point de saillie au-devant des yeux; son corps est vert et a les écailles variées de-brun clair avec plusieurs taches rougeâtres sur chacune; sa tête, en dessus d'un brun roussâtre, est variée en dessous de traits couleur de chair. Sa caudale n'a point de taches, mais les écailles de sa base sont variées de violet sur un fond obscur.

L'individu est long de onze pouces.

Le SCARE DE RUSSEL.

(*Scarus Russelii,* nob.)

Le premier *sahnée moya* de Russel (*Poissons de Vizagapatam,* n.° 119), le second *sahnée moya* n.° 120 étant une girelle, est un *scarus* qui rentre dans ces formes peu alongées, et à pointes courtes et obtuses à la caudale, des espèces dont nous parlons maintenant.

Ses mâchoires sont finement crénelées au bord et tuberculées à la surface (sans que l'on y indique d'épine); les arbuscules de la ligne latérale ont leurs tiges terminées en touffes assez rameuses, mais peu étendues. Il a le museau vert, les bords des lèvres bleus, la gorge et les opercules teintes de rougeâtre, les écailles verdâtres, bordées de jaune et un peu teintées de pourpre vers le dos, tandis que les flancs le sont un peu en rougeâtre; la poitrine est d'un vert pâle. La dorsale a son milieu jaune ou vert pâle, sa base et ses bords bleu clair; les pectorales sont d'un rouge foncé, les ventrales d'un jaune rougeâtre, et le premier rayon des unes et des autres est bleu. L'anale est d'un rouge pâle, avec trois filets bleus sur toute sa longueur; la caudale est d'un jaune rougeâtre et a des filets bleus croisés en losanges; ses bords supérieur et inférieur sont bleus, ses pointes jaunes.

L'individu était long de vingt pouces anglais.

Le Scare tacheté.

(*Scarus maculosus,* Lacép.; *Scarus guttatus,* Bl. Schn.)

Les collections de Commerson contiennent encore un autre scare de l'Isle-de-France, dont nous avons reconnu la figure et la description dans les manuscrits de ce voyageur; il se nomme dans cette colonie la *catau,* sans autre épithète, et se distingue par un corps tacheté de vert ou de bleu sur un fond fauve ou doré. M. de Lacépède a donné la figure (t. IV, pl. 1.re, fig. 3), et en a fait d'après cette figure une description courte (p. 5 et 21) sous le nom de *scare tacheté;* mais il ne paraît pas avoir vu l'individu ni consulté la description de Commerson.

Les formes sont les mêmes que dans la *catau-bleue* (peut-être seulement un peu moins hautes), et ses écailles tout aussi grandes, mais moins lisses; les lignes qu'elles portent sont bien presque aussi fines, mais elles sont divisées en petits grains, et leur disque a aussi de la scabrosité; toutefois elles sont bien moins rudes que dans l'espèce que nous appellerons *sc. scaber.* Les crénelures de leurs mâchoires sont aussi beaucoup plus petites; elles en ont vingt de chaque côté, et conservent trois et même quatre rangées de vestiges des anciennes dents. A l'angle de la mâchoire supérieure est une petite pointe. Sa caudale a le bord mitoyen un peu convexe, et les angles et pointes à peu près du tiers de la longueur du reste de la nageoire; les arbuscules de la ligne latérale ont une tige et deux ou trois petites branches, souvent même elles n'en ont point du tout. L'individu sec paraît d'un fauve clair avec une teinte plus brune vers le dos, et quelques nuages peu apparens et un peu bleuâtres épars par-ci par-là. On voit encore du vert aux bords de la caudale, de l'anale et des pectorales. La figure a été faite d'après le sec, mais à une époque où les taches étaient plus marquées. Quant à l'état frais, Commerson dit qu'alors il est d'un beau jaune doré, avec des taches bleues inégales, répandues sur la tête, les opercules, le dos et le ventre.

Les nageoires verticales ont une ligne bleue à leur bord, et des taches de la même couleur sur leurs bases. Aux ventrales et aux pectorales il n'y a qu'une ligne bleue au bord supérieur ou externe.

Commerson l'a trouvé assez abondamment sur les marchés de l'Isle-de-France en Septembre et Octobre 1769. Son estomac lui a constamment offert des débris de coraux, ce qui lui fait conclure qu'il peut être dangereux.

Le *perroquet* de l'Isle-de-France, décrit en 1785 par Sonnerat dans le Journal de physique (t. III, p. 227, et pl. 11), et dont Bloch (Syst. posth., p. 294, n.° 5[1]) a fait son *scarus guttatus,* ne me paraît point différer de ce scare tacheté.

Sa forme est assez alongée; on le représente près de quatre fois plus long que haut, et sa caudale paraît à peu près coupée carré-

---

1. Cette figure est copiée, mais assez mal, dans l'Encyclopédie méthod., ichthyol., fig. 398.

ment, ou du moins ses angles saillent à peine. Le fond de sa
couleur, dit Sonnerat, est blanchâtre, parsemé de taches bleues,
dont une sur chaque écaille. Ses nageoires sont grisâtres; deux
bandes bleues règnent d'un bout à l'autre sur les nageoires du dos
et de l'anus, l'une à leur base, l'autre à leur extrémité. Les pectorales, les ventrales et la caudale sont également grisâtres, et leurs
premiers rayons sont bleus. L'auteur ne parle pas des lignes
de la tête, mais on en voit des traces dans sa figure.

L'espèce atteint jusqu'à deux pieds et demi. Quoique
Sonnerat ait décrit ce poisson dans une lettre où il a
l'intention de faire connaître ceux qui empoisonnent, il
en joint à la sienne une autre du médecin Meunier, où
il est dit que le *perroquet* a la chair fade, mais non
dangereuse, et que c'est la *vieille* qui est vénéneuse à
certaines époques, et l'on voit que par *vieille* il entend
un autre scare, mais que ni lui ni Sonnerat ne décrivent.

En comparant les deux descriptions que nous venons
de rapporter avec celles que nous avons données précédemment du *scare hertit* et du *scare ghobban*, on y
trouvera sans doute de grands traits de ressemblance, et
s'il était possible que les pointes de la caudale, qui sont
très-courtes dans le tacheté et dans le perroquet, n'eussent
manqué que par accident au ghobban et à l'hertit, ou que,
ce qui me paraît le plus probable, comme dans les
chéilines, et autres labroïdes, elles ne s'alongent qu'avec
l'âge, on serait peut-être porté à penser que ces quatre
poissons n'en font réellement qu'un. Nous engageons les
voyageurs à vérifier ce que cette conjecture peut avoir
de réel.

Au reste, nous croyons retrouver l'une de ces espèces
ou de ces variétés dans le *kakatoua sousounam* de Vla-

ming, n.° 60, dont il y a une copie, mais très-défigurée,
dans Renard (pl. 32, fig. 173).

Bloch fait de ce *sousounam*, mais avec doute, un
synonyme de son *scare vert;* il ressemble davantage au
scare hertit.

Le SCARE MUSELÉ.

(*Scarus capistratus,* K. et V. H.)

Nous trouvons dans les collections envoyées au Musée
des Pays-Bas par MM. Kuhl et Van Hasselt, un scare de
Java, qui doit ressembler beaucoup au *sc. maculosus;*

Ses formes, la saillie des pointes de sa caudale, la rudesse de
ses écailles, sont les mêmes; ses arbuscules sont plus branchus et
ont des branches plus fines; il a deux petites épines à l'angle de la
mâchoire supérieure. Sa couleur dans la liqueur est rougeâtre, un
peu plus pâle sous le ventre; ses mâchoires sont brunes, et blanches
à leur bord. Du vert olive teint le front et le tour des yeux. Une
bride jaune olive entoure la lèvre inférieure. La dorsale est rougeâtre,
bordée de violet; l'anale n'a qu'un trait violet près de son bord.

L'individu est long de quinze pouces.

Le SCARE RUDE.

(*Scarus scaber,* nob.)

Un quatrième scare de Commerson, dont cet infatigable
naturaliste avait rapporté un individu sec et un dessin,
mais qui n'a pas été mentionné par M. de Lacépède, est
semblable pour la forme à la *catau-bleue;*

mais ses écailles sont plus rudes même que dans le *sc. tacheté;*
leur limbe est strié de stries granuleuses, et leur disque même
n'est pas exempt de scabrosité, surtout à la partie antérieure. Ses
mâchoires sont lisses, et leur bord a treize ou quatorze crénelures

peu profondes. Il y a deux très-petites pointes à l'angle de la supérieure. Les angles de sa caudale sont obtus et ne saillent pas du
quart de sa longueur; son bord postérieur est légèrement convexe
dans le milieu. Les arbuscules de la ligne latérale ont quatre ou
cinq branches assez longues, irrégulières et tortueuses.

Tout ce poisson, à l'état sec, paraît d'un fauve clair tirant au
grisâtre, et comme la figure est colorée de même, si elle a été faite
sur le frais, on doit croire qu'il n'a pas beaucoup changé par le
dessèchement. On n'y voit aucunes traces de lignes ou de taches
quelconques.

Ce scare rude nous est venu depuis peu de l'Isle-de-
France, par MM. Desjardins et Dussumier; celui-ci nous
apprend

que le corps est gris avec trois taches jaunes, le dessous est
rose, et cette teinte devient plus vive près de la queue, dont la
nageoire est d'un beau rose.

D. 9/10; A. 2/9.

L'individu de Commerson est long de quatorze pouces,
celui de M. Dussumier n'a qu'un pied; il ne nous dit rien
de ses habitudes.

Le SCARE FERRUGINEUX.

(*Scarus ferrugineus,* Forsk.)

Le *scarus ferrugineus* de Forskal, p. 29, n.° 15, ne
doit pas s'éloigner beaucoup de notre *sc. scaber.*

Il est d'un brun tirant à la rouille; ses mâchoires n'ont pas de
pointe latérale sensible et sont teintées de vert bleuâtre. Ses ventrales
et son anale tirent au violet, sa dorsale et sa caudale au jaunâtre.
Sa caudale, qui paraît tronquée quand elle est ployée, s'arrondit en
s'étendant.

Les Arabes l'appellent *abu-meles.*

Le SCARE A TÊTE LONGUE.
(*Scarus longiceps*, nob.)

Il s'est trouvé dans les collections faites à Waigiou par MM. Quoy et Gaimard, un grand scare très-remarquable par la forme de sa tête, presque deux fois aussi longue que haute, à profil très-droit, et dont l'œil est placé très-près de ce profil au tiers supérieur de sa longueur. Cette tête prend le tiers de la longueur totale, longueur dans laquelle la hauteur du corps est comprise trois fois et demie. Les mâchoires, finement crénelées et à plus de trente dents au bord, n'ont guère que trois rangées de têtes de dents un peu saillantes. Le reste de leur surface n'est marqué que de points sur un fond grisâtre. Il y a à l'angle de la mâchoire supérieure, du côté gauche, deux fortes épines, dirigées obliquement en avant; on n'en voit qu'une au côté droit. La caudale est aussi assez singulière, en ce que ses bords supérieur et inférieur font une courbe convexe; ses pointes n'ont guère que le quart de la longueur du reste de la nageoire; elles sont aiguës, et le bord entre elles est en arc légèrement convexe. Les écailles sont presque lisses, autant que dans le *sc. capitaneus;* les arbuscules de la ligne latérale sont assez branchus, mais peu saillans sur le corps de l'écaille. Les épines de la dorsale paraissent avoir été flexibles à leur sommet.

La vraie couleur de ce poisson ne nous est pas connue. Il paraît maintenant d'un gris jaunâtre ou olivâtre; on n'y voit point de restes de lignes ni de taches.

Il a près de vingt pouces de longueur.

Le SCARE A TÊTE RONDE.
(*Scarus globiceps*, nob.)

Cette espèce est un des produits de l'expédition de M. le capitaine Duperrey; elle a été prise par MM. Garnot et Lesson près de l'île d'Otaïti.

La ligne de son profil descend en arc de cercle; celle de sa gorge a une courbure semblable; son museau est court et obtus, en sorte que sa tête, d'ailleurs de très-peu moins haute que longue, paraît presque ronde. Cette longueur de tête est trois fois et deux tiers dans la longueur totale; la hauteur du corps aux pectorales y est trois fois et demie. L'œil est petit et un peu plus près du bout du museau que de l'angle de l'opercule. Les mâchoires sont tranchantes, à crénelures petites et peu marquées. Les têtes des dents ne s'y montrent que comme des points blancs fins, et en quinconce, sur un fond gris. Je trouve dans mon individu, à l'angle de la commissure, d'un côté une pointe, et de l'autre trois en triangle. Les pointes de la caudale n'ont que moitié du reste de sa longueur, et leur intervalle est coupé en ligne droite. La dorsale et l'anale sont très-basses, leurs épines un peu flexibles, et leurs angles postérieurs assez pointus. Les écailles sont finement striées, un peu grenues, et ont un large bord membraneux.

La ligne latérale a des arbuscules à tige courte, à branches un peu en réseau, et occupant peu d'espace au milieu de l'écaille. Ses couleurs sont réparties en deux moitiés par une ligne qui part du milieu du museau, passe au bord inférieur de l'œil et au-dessus de l'aisselle de la pectorale, et suit le milieu de la hauteur.

Dans la liqueur les mâchoires et toutes les parties au-dessous de cette ligne paraissent jaunâtres, ce qui est au-dessus paraît violâtre. Dans ce violet une ligne jaune va d'un œil à l'autre, et toutes les écailles ont quatre ou cinq petites taches rondes de la même couleur. Derrière l'œil et sur l'opercule ces taches forment des lignes tortueuses; toutes les nageoires paraissent jaunes. Une bande transverse sur la base de la pectorale et une longitudinale à la face interne sont violettes. Une ligne violâtre étroite règne le long du bord de la dorsale et de l'anale, et il y a sur la base de la première, entre la troisième et la cinquième épine, une tache noire peu élevée.

L'individu est long de dix pouces.

Le SCARE A TÊTE OVALE.

(*Scarus oviceps*, nob.)

C'est encore une espèce recueillie à Otaïti par MM. Garnot et Lesson.

Sa tête a presque la forme d'un œuf, de près d'un tiers moins haute que longue; son profil est légèrement arqué, sa gorge un peu davantage, et son museau est arrondi. L'œil est assez petit, et un peu plus près de l'angle de l'opercule que du bout du museau. La longueur de sa tête et la hauteur de son corps, au milieu, sont chacune à peu près quatre fois dans sa longueur totale. Ses mâchoires sont tranchantes, à crénelures peu marquées, à surface lisse, où les têtes des dents se marquent par des points blancs. Je ne trouve aucunes épines aux angles de ses mâchoires. La pointe supérieure de sa caudale est presque aussi longue que le reste de la nageoire. L'inférieure est d'un tiers moindre. Les écailles sont assez fortement striées et un peu granulées; leur bord membraneux est fort étroit. Les arbuscules de la ligne latérale ont une tige qui, sur la première moitié du corps, produit des touffes de branches fort menues, et dont le reste de la longueur n'a que de petites pousses courtes.

La moitié supérieure de la tête est d'un brun violâtre, qui tranche avec le jaunâtre de la partie inférieure. La ligne de séparation prend au-dessus de la lèvre supérieure, passe au bord inférieur de l'œil et à l'angle du préopercule, ensuite le jaunâtre s'étend sur la poitrine jusqu'aux ventrales, d'où il suit, en brunissant un 'peu, le bord inférieur du corps, et couvre l'anale. Le dos, les flancs, la queue paraissent d'un brun violâtre. Une bande oblique, irrégulière, jaunâtre ou couleur de chair, part du milieu de la dorsale et descend jusque vers la pointe de la pectorale. Au quart postérieur de la dorsale et sur le dos est une tache de même couleur.

Mais il faut se souvenir que ces teintes sont prises sur

un individu conservé dans la liqueur, et qu'elles sont probablement toutes différentes dans le frais.

L'individu est long de neuf pouces.

Le Scare large.

(*Scarus latus,* Ehrenb.)

Nous terminerons cette liste des scares asiatiques par deux espèces de la mer Rouge, qui ont les pointes de la caudale plus longues que toutes les précédentes, et qui nous ramènent ainsi à nos premières espèces d'Amérique.

Celle que M. Ehrenberg nomme *scarus latus*, a la ligne de l'abdomen plus convexe que celle du dos, et la hauteur du corps comprise trois fois et demie dans sa longueur. Son profil descend obliquement presque en ligne droite, et l'œil en est très-près et au milieu de la distance de la nuque au museau, qui est assez avancé; les pointes de sa caudale égalent la longueur du reste de cette nageoire; les arbuscules de sa ligne latérale sont assez branchus.

Il a le corps rouge, la tête d'un rouge plus clair, le bord des écailles brunâtre; ses nageoires sont d'un orangé plus ou moins vif; la dorsale est bordée de violet varié de bleu; l'anale, bordée d'un violet rougeâtre; les pectorales, le bord supérieur violet, et les ventrales, le bord extérieur violet. La caudale est rouge et bordée de violet.

L'individu est long d'un pied.

Le Scare mastax.

(*Scarus mastax,* Rupp.)

Un autre, que M. Ehrenberg nomme *scarus wurk*, d'après son nom arabe, et que M. Ruppel a décrit et figuré[1] sous le nom de *scarus mastax*,

---

1. Ruppel, Atl., tab. 21, fig. 2.

a le corps et les pointes de la caudale plus alongés. Sa hauteur est quatre fois dans sa largeur; les pointes de sa caudale sont de moitié plus longues que le corps de la nageoire. Son profil descend en ligne presque droite; son museau est assez avancé; son œil, assez grand, voisin du profil, et plus haut que le milieu. Les arbuscules de la ligne latérale sont étendus et fort branchus.

Selon M. Ehrenberg, il est en dessus d'un vert bleuâtre, en dessous et aux côtés de la tête rougeâtre; les écailles du milieu sont bordées de rouge; ses lèvres sont orangées, bordées de violet; sa dorsale et son anale orangées, bordées de bleu; sa pectorale violette au bord supérieur, orangée au milieu, jaunâtre inférieurement; ses ventrales jaunâtres, bordées extérieurement de violet; sa caudale rayée de violet et d'orangé, et bordée de blanc.

Nous ajouterons, d'après M. Ruppel,

que trois traits jaunes traversent la joue, dont les deux supérieurs sont derrière l'œil. La dorsale et l'anale, d'un jaune verdâtre, ont le bord bleu et une bande noire dans le milieu. Dans la figure de M. Ruppel, la caudale est bleue et bordée de jaune pâle dans la concavité du croissant. Les flancs sont bleu d'azur; il n'y a que le dessous du ventre qui soit rose.

L'individu est long d'un pied. M. Ruppel en a vu de dix-huit pouces à Mohamed : il ne cite pas le nom rapporté par M. Ehrenberg.

Le SCARE HARID.

(*Scarus harid*, Forsk.)

M. Botta vient de nous faire bien connaître le *scarus harid*, dont Forskal a donné une description incomplète,

où la structure des mâchoires surtout est indiquée en termes assez obscurs, et qui ne semblent se rapporter à rien de ce que nous connaissons. Nous croyons devoir les copier littéralement : *Maxillæ eminentes, crenatæ, medio fissæ; crenis interdùm in maxilla infe-*

riore pone excrescentes in dentes subulatos, duos tenues latos, in superiore labio utrinque caninum conicum. Ce poisson est annoncé du reste comme ayant la caudale fourchue, la ligne latérale rameuse, les nageoires verticales violettes, les pectorales jaunâtres, l'abdomen violâtre.

Forskal oublie de faire connaître la couleur du reste du corps. Avec ces renseignemens il était difficile de deviner de quelle espèce le voyageur danois avait voulu parler, lorsque M. Botta nous a montré un grand nombre d'individus de toutes tailles du scare le plus commun sur les côtes de la mer Rouge, et que les pêcheurs arabes lui ont donné plus spécialement sous le nom de *harid.*

Il nous est devenu alors facile de mieux caractériser l'espèce, de saisir ses rapports avec celui dont M. Ehrenberg nous a donné un trait sous ce même nom, et de déterminer que le *scarus harid* de M. Ruppel doit être considéré comme d'une espèce différente, dont nous parlerons tout à l'heure.

Une fois ce harid de la mer Rouge reconnu, nous nous sommes convaincus par la comparaison des poissons recueillis à Bombay, à Ceilan et aux Séchelles, et même à Madagascar, que le harid vit dans toute cette partie de la mer des Indes, sans même y paraître sous des variétés bien notables.

M. Dussumier le cite même à l'Isle-de-France, mais il n'en a pas cependant rapporté de cet endroit : ce sont d'autres espèces qu'il a eu soin de prendre.

Ce *scarus harid* a le corps un peu plus alongé que le précédent, la caudale fourchue comme lui; mais ce qui le fait surtout reconnaître, c'est que le haut de la nuque fait une saillie constante et assez forte derrière les yeux. Les mâchoires sont jaunâtres, à bord lisse et sans dents vers l'angle. La ligne latérale est une suite de simples traits. Les écailles sont finement striées et granuleuses.

D. 8/11; A. 3/9, etc.

Ce poisson, desséché, paraît jaunâtre avec des taches et des brides bleues ou vert-de-gris pâles. Les pointes de la caudale sont vertes.

D'après le dessin de M. Botta, fait à Djedda,

la couleur est un vert olive sur le dos, fondu sur les côtés avec le lilas du ventre. De larges taches bleues en losange occupent le centre de chaque écaille, et font une sorte d'échiquier assez régulier sur les flancs de ce scare. La lèvre supérieure est rose, bordée en dessus de bleu; l'inférieure est orangée, un trait bleu est tiré de l'angle supérieur de la mâchoire vers l'œil. Un autre, en croissant, borde en arrière le rose de la lèvre et s'évanouit sur la joue. Deux ou trois traits obliques existent sur le préopercule; et sur l'opercule un trait bleu va de l'œil à la tempe.

La dorsale et l'anale, d'une belle couleur orangée, sont bordées de bleu à la base et à l'extrémité libre. La caudale, lilas, a ses rayons bleus. Le premier rayon de l'anale et de la pectorale sont de cette couleur; le reste de la nageoire de la poitrine est jaune sur les premiers rayons et bleu sur ceux d'en bas. La ventrale est lilas ou violette comme le ventre.

M. Reynaud l'a peint à Ceilan des mêmes couleurs, mais elles y sont beaucoup plus vives, et je trouve la même chose dans la description faite aux Séchelles par M. Dussumier.

La splanchnologie de ce *sc. harid* ne présente rien de bien notable; mais j'ai observé sur le squelette de ce poisson un fait anatomique très-curieux et très-rare dans l'organisation; c'est de voir un des os épais entrant dans la composition de la mâchoire inférieure, devenir ici plus distinct, avoir deux articulations sur les pièces avec les-

14.   24

quelles il est en connexions habituelles, donner attache
au grand muscle de la joue, que l'on peut appeler le
masséter des poissons, et devenir par cette organisation
une pièce osseuse et ichthyologique d'une tout autre
importance que la semblable dans les autres osseux.

En effet, dans les scares

le dentaire a pris un développement considérable, et l'apophyse
supérieure de l'angle, qui reçoit l'articulaire, se prolonge en arrière
en une large lame, arrondie à son bord postérieur, et relevée en
dessous d'une crête saillante, qui change cet angle en une assez
large cavité glénoïde, recevant alors la tête arrondie de l'articulaire,
lequel est ici un os court, mais fort, qui va dans l'autre extrémité
creuse recevoir la tête du jugal, avec lequel la mâchoire inférieure
s'articule. En dessous une apophyse, en se rejoignant par des
ligamens avec celle du côté opposé, forme sous la mâchoire une
ceinture osseuse, qui lui donne sans doute de la force. L'angulaire
est soudé en avant. L'articulation antérieure de l'articulaire donne
à la mâchoire un mouvement horizontal de va et vient, analogue
à celui des rongeurs; ce qui explique comment les scares remuent
les mâchoires, et font un mouvement que les pêcheurs anciens
ont comparé à celui de la mâchoire des ruminans, et qui a fait
dire que le scare était un poisson ruminant.

Ce harid a d'ailleurs onze vertèbres abdominales, et quatorze
caudales.

Le plus grand de nos *scarus harid* vient de Bombay, où
il a été pris par M. Roux; il a dix-neuf pouces. Il doit
être rare sur cette côte, car nous ne l'avons jamais vu
dans les nombreuses et belles collections que M. Dussumier
a faites sur cette côte; mais ce zélé voyageur l'a trouvé aux
Séchelles, où on lui donne les noms de *perroquet* ou de
cacatoes.

M. Dussumier a soin de remarquer que les habitans se

défient de ce poisson, dont la chair devient dangereuse quand il s'est nourri de coraux.

M. Reynaud nous dit l'avoir entendu nommer *kelimé* à Ceilan.

Selon M. Botta, le nom de *harid* signifie large, et il est donné à beaucoup de scares par les Arabes du littoral de la mer Rouge.

Le SCARE DE DUSSUMIER.

(*Scarus Dussumieri*, nob.)

M. Dussumier, en recueillant aux Séchelles les scares nourris par cette mer, y a trouvé avec le *scarus harid* une espèce qui lui ressemble un peu par la beauté des couleurs, mais qui s'en distingue par plusieurs caractères. Elle y est très-abondante.

Elle a les mâchoires denticulées sans dents vers l'angle. La ligne latérale n'est pas ramifiée; la caudale, très-faiblement échancrée, n'a pas ses angles prolongés en pointes comme le *sc. harid.* Les écailles sont striées et assez fortement grenues.

Ce poisson est tout-à-fait décoloré par l'action de l'alcool; mais frais, le dessus de la tête, du dos, est jaune rembruni, devenant plus clair sur les flancs. Le ventre est rosé. Les lèvres, roses, ont une bride bleue de haut en bas; une autre est sous la gorge, et l'espace qui les sépare est orangé. Des traits ou taches bleues sont autour de l'œil. Les nageoires sont orangées et bordées de bleu céleste. Tous les rayons de la caudale sont de cette couleur.

M. Dussumier nous a remis le dessin fait d'après nature, qu'il en a pris aux Séchelles, et nous dit dans ses notes que ce poisson, nommé perroquet aux Séchelles, y est très-abondant, qu'on le mange et qu'il y est très-recherché, parce que sa chair ne devient jamais dangereuse, comme celle du *sc. harid,* lorsque celui-ci s'est nourri des polypes des coraux.

Il atteint à deux pieds de longueur.

Le Scare aux taches brunes.

(*Scarus nævius,* nob.)

Les Séchelles nourrissent au milieu de ces nombreux individus des scares d'une autre espèce,

à mâchoires petites, entièrement recouvertes par les lèvres, à bord lisse, sans dents saillantes vers l'angle, à tête plate en dessus, à œil placé sur le haut de la joue, le cercle de l'orbite entamant la ligne du profil. Le museau est arrondi, la ligne latérale très-ramifiée, la caudale coupée carrément et à angles arrondis. Le corps paraît blanchâtre grivelé de roux; une tache de cette couleur est au bas de la pectorale.

La couleur du poisson frais est jaune verdâtre sur le dessus de la tête et sur le corps, en s'éclaircissant sous le ventre. Une large tache brune noirâtre se dessine sur chaque écaille. Le dessous de la mâchoire et de la gorge est jaune clair. Les nageoires verticales ont leur membrane incolore et leurs rayons verdâtres tachetés. Ceux des nageoires paires sont d'un beau jaune.

Ce scare a paru rare à M. Dussumier, il l'a vu cependant manger à Mahé, dans cet archipel.

Le Scare gris bleuatre.

(*Scarus cyanescens,* nob.)

Le même naturaliste a encore rapporté de l'Isle-de-France un scare

à nuque très-relevée, ce qui lui rend le profil oblique, quoiqu'un peu concave au-devant des yeux, et le museau assez étroit vers le bas. Les dents sont blanches, finement denticulées; il n'y a pas

de canine à l'angle de la bouche. La caudale est coupée carrément;
la ligne latérale n'est pas ramifiée; les écailles sont finement grenues,
mais je n'y vois pas de stries. Ce poisson est devenu, par l'action de
l'alcool, brun verdâtre, avec les nageoires plus foncées; la dorsale,
l'anale, la caudale et la ventrale étant bordées de blanchâtre.

Frais, le poisson a le corps et la tête gris bleuâtre; la dorsale,
l'anale, les ventrales et la caudale, brunes, sont bordées d'un beau
bleu d'outremer. Cette raie occupe les angles et le bord vertical de
la nageoire de la queue. Les pectorales, gris bleuâtre, ont dans
l'aisselle une tache d'un beau bleu très-vif. Les lèvres ont aussi
cette couleur.

M. Dussumier ajoute à ces détails que le poisson lui
a paru plus rare à l'Isle-de-France que les autres scares.
Il l'a vu manger par les noirs.

Le Scare aux dents rouges.

(*Scarus erythrodon,* nob.)

Les mers de l'Isle-de-France nourrissent encore un
scare qui se distingue des précédens

par ses dents rouges, à mâchoires finement denticulées, sans épines
saillantes vers l'angle de la bouche. Le corps est trapu, peu haut;
la caudale carrée; la ligne latérale un peu ramifiée; les écailles assez
grenues.

Ce poisson, dans l'eau-de-vie, paraît brun verdâtre, avec la dorsale et l'anale noirâtres. Les dents sont devenues blanchâtres.

M. Dussumier, l'ayant décrit sur le frais, nous apprend que les
mâchoires sont rouges, que le corps est noirâtre, éclairci vers le
ventre; le dessous de la tête est brun verdâtre; les joues et les
opercules sont rougeâtres, ainsi que la queue et la nageoire caudale; la dorsale et l'anale sont noires, à reflets rougeâtres; les
pectorales et les ventrales sont d'une teinte plus claire.

L'individu est long de huit pouces.

Le Scare varié.

(*Scarus variegatus,* nob.)

Nous avons reçu de l'Isle-de-France un scare
à corps oblong, à mâchoires fortes, peu crénelées, sans dents vers
l'angle; à ligne latérale peu ramifiée, à écailles très-finement grenues
et striées, à caudale coupée carrément, dont les couleurs, décrites
d'après le frais, sont un bleu varié de jaune sur le corps; vert-pré
sur la tête, violacé sur le museau, d'un très-beau bleu sur la joue;
la lèvre supérieure est jaune et bleue; deux lignes jaunes ceignent
la mâchoire inférieure. La dorsale et l'anale, bleues, ont une ligne
orangée; les pectorales et les ventrales sont bleues, cerclées de
jaune; la caudale est verte, variée de bleu et de jaune. Les dents
sont vertes.

Le poisson décoloré a le dessus de la tête et le tronc jusqu'à
la queue rembrunis, le dessous de la tête et la queue blanchâtres;
la caudale est brunâtre. On voit des traces de la bande sur la dorsale et sur l'anale.

Cette espèce a été aussi rapportée de l'Isle-de-France
par M. Dussumier. Je crois devoir en rapprocher un
poisson sec et décoloré, que les naturalistes de l'Astrolabe
ont déposé dans le Cabinet du Roi, et qui ressemble
tout-à-fait à celui que je viens de décrire, par la forme
des mâchoires et même par l'ensemble général.

Nos individus sont longs de huit à dix pouces.

Le Scare téniure.

(*Scarus tæniurus,* nob.)

M. Desjardins nous a aussi envoyé un scare de l'Isle-
de-France qui doit être d'une espèce particulière.

Ses mâchoires, finement crénelées, ont une petite dent vers l'angle de la bouche. La ligne latérale est simple et non rameuse; les écailles sont si finement grenues qu'elles paraissent lisses.

Le poisson, décoloré, paraît d'un brun verdâtre assez uniforme; mais on juge facilement que les écailles étaient bordées de bleu. La caudale, peu échancrée, a sa base blanche, et les bords supérieur et inférieur, ainsi que toute la moitié postérieure, rembrunis. Les nageoires, verdâtres, sont faiblement tachetées.

Ce petit poisson n'a que six pouces.

Le SCARE MALACHITE.

(*Scarus æruginosus*, nob.)

La mer Rouge nous a procuré un scare

à corps en ovale, rétréci aux deux extrémités, dont les mâchoires sont peu crénelées, sans dents vers l'angle de la bouche, à ligne latérale peu ramifiée, à écailles faiblement striées et point grenues, à caudale coupée en croissant sans pointes prolongées, dont la couleur paraît avoir été un vert uniforme sans aucune tache ni bande sur la tête ou sur le corps. Les mâchoires ont aussi cette teinte verte.

Nous avons remarqué cette espèce parmi les collections de M. Botta.

L'individu est long de onze pouces.

Le SCARE GOURDE.

(*Scarus pepo*, *John Whitchurch Bennet, Fish. of Ceylon*, n.° 28.

Le scare représenté dans l'ouvrage de M. Whitchurch Bennett, sur les poissons de Ceilan, est aussi un scare voisin du harid.

Il a cependant le profil plus continu, la nuque n'étant pas relevée en saillie; sa caudale a les angles prolongés et le milieu de la courbe du croissant convexe.

La tête est peinte d'un beau jaune; sur ce fond se détachent le bleu de la lèvre supérieure, de la bride mentonnière, de celle qui de l'angle de la bouche va rejoindre le cercle de l'orbite, des nombreuses taches qui couvrent les joues, les opercules et la tempe, et des chevrons obliques qui croisent le dessus du crâne entre les yeux. Le dessus du corps est vert foncé, et le reste a sur chaque écaille une large tache bleue, entourant le jaune du fond, qui pâlit sous le ventre, ainsi que les taches. La dorsale, orangée, a ses rayons verts, ainsi que le bord, et des taches de cette couleur, soit à la base, soit sur une ligne médiane. L'anale, de la même teinte que la dorsale, n'a pas de points; elle a une bordure verte à sa base, et un liséré bleu. La caudale, d'un bleu-vert rembruni, a deux bandes verticales brunes ou rougeâtres. Les nageoires paires, jaunâtres, ont leur premier rayon vert.

M. Bennett dit que les Cingalais le nomment *laboo-girawah,* ce qui voudrait dire *perroquet de mer citrouille, girawah* signifiant perroquet et étant appliqué à tous les poissons brillans, et *laboo* étant celui d'une espèce de gourde de Ceilan, dont les couleurs ressemblent assez à celles de notre poisson.

C'est ce que M. Bennett a traduit par l'épithète de *pepo,* donnée à ce scare. L'auteur le regarde comme un des poissons les plus rares de la côte sud de Ceilan.

Il devient long de près de trois pieds.

Le SCARE DE RUPPEL.

(*Scarus Ruppelii,* nob.)

Nous avons donné le nom de *sc. harid* au scare qui est le plus communément ainsi dénommé sur les bords de la mer Rouge, d'après les rapports qu'en a faits M. Ehrenberg et que nous confirma tout récemment M. Botta.

Nous avons dû, d'après cela, donner à l'espèce que M. Ruppel a figurée et que nous croyons être différente de l'harid, un autre nom. Nos caractères distinctifs se basent sur les différences de couleur et sur certaines autres, tirées de la forme de l'animal.

Ces dernières consistent en ce qu'il n'a pas la nuque relevée, mais que la couleur du profil suit une ligne continue avec le dos; que les pectorales sont plus courtes. La ligne latérale èst rameuse et les écailles finement grenues. La couleur est un vert obscur olivâtre, ou jaune verdâtre selon l'expression de M. Ruppel, sur le dos et les flancs, et un rose pâle sur le ventre. Les lèvres sont bleues ou violettes, et donnent deux courtes brides sur les joues, et entre elles deux traits jaunâtres partent de la commissure et finissent sur l'opercule. On voit quelques points blancs rangés sur les deux lignes près du ventre, un peu au-dessus du rose; la dorsale, d'un vert jaunâtre, a trois raies violettes; l'anale lui est semblable; la caudale, bleuâtre ou lilas, a les deux rayons supérieurs violet très-foncé; les premiers rayons de la ventrale et de la pectorale sont bleus, comme les lèvres.

Ce ne peut être, comme l'a cru M. Ruppel, le *scarus frœnatus* de Lacépède, tiré par celui-ci de Commerson. Selon M. Ruppel, ce scare est commun dans toute la mer Rouge, où sa chair est estimée.

Il atteint dix pouces.

Le SCARE A QUEUE BLEUE.

(*Scarus cyanurus,* nob.)

M. Botta a apporté de la mer Rouge plusieurs scares que je ne trouve pas parmi ceux que nous venons de décrire.

L'un d'eux est assez voisin de notre *scarus cœrulescens;*
il en diffère cependant

par sa caudale bleue, coupée en croissant, mais sans pointes prolongées. Le fond de la couleur est vert, avec des croissans plus
foncés sur le bord de chaque écaille; le dessous du ventre est rosé;
les lèvres ont cette teinte, et en dessous est une petite bride bleue,
qui se perd sur la joue, au-dessous de l'œil, en de l'orangé pâle,
et de l'olivâtre sur l'opercule. La dorsale a la base verte, une bande
par le milieu, et un liséré de couleur bleue sur un fond jaunâtre;
l'anale est rose avec des rayons violets; la ventrale est semblable à
l'anale par ses couleurs; la pectorale est jaune verdâtre.

Ce scare a d'ailleurs le museau pointu, le profil un peu soutenu
au-devant des yeux, concave derrière et assez relevé sur la nuque.

Nos différens individus sont longs de sept à neuf pouces.
Ils viennent de Djedda.

Le Scare de Botta.

(*Scarus Bottæ,* nob.)

Un quatrième scare

a le corps assez semblable au précédent; la caudale carrée sans
pointes; la dorsale moins haute; la couleur est vert foncé sur le
dos, pâle sous le ventre, avec quelques taches rouillées sur toute
la moitié inférieure et verte sur la supérieure. La dorsale est lie
de vin violacé sur le bord; les rayons sont verts, grivelés de taches
plus foncées; sur l'anale les rayons sont roux et tachetés de plus
foncé; les ventrales ont aussi quelques taches.

Les dents sont vertes; il y a sous la mâchoire inférieure une large
bride brun olivâtre.

Les mâchoires sont toujours lisses, et sans dents vers l'angle ou
sur le bord.

M. Botta en a rapporté des individus longs de dix pouces,
pris à Djedda.

Ce scare a de l'affinité avec notre *scarus rubro-notatus* d'Ehrenberg; mais les couleurs sont cependant différentes.

Le SCARE AUX POINTS BLEUS.

(Scarus cœruleo-punctatus, Ruppel[1].)

Un troisième scare, rapporté de Djedda par M. Botta, a le corps alongé, la dorsale haute, la caudale, coupée carrément, tachetée de bleu; la pectorale et la ventrale petites. Le dos est d'une couleur verte rembrunie, passant par des nuances insensibles à un vert pâle sous le ventre, qui est quelquefois roussâtre. De grandes taches brunes occupent chaque écaille, sur la tête comme sur le tronc, et tout le corps est couvert de points bleus, qui se conservent très-bien sur les individus desséchés. La caudale est jaune rougeâtre ou couleur de rouille, avec de nombreux traits ou linéamens verticaux tirant à l'olivâtre. La dorsale, d'un gris rougeâtre, a de nombreuses taches plus grises le long des rayons. L'anale a la membrane jaunâtre, les rayons verdâtres selon M. Botta, et blancs selon M. Ruppel, aux traits inégaux olives; la pectorale est jaunâtre. Il y a aussi de cette couleur sur la ventrale et sur la membrane branchiostège. On voit aussi une tache bleue vers l'angle de la bouche. Les mâchoires sont blanches, et la narine est bordée d'une papille plus haute que dans les autres scares; la supérieure est garnie sur le haut, presque sous la lèvre, d'un rang de quatre à cinq dents de chaque côté, qui en hérissent le pourtour. Je trouve ces dents jusque sur les plus petits individus rapportés par M. Botta.

M. Ruppel semble cependant les regarder comme un des caractères de l'adulte. Ce caractère n'a pas été bien apprécié par cet auteur, quand il a indiqué ce scare comme de la division des callyodons. Le célèbre voyageur

---

1. Ruppel, *Neue Wirbelth. zu der Faun. abyss.*, p. 24, pl. 7, fig. 3.

de Francfort a pris l'espèce à Djedda au mois d'Août;
il en a donné une bonne figure pl. 7, n.° 3, de ses Supplémens à la Faune d'Abyssinie.

Le SCARE BICOLORE.

(*Scarus bicolor,* Ruppel[1].)

M. Ruppel a donné la description et la figure non
coloriée d'un scare

> à profil elliptique régulier, à caudale en croissant, dont les angles
> sont médiocrement alongés, dont les mâchoires sont blanches et
> fortement granuleuses : les couleurs sont moins variées que dans
> les autres scares, le dos étant jaune verdâtre et le ventre d'un beau
> vert rembruni. Les nageoires sont d'un vert foncé, avec une bor-
> dure bleu de ciel sur la dorsale et sur l'anale; le bord du croissant
> de la caudale est jaune.

M. Ruppel a vu ce poisson à Djedda long de vingt et
un pouces.

M. Botta a rapporté une mâchoire de scare que je crois
être de cette espèce, mais qui me paraît, d'après sa grandeur, venir d'un individu beaucoup plus long.

Le SCARE A COLLIER.

(*Scarus collaris,* Ruppel[2].)

M. Ruppel a observé à Massawah, pendant le mois de
Novembre, un scare

> à corps elliptique oblong, à caudale tronquée, à mâchoires lisses, à
> peine denticulées, sans dents près l'angle de la bouche, à ligne

---

1. *Atl. zu der Reise im nördl. Afr.*, p. 82, tab. 21, fig. 3. — 2. Ruppel, *Neue
Wirbelth. zu der Faun. abyss.*, p. 25, pl. 8, fig. 2.

latérale peu visible, dont le dos est vert, le ventre rosé, avec un petit chevron verdâtre sous le menton; mais dont les lèvres ne sont pas colorées, et qui manquent de brides. La dorsale, orangée, est bordée de bleu en haut et en bas, et sur le milieu entre chaque rayon est une tache ronde vert d'émeraude pâle, que M. Ruppel a comparée à un chapelet de perles.

L'anale a de même ses deux bords bleus, et le fond orangé, mais il n'y a pas de taches. La caudale, bleue, a deux taches orangées près des angles, et une troisième verticale sur le milieu. La pectorale est verte, et la ventrale, rosée, a le premier rayon bleu.

Cette espèce se montre en troupes et en grand nombre sur les côtes de la mer Rouge.

Je crois pouvoir lui rapporter un scare décoloré, dont M. Botta vient de nous montrer plusieurs individus, et sur lesquels on voit des traces de la bordure de l'anale et de la dorsale, et quelques vestiges des taches de cette nageoire.

Les individus sont longs de six à huit pouces.

Le SCARE GENTIL.

(*Scarus pulchellus*, Ruppel[1].)

M. Ruppel a encore un autre scare, voisin des précédens, mais qui

a le museau plus étroit, la nuque plus relevée, la caudale faiblement échancrée, parce que les deux rayons externes dépassent de très-peu les autres. La tête et le corps sont verdâtres; la lèvre est rougeâtre, et sur la mâchoire inférieure, le long du bord horizontal du préopercule, est tracée une bande rougeâtre, surmontée d'une seconde, plus courte, plus étroite; il y a du lilas le long de l'inter-

---

1. Ruppel, *Neue Wirbelth. zu der Faun. abyss.*, p. 25, pl. 8, fig. 3.

opercule et sous l'isthme. Au-dessus de l'œil et en arrière sont quelques rivulations roussâtres; la tête et la moitié antérieure du corps sont couvertes de points rouges; sur l'autre moitié un trait rouge vertical est tracé sur chaque écaille. La dorsale, rougeâtre, a tous ses rayons et le bord de la partie épineuse bleus; celui de la portion molle est verdâtre; l'anale, bleuâtre très-pâle à la base, d'une bordure bleu céleste, et une extérieure jaune citron; sur le milieu de la nageoire est une tache irrégulière orangée. La caudale, rosée, a les deux rayons externes bleus, et le bord vertical jaune.

La pectorale, verdâtre à la base, est bordée de vert jaunâtre. Les ventrales, implantées sur une grande plaque jaune, sont de cette teinte avec le rayon épineux bleu.

M. Ruppel a vu très-fréquemment sur le marché de Djedda ce scare, que les Arabes confondent avec les autres sous le nom de *harid*.

Au mois d'Août il s'en trouvait depuis un pied jusqu'à un pied et demi de long.

Le Scare a six bandes.

(*Scarus sexvittatus*, Ruppel[1].)

Enfin, je trouve encore décrit par M. Ruppel un scare qu'il n'a pas figuré et qu'il indique comme un poisson à corps alongé, elliptique, la caudale coupée carrément, et assez semblable dans sa forme au *scarus psittacus* (fig. atl. tab. 20, fig. 1); la région dorsale est un vert cendré enfumé, le dessous couleur de chair ou rose lavé de jaune; six lignes longitudinales noirâtres sont tracées par le milieu des côtés. La pectorale et les ventrales sont jaunes, et leur bord externe est brun; la caudale est bleue à rayons jaunes; la dorsale et l'anale, jaunâtres, ont un liséré bleu.

---

1. Ruppel, *Neue Wirbelth. zu der Faun. abyss.*, p. 26.

M. Ruppel en a observé des individus longs de dix pouces, pendant le mois de Juin, sur le marché de Djedda.

M. Ruppel n'a pas, malheureusement, donné de figure de cette espèce, qui aurait été non moins intéressante que les autres à voir représentée. Il a cru peut-être pouvoir s'en dispenser en y rapportant le callyodon figuré par Gronovius, *Museum ichthyologicum*, II, p. 8, n.° 156, pl. 7, fig. 4; mais lui-même a beaucoup hésité à établir cette synonymie, qu'il serait, je crois, assez difficile d'établir d'une manière sérieuse; car on ne peut pas reconnaître le genre auquel appartenait le poisson de Gronovius.

Le Scare a lunules.

(*Scarus lunulatus,* nob.)

M. Botta a rapporté de la mer Rouge un scare qui doit être assez voisin du *scarus niger* de Forskal;

mais il a les mâchoires plus grosses, très-fortement dentelées, point de canines à l'angle de la mâchoire; la caudale arrondie, l'œil placé sur le haut de la joue sous la ligne du profil. Tout le corps paraît avoir été brun verdâtre plus ou moins foncé, et tacheté de croissant vert sur le bord des écailles; les lèvres semblent avoir été d'une autre couleur que la tête. Les nageoires sont très-foncées; la dorsale et l'anale lisérées de noir; celle-ci a la base bleu ou vert clair. La caudale a quelques teintes bleuâtres.

L'individu est long de sept pouces.

Il diffère du *sc. niger* par la forme de sa tête, la position de l'œil, par l'absence de bande autour de l'orbite, et par les lunules du bord des écailles.

Le SCARE AUX PECTORALES TACHETÉES.
(*Scarus pectoralis,* nob.)

M. Botta a encore un scare de la mer Rouge d'une espèce particulière, mais qui rappelle un peu notre scare varié.

Il a le museau avancé, les mâchoires crénelées, et une très-petite dent à l'angle de la bouche. La caudale a les angles prolongés en pointes; les yeux sont petits, la nuque relevée au-dessus d'eux; l'espace qui les sépare est assez large.

Les mâchoires ont conservé une couleur verte, et portent un fin trait brun sur le milieu; les lèvres étaient jaunes avec un trait violet dans le milieu; la bride du menton remonte vers l'œil en une grande plaque jaune. Toute la joue paraît avoir été de cette couleur, ou verdâtre; le dessus de la tête est violet. Cette teinte ne descend pas au-dessous de l'œil, et s'étend en ligne droite jusqu'à l'angle de l'opercule, elle se prolonge ensuite sur le flanc, dont elle couvre la plus grande partie, jusqu'à la quatorzième rangée d'écailles, à peu près aux deux tiers de la longueur totale. Le haut du dos au pied de la dorsale, la base de l'anale, toute la queue et la caudale paraissent avoir été jaunes. L'anale et la dorsale, violettes, sont lisérées en haut et en bas de jaune. La pectorale a vers l'extrémité une grande tache pourpre ou violette, comme le corps; la ventrale en avait aussi une, mais elle est plus effacée.

L'individu a neuf pouces de long; il vient de Djedda.

M. Botta en a rapporté un autre, qui paraît avoir le corps plus large, et dont les mâchoires plus vertes n'ont pas de traits bruns en dessus.

Je le regarde cependant comme une variété, car il ressemble à l'autre par la distribution générale des couleurs.

Le Scare de Bennett.

(*Scarus Bennetti,* nob.)

J'ai dessiné et décrit dans le Muséum de la Société zoologique de Londres un scare qui est bien certainement d'une espèce distincte de toutes celles que je viens de citer.

Sa forme est alongée, sa dorsale assez haute, la caudale a les angles arrondis, les mâchoires ont le bord lisse, et elles ne portent pas de canines à l'angle de la bouche. Sur un fond brunâtre ou verdâtre on voit quatre ou cinq rangées de taches blanchâtres, dessinées sur le bord de chaque écaille, et sous le ventre il y a deux lignes blanches plus nettement tracées.

Ce scare venait des îles Sandwich. Je l'ai dédié dans le temps à M. Bennett, alors secrétaire de la Société zoologique, comme un témoignage d'estime et de gratitude pour les soins dont il m'a entouré pendant mes fréquentes visites au Musée de la Société.

Le Scare scabriuscule.

(*Scarus scabriusculus,* nob.)

Le Muséum possède depuis très-longtemps un scare de forme alongée, sans dents à l'angle des mâchoires, dont le bord est très-finement denticulé. La caudale a les deux angles saillans, le bord intermédiaire convexe, les écailles finement granuleuses, la ligne latérale non rameuse.

Les nageoires sont bordées de vert.

MM. Kuhl et Van Hasselt ont aussi envoyé cette espèce de Java au Musée royal des Pays-Bas.

SCARE BORDÉ.

(*Scarus limbatus*, nob.)

M. Gernaert, consul général de France en Chine, nous
a envoyé de Macao un scare

à mâchoires lisses en dessus, sans dents vers l'angle, mais dentelées
sur leur bord. La ligne latérale est simple et non rameuse. Les
écailles sont finement grenues.

D. 9/12; A. 2/10; C. 14; P. 13; V. 1/5.

Le corps du poisson desséché est d'une couleur uniforme, sans
aucune trace de lignes, de bandes ou de taches. Les mâchoires étaient
vertes, et l'on voit que toutes les nageoires, la pectorale exceptée,
étaient bordées de vert.

L'individu a près de quatorze pouces.

Je trouve un dessin de MM. Kuhl et Van Hasselt, qui
se rapporte par tous les points principaux, tirés de la
forme et de la couleur des dents, de celle de la caudale,
des bordures de l'anale et de la dorsale, au poisson que
je décris, et le dessin fait d'après le vivant nous apprend
que

le dos est lie de vin foncé, rayé de pourpre; le ventre rouge
brillant; la dorsale et l'anale sont couleur de minium, les ventrales
de carmin, la caudale de violet ou de lie de vin. Des points verts
sont autour des yeux et sur la nuque; des brides vertes entourent
les lèvres.

L'individu a été dessiné à Java.

Le SCARE AUX MACHOIRES VERTES.

(*Scarus prasiognathos*, nob.)

MM. Quoy et Gaimard ont pris à la Nouvelle-Irlande
un scare qui

a le corps assez large et en ovale régulier, dont la hauteur est un peu moins du tiers de la longueur totale. La caudale a ses pointes prolongées, et l'inférieure l'est plus que la supérieure; la pectorale est assez grande; elle a les rayons supérieurs courbés.

D. 9/12; A. 3/8, etc.

Tout le poisson est d'une couleur uniforme; il ne montre aucun vestige de taches ou de raies. La teinte conservée dans l'alcool est rougeâtre; les mâchoires ont encore une belle couleur verte. Leur bord est peu crénelé, et il n'y a pas de dents dans l'angle de la bouche.

L'individu est long d'un pied.

Le SCARE DE QUOY.

(*Scarus Quoyi*, nob.)

Les mers de la Nouvelle-Irlande ont encore fourni aux naturalistes de l'expédition commandée par M. d'Urville, sur l'Astrolabe, une espèce remarquable

par ses formes courtes et trapues, par sa caudale carrée, son œil petit, ses mâchoires à bords lisses, garnies de deux dents à l'angle de l'inférieure comme de la supérieure.

D. 9/10; A. 2/8, etc.

Le corps, décoloré, montre encore sur le bord de chaque écaille un croissant rougeâtre. Les deux lèvres ont conservé une belle couleur citron, qui s'étend en une grande plaque de même couleur bordant l'œil et cachant le sous-orbitaire. De son angle antérieur et inférieur cette tache donne une bride qui va dessous la mâchoire inférieure, mais sans la dépasser.

Sous la symphyse est un ovale dont la circonférence est jaune; des lignes onduleuses sont aussi sur l'interopercule; enfin, quelques traits de ce même beau jaune soufre restent autour de l'œil. On voit aussi que l'anale avait le bord jaune, et il est probable que la dorsale avait aussi un liséré plus pâle.

Les écailles sont striées, mais non grenues.

L'individu est long de sept pouces et demi.

Je le dédie avec plaisir au courageux navigateur qui nous a fait avoir ce poisson et a eu le soin de le peindre au sortir de l'eau.

Je trouve dans les mêmes collections un autre scare assez semblable pour les formes, et ayant, comme le précédent,

deux dents à la mâchoire supérieure; mais il n'y en a qu'une à l'inférieure; l'œil est plus grand, la pectorale plus large et attachée plus bas, la caudale prolongée en pointes sur ses angles; la ligne latérale est moins rameuse. Les nombres sont les mêmes; le poisson est plus décoloré, aussi voit-on moins les croissans rouges des écailles; la dorsale a la bordure plus visible, l'anale l'a tout aussi forte : on aperçoit qu'il y avait du jaune autour de la bouche, mais il est plus effacé. Je n'en trouve pas autour de l'œil; le corps devait être parsemé de gros points.

Je suis d'autant plus fondé à les regarder comme de la même espèce, que MM. Quoy et Gaimard, qui les ont vus frais, ne les ont pas spécifiquement distingués. Ces naturalistes décrivent ainsi les couleurs :

Les dents sont blanches, tout le corps est vert en dessus, et rouge rosé en dessous. La lèvre inférieure est verte avec une bande aurore, puis vient une large tache vert jaune qui va à l'œil. La mâchoire supérieure a du jaune et du vert en dessus. Les écailles ont le bord rougeâtre; le ventre porte trois lignes vertes et longitudinales, formées d'une suite de gros points. Les pectorales, vertes, ont le milieu aurore; la dorsale a sa moitié antérieure de cette même teinte, et le limbe vert. La caudale et l'anale sont d'un beau vert clair. Les ventrales sont roses avec leur aiguillon vert.

Leur dessin en couleur a été fait au havre Carteret, de la Nouvelle-Irlande.

Le SCARE DE FORSTER.

(*Scarus Forsteri*, nob.).

Forster a fait dessiner à Otaïti un scare voisin de celui de Quoy.

Je vois, d'après le dessin retrouvé dans la bibliothèque de Banks, que le poisson était

vert avec des taches rouges sur les écailles du dos; que le ventre bleu avait deux séries de taches vertes. La tête était verte, avec les lèvres bleues, le dessous de la gorge étant lilas. La dorsale, rouge avec les rayons verts, était lisérée de bleu; l'anale avait les mêmes teintes. La caudale, coupée en croissant, avait ses trois bords bleus et les rayons roux.

L'espèce, quoique voisine de la précédente, me paraît distincte.

Le SCARE A CROISSANS.

(*Scarus arcuatus*, nob.)

Parmi les dessins envoyés de Siam par le major Finlayson, j'ai trouvé aussi un scare assez différent des précédens pour être signalé à l'attention des naturalistes.

C'est un poisson vert, avec le bord de chaque écaille coloré par un croissant orangé. La tête est orangée avec des lignes sinueuses vertes; cette teinte colore la lèvre supérieure, l'inférieure est bleue; les mâchoires sont roses. La dorsale est bordée de bleu, tachetée de vert sur un fond orangé; la base est verte; l'anale, violette, a une large bordure bleue. La caudale a ses deux rayons externes verts, les autres bleus, et la membrane orangée; elle est coupée carrément. La pectorale a ses rayons bleus, et sa membrane orangée; la ventrale a le rayon externe bleu.

Le dessin, long de onze pouces, est déposé à la bibliothèque de la Compagnie des Indes; j'en dois la communication à l'obligeance et à l'amitié de M. le docteur Horsfield.

Le SCARE VIOLET.

(*Scarus purpureus*, nob.)

M. Mertens a rapporté d'Uléa le dessin de plusieurs espèces de scares.

L'un d'eux a le corps violet ou pourpré avec deux traits bruns effacés sur le dos, et une grande tache de cette même couleur sur la queue. Ses dents sont blanches, et le pourtour est rouge vermillon. Les nageoires ont toutes leurs membranes de cette teinte, et les rayons pourpre.

D. 10/9; A. 1/10; C. 17; P. 15; V. 1/5.

Tel est le nombre indiqué sur le dessin, qui a cinq pouces et demi de longueur.

Le SCARE ENSANGLANTÉ.

(*Scarus cruentatus*, nob.)

Un autre petit scare d'Uléa se distingue

par ses mâchoires crénelées et par sa couleur rose, marbré de croissans ou de traits longitudinaux roussâtres. Le dessus de la tête en avant des yeux, et le milieu de chaque écaille, ont des taches d'une couleur de sang vive. Cette teinte se reproduit sur la caudale et sur le bas de l'opercule par des points arrondis. Cette nageoire est arrondie vers les angles; la dorsale et l'anale ont le rayon rouge carmin, et la membrane rouge un peu orangé; la ventrale et les pectorales sont d'un beau rouge vif.

Le dessin est long de quatre pouces.

Le SCARE OCELLÉ.

(*Scarus ocellatus*, nob.)

M. Ketlitz a dessiné dans le grand Océan, aux Carolines, un scare distinct de tous ceux qui précèdent.

Ses mâchoires sont hérissées; il a la tête d'un beau jaune orangé, le tronc olivâtre, la queue jaunâtre; la dorsale épineuse est orangée, lisérée de noir, et offre une grande tache ovale de cette couleur, qui se dessine très-nette sur le fond; la partie molle, olivâtre, a la base et le bord jaunes. La caudale a sur chaque lobe deux grosses taches rouge vermillon, qui occupent presque toute la largeur de la nageoire, dont le fond était jaune. C'est aussi la couleur de l'anale, des ventrales et des pectorales, nageoires qui n'offrent aucune tache.

Un fin trait noir traverse verticalement la face au-devant de l'œil; un autre, de la même couleur, mais plus large, descend obliquement de la nuque à travers l'opercule jusque sur la poitrine, au-devant de la pectorale. Derrière cette nageoire on voit trois rangées de points noirs, qui ne dépassent pas la moitié du corps, dont le reste offre aussi des taches rembrunies.

Le dessin est long de cinq pouces et demi.

Le Scare a queue tachetée.

(*Scarus spilurus,* nob.)

Le même archipel a fourni à M. Mertens un scare dont le corps est d'un bleu verdâtre, tirant au cendré bleu ou au vert-de-gris, avec une large tache jaune de chaque côté de la queue. Les dents sont vertes, fortement crénelées; les lèvres ont le bord rose, puis vient une large bride verte, aussi foncée que les dents et beaucoup plus que le tronc. Cette ligne est suivie d'une teinte rose vive, qui s'évanouit sur le sous-orbitaire et sur le devant du préopercule. La dorsale, verte, a la base rose; cette bande se divise sur la partie molle en deux traits, entre lesquels sont des points verts. L'anale est de la même teinte que la dorsale, avec une bande rose dans le milieu. La caudale est arrondie, et a les rayons bleuâtres et la membrane vert-pré.

D. 8/9; A. 3/8; P. 13; V. 1/5.

La ligne latérale est indiquée par une série de petits traits non rameux.

Ces nombres ont été ainsi notés sur le dessin, qui a sept pouces de long.

Le Scare a tête rose.

(*Scarus roseiceps*, nob.)

Un autre scare à mâchoires crénelées

a la tête rose, avec une tache bleue sur la joue. La teinte rose se fond sur le tronc, qui a le dos jaune orangé, le ventre brun rougeâtre très-clair, et grivelé sur toute cette partie de points bruns; la dorsale, l'anale et les ventrales sont roses; la caudale est lie de vin foncé; son bord est coupé en croissant; la dorsale a les rayons jaunes.

La ligne latérale paraît avoir été un peu rameuse.

D. 9/10; A. 2/9; P. 13; V. 1/5.

Le dessin a huit pouces et demi; il a été fait à Uléa avec les précédens.

Le Scare a front tacheté.

(*Scarus frontalis*, nob.)

Un autre grand scare, que M. Mertens nous a fait connaître,

a les mâchoires crénelées et granuleuses, le front bombé, l'œil petit, la caudale coupée en croissant. Le fond de la couleur est un vert émeraude brillant; sur chaque écaille du tronc il y a un trait vertical brun rougeâtre; les rayons de la caudale et de la pectorale ont cette même teinte et leur membrane bleue. Des taches de cette couleur sont semées sur la dorsale, dont les rayons, ainsi que ceux de l'anale et de la ventrale, ont la même teinte. L'espace compris entre la lèvre supérieure verte et l'occiput, est d'un bleu céleste très-pâle, au milieu duquel est une large tache verte comme le corps.

L'œil est petit, avec quelque peu d'orangé sur la paupière; on en voit aussi à l'angle de la bouche.

Ce scare a été dessiné à Oualan. La figure lui donne près de neuf pouces de long et trois pouces de haut.

Le SCARE DE MERTENS.

(*Scarus Mertensii,* nob.)

Je dédierai à cet infortuné voyageur, enlevé si prématurément aux sciences, un des scares les plus agréablement colorés qu'il nous ait fait connaître.

Ce scare a les formes trapues et larges, surtout de l'arrière; les dents sont vertes et la lèvre supérieure rose; l'œil est très-petit, le dessus du front est rose, vient ensuite une tache jaunâtre, puis une large tache bleu céleste, qui couvre toute la nuque.

La région operculaire est rose assez vif, et comme celle de l'inter-opercule. Toute cette partie de la tête, sur ces différentes teintes, est couverte de vermicellures vertes, formant tantôt des points, tantôt des lignes plus ou moins courbes. Un trait vert part de l'angle de la lèvre, et un autre de la symphyse de la mâchoire supérieure, et ils ceignent aussi l'espace du sous-orbitaire et du devant de la joue. Cette partie, d'un vert glacé de brun jaunâtre, est la seule qui soit d'une teinte uniforme et sans vermiculations. Le tronc offre, sur une belle couleur verte et uniforme, de nombreuses taches en croissant brun, qui bordent chaque écaille. Le devant de la pectorale est d'un beau jaune, et tout le ventre rose. La pectorale est bleue. La dorsale, rose, a ses rayons plus foncés, un trait bleu la divise en deux, et toute la moitié inférieure est tachetée de bleu. L'anale est plus foncée que la dorsale, un trait bleu la traverse par le tiers de sa hauteur; entre lui et le bord est une seule série de points bleus, qui sont très-nombreux du côté de la base, et sur quatre à cinq rangs. La caudale, arrondie près des angles, a la membrane verte, les rayons et le bord vertical brun

14.

assez foncé. La ventrale a ses membranes orangées, et les rayons bruns, mais plus clairs que ceux de la caudale.

Cette jolie espèce vient d'Uléa.

Le dessin est long de huit pouces.

Le Scare paré.
(*Scarus festivus*, nob.)

Un autre dessin de M. Mertens nous fait connaître un scare

à caudale fourchue, à nuque relevée, ce qui rend le museau saillant; les lèvres sont roses, bordées de vert; en arrière, une seconde bride va rejoindre la première sous le bord de l'orbite. Deux chevrons verts vont d'un œil à l'autre, en passant sur le front. Ces raies diverses se dessinent sur un fond rose, qui s'étend presque sur le bord du préopercule. Le devant de la tête, entre l'œil, le chevron vert antérieur du front et la lèvre, est d'un beau bleu; la nuque, l'opercule et le sous-opercule sont verts; le dos et le ventre blancs; le milieu du côté est jaune et fondu avec le bleu du dos ou du ventre, ce qui forme une teinte verte, séparant le jaune des flancs. La dorsale et l'anale, colorées en bleu pâle, ont une large bande rose dans le milieu. La caudale est rose, avec une large bande verticale bleue. Les deux rayons externes sont de cette couleur. La pectorale est rose, avec le premier rayon bleu; la ventrale est jaunâtre. Les nombres indiqués par M. Mertens sont les suivans:

D. 9/10; A. 3/8; C. 13; P. 13; V. 1/5.

Le dessin a près de huit pouces; l'endroit où il a été fait n'est pas indiqué.

Le Scare élégant.
(*Scarus formosus*, nob.)

Les naturalistes de l'expédition de la Bonite, MM. Eydoux et Souleyet, ont pris aux îles Sandwich un scare très-voisin de ce *sc. festivus.*

Ce poisson

a le bord des mâchoires lisse; une petite dent à l'angle de la bouche;
la tête plate; la nuque un peu relevée; l'œil sur le haut de la
joue; la ligne latérale simple.

Le poisson décoloré montre des traces de brides vertes sous la
gorge, et près des yeux un corps parsemé de taches qui paraissent
avoir été rouges. La dorsale et l'anale vertes, rayées d'une bandelette bleue, à bord onduleux. La caudale, verte, a les bords supérieur
et inférieur marqués par une ligne violette, qui revient de l'extrémité de chaque rayon se réunir à une autre ligne verticale de
même couleur, et dessinant ainsi sur la base et sur les deux rayons
externes de la nageoire une bande qui était probablement rouge.
Les pectorales étaient bordées de bleu; mais il ne paraît pas qu'il y
ait eu de ces bandes sur les ventrales.

Ces poissons, pris aux îles Sandwich, ont sept pouces
de long.

CHAPITRE XVII.

Les Callyodons (Callyodon, Gronov.)

Nous passons maintenant à des scares qui se distinguent des autres par une disposition singulière de leurs dents, dont les antérieures sont imbriquées sur plusieurs rangs, comme des tuiles; les latérales de la mâchoire supérieure écartées et pointues, et dont il y a de chaque côté à cette même mâchoire un rang intérieur de beaucoup plus petites. Nous leur réserverons le nom de *callyodon,* qui avait été donné à tout le genre Scare par Gronovius, mais dont il avait fait la première application à une espèce qui nous semble de son genre actuel.

Cette disposition des dents antérieures est nécessaire pour que le poisson que l'on examine puisse être placé parmi les callyodons : le *scarus cæruleo-punctatus* et quelques autres semblent faire la transition à ce genre; mais la mâchoire supérieure, toujours plus lisse et plus haute, les laisse parmi les scares.

Le Callyodon brulé.

(*Callyodon ustus,* nob.)

Notre première espèce, qui est américaine, ne se laisse pas moins facilement distinguer par ses couleurs que par sa conformation.

Sa forme est oblongue, comme dans le grand nombre des espèces de scares. Sa hauteur est trois fois et demie, et celle de sa tête trois fois et trois quarts dans sa longueur totale. Son profil descend obliquement en ligne à peu près droite. Son œil est placé plus haut qu'à l'ordinaire, près du haut du profil. Il ne montre pas le caractère de cette petite tribu aussi complétement que les espèces de la mer du Sud.

Sa mâchoire supérieure a bien en avant deux ou trois rangs de dents coniques, imbriquées les unes sur les autres, et dirigées vers le bas; mais elle ne porte à chaque angle qu'une pointe conique, crochue, dirigée de côté, en avant de laquelle en est une plus petite, en sorte que son bord latéral, divisé en très-fines dentelures, a l'air d'être son bord extérieur. Sa mâchoire inférieure a les dentelures de son bord bien plus fortes, et à sa face antérieure se voient, comme à la mâchoire supérieure, un rang ou deux de dents coniques, couchées contre cette surface et dirigées vers le haut; leurs pointes ne forment pas simplement un quinconce en pavé, comme dans les scares ordinaires. Sa caudale est coupée carrément et même un peu arrondie. Ses écailles sont bien arrondies et presque lisses. Les arbuscules de la ligne latérale ont la tige courte, et quatre, cinq ou six branches qui en ont quelquefois une ou deux plus petites.

Ce poisson paraît (dans la liqueur, quand il n'y a pas été trop macéré) d'un beau rouge aurore, plus jaune du côté du ventre. Un individu semble même avoir une bande jaune le long de la ligne latérale, et une autre au droit de la pectorale, avec quelques taches brunâtres le long du dos. Dans d'autres, il y a du brun sur la base de toutes les écailles. Tous ont une tache d'un noir violet au commencement de la dorsale; une ligne lilas allant de l'œil vers l'angle de la bouche, et la plupart ont de petites taches lilas, formant quatre ou cinq rangs sur la caudale, dont le fond est aurore. On voit aussi des taches brunes sur la dorsale, mais moins régulièrement placées. La pectorale et la ventrale paraissent jaunes ou aurore, et l'anale aurore pâle. Lorsqu'il a été desséché, ce poisson prend une couleur grisâtre.

Le callyodon brûlé nous a paru avoir le foie grand, ainsi que les autres scares que nous avons pu disséquer; mais tous l'avaient tellement gâté, que nous ne sommes pas en état de bien décrire la disposition des lobes dans lesquels ce viscère se subdivise.

La vésicule du fiel est de médiocre grandeur, en ovale alongé; elle est placée sous l'œsophage; elle débouche très-peu en arrière du pharynx par un canal cholédoque court, un peu renflé à son insertion dans l'intestin, et qui reçoit plusieurs vaisseaux hépato-cystiques, dont un fort long suit un repli entier de l'intestin.

Le canal intestinal est simple, sans aucun renflement qui indique l'estomac. Ses parois sont très-minces; sa veloutée offre de nombreuses papilles serrées et disposées en rubans longitudinaux et onduleux. Il se replie quatre fois sur lui-même à des espaces égaux, et presque de la longueur de l'abdomen. Le diamètre du rectum est plus petit que celui de l'œsophage.

La vessie natatoire est petite, arrondie en avant et pointue en arrière. Sa longueur égale à peine la moitié de celle de la cavité abdominale. Ses parois sont très-fortes, fibreuses, et d'une belle couleur d'argent mat.

Les reins sont gros et assez longs; ils donnent un uretère grêle, qui débouche derrière l'anus par un trou unique très-petit. De chaque côté de cette ouverture on voit dans le cloaque une ouverture assez grande, qui est celle des organes de la génération. Dans les individus que nous avons vus ils n'étaient pas du tout développés.

Tout ce que nous avons pu trouver d'alimens dans l'intestin était tellement broyé, qu'il est difficile de reconnaître à quel règne appartenaient ces substances; mais nous croyons que ce sont des végétaux plutôt que des animaux.

Le squelette ressemble à celui du *scarus frondosus*, aux légères différences près, qui sont annoncées par celles des formes extérieures. Il a de même vingt-cinq vertèbres, dont la dixième commence la queue. En un mot, tout y est disposé de même; ce qui nous fait penser que l'ostéologie des scares n'est pas moins uniforme que leurs caractères extérieurs.

La longueur de nos individus va de sept à neuf pouces. Ils viennent tous du Brésil, soit par feu Lalande, soit par M. le duc de Rivoli, et il est assez singulier qu'il n'y en ait de traces ni dans Margrave, ni dans les recueils de Mentzel et du prince Maurice.

C'est à cette espèce que je crois pouvoir rapporter la figure de Seba (III, pl. 27, n.° 8), dont Gronovius (*Zooph.* I, p. 72, n.° 244) a fait un synonyme de son callyodon, le *callyodon lineatus* de Bloch, et dont Bloch, Syst. posth., p. 313, en fait une variété.

Le Callyodon jaunatre.

(*Callyodon flavescens*, nob.)

On pourrait croire que c'est cette espèce que Parra a représentée pl. 28, fig. 4, et dont Bloch (Syst. posth., p. 290) a fait son *scarus flavescens*.

La figure cependant montre des pointes plus aiguës à la caudale; elle est enluminée d'un roux jaunâtre uniforme; mais la description est plus détaillée, et lui attribue une tête rose obscur; un corps jaune, avec des taches incarnates; des nageoires roses, et une tache noire à la base des pectorales : elle ajoute que sa mâchoire inférieure est grenue, mais ne parle pas des dents qui couvrent la supérieure.

Le Callyodon a points dorés.

(*Callyodon auro-punctatus*, nob.)

Il est oblong et verdâtre comme les précédens.

Sa hauteur ne fait que le quart de sa longueur; sa tête a quelque chose de plus en longueur, mais est d'un quart moins haute que longue. Son profil est légèrement arqué, et sa caudale carrée ou même un peu arrondie. Ses écailles sont à peu près lisses, et il a à ses arbuscules une branche principale et quatre ou cinq branches latérales, elles-mêmes peu branchues.

Ses mâchoires ont sur le devant quelques dents imbriquées; les bords latéraux de la supérieure n'ont que des crénelures d'une finesse excessive; celle d'en bas les a plus grosses et arrondies; une forte épine aiguë et un peu recourbée en arrière se voit de chaque côté de celle d'en haut vers l'angle.

Ce poisson est verdâtre. Ses trois nageoires verticales sont semées de petites taches aurore, qui s'y unissent en bandes obliques et irrégulières. Des taches de la même couleur ornent sa mâchoire inférieure. Une ligne aurore va de l'angle de la bouche à l'œil, et une autre s'étend sur la joue et remonte vers la tempe, où il y en a encore une autre; on voit aussi des points aurore sur le crâne et sur le front.

.Notre individu est long de six pouces.

Il vient de Saint-Domingue et porte dans cette île, comme les autres scares, le nom de perroquet.

Cette espèce, comme on voit, n'a qu'une dent latérale écartée, en sorte qu'elle est moins callyodon qu'aucune autre; il paraît même qu'elle ne l'a pas toujours.

Nous avons sous les yeux un individu de même forme que le précédent, mais plus petit, à nageoires pointillées de brun au lieu d'aurore, et à mâchoires sans épine latérale, quoique d'ailleurs entièrement semblables à celles de l'individu à points dorés.

Peut-être n'en est-ce qu'une variété d'âge, et en général il serait intéressant que l'on examinât si l'âge n'influe pas dans plusieurs espèces sur la présence et sur le nombre de ces pointes latérales.

Le Callyodon des Carolines.

(*Callyodon Carolinus*, nob.)

Une autre espèce a été rapportée des Carolines par MM. Garnot et Lesson.

Ses mâchoires portent manifestement trois sortes de dents. A celle d'en bas, toute entière, et à la partie antérieure de celle d'en haut, il y en a d'ovales, un peu pointues, imbriquées les unes sur les autres comme des tuiles, sur trois rangs. Les plus extérieures de la mâchoire d'en haut se dirigent obliquement de côté et sont coniques et aiguës; mais plus intérieurement, et toujours sur le côté, cette mâchoire en a une rangée d'extrêmement petites, dont les trois antérieures, cependant, le sont un peu moins que les autres.

Son profil est assez convexe. Sa tête n'est pas plus longue que haute, et la longueur en est quatre fois dans celle du poisson. Sa hauteur, au milieu du tronc, est d'un quart en sus. Les épines de sa dorsale sont grêles, mais assez roides. Le bord de sa caudale est un peu concave, et ses pointes, par conséquent, fort courtes. Ses écailles sont presque lisses, et ont des lignes plutôt que des stries. Les arbuscules de la ligne latérale ont les tiges cachées, et quatre ou cinq branches qui se répandent en s'écartant sur toute l'écaille et n'ont point ou presque point de rameaux.

Dans la liqueur, sa couleur paraît violâtre sur le dos, s'affaiblissant sur les flancs, et tirant au jaunâtre sous le ventre. Toutes les écailles sont couvertes de points qui semblent jaunâtres.

Ce scare n'a pas les replis du canal intestinal parallèles entre eux, comme nous l'avons jusqu'à présent observé. L'intestin se porte en arrière jusqu'aux deux tiers de la longueur de l'abdomen; il remonte ensuite par-dessus l'œsophage, s'arrête bientôt et fait un pli à angle droit, de manière à descendre verticalement jusqu'auprès des parois inférieures de l'abdomen; il se dirige alors vers le diaphragme, en faisant un angle presque droit, dont l'ouverture alterne avec le précédent. Arrivé jusque sous le diaphragme, il se recourbe de nouveau, descend jusqu'au-delà du premier pli, remonte, pour se replier dans l'angle du pli précédent, et se rend alors directement à l'anus.

Le lobe gauche du foie est assez large, aplati, divisé en arrière en deux lobules pointus; il couvre près de la moitié des replis de l'intestin. Le lobe droit est petit, ainsi que la vésicule du fiel, qui est alongée, blanche et presque cachée sous le diaphragme même.

Les laitances sont médiocres, rejetées en arrière, cylindriques, réunies entre elles peu avant le cloaque, et embrassant dans leur fourche la vessie aérienne.

Cet organe est ici très-grand, très-dilaté en avant, rétréci en arrière; ses parois sont fibreuses, solides, peu épaisses, d'une belle couleur argentée.

L'individu n'est long que de six pouces.

Nous en ignorons les teintes à l'état frais.

Le Callyodon a joue striée.

(*Callyodon genistriatus*, nob.)

Le Cabinet du Roi possède depuis long-temps un callyodon exactement de la forme du précédent,

et avec les mêmes dents, la même ligne latérale, mais où l'on aperçoit, au travers de la teinte noire que lui a donnée la liqueur, deux ou trois bandes fauves, qui descendent en rayons de l'œil sur la joue, et alternent avec autant de bandes bleues.

Le foie de ce callyodon est alongé dans le côté gauche; mais le lobe droit est presque nul.

La vésicule du fiel est petite, et en partie recouverte par le lobe droit.

L'œsophage est large et dilaté; arrivé à la moitié de la longueur de l'abdomen, il se rétrécit tellement que son diamètre n'a plus que le tiers de la longueur qu'il avait peu après le pharynx. L'intestin fait ensuite quatre replis égaux en longueur dans toute l'étendue de l'abdomen.

La vessie aérienne est grande, amincie aux deux bouts, mais plus en arrière qu'en avant. Sous son plus grand renflement on voit attachés à sa face inférieure deux corps glanduleux, ovales, amincis, libres par leur bord externe, et fixes par leur bord interne.

Nous en avons vu un seul attaché à gauche de la vessie du *callyo-*

don carolinus. Nous n'avons rien observé de semblable dans les autres scares que nous avons pu disséquer.

L'individu est long de sept pouces.

Nous croyons retrouver la figure de cette espèce dans un dessin de Parkinson, intitulé *callyodon,* où les formes sont les mêmes et où l'œil est entouré de bandes rouges, rayonnant sur un fond vert. Le corps y est d'un brun rougeâtre; les nageoires verticales rayées en travers des rayons de vert et de rouge; les pectorales rouges; les ventrales vertes.

Le CALLYODON JAPONAIS.

(*Callyodon japonicus,* nob.)

M. Langsdorf a rapporté du Japon une quatrième de ces espèces à dents imbriquées, avec des épines latérales et un rang plus intérieur de très-petites dents à la supérieure.

Ses formes ressemblent beaucoup à celles des deux précédentes : il a leur tête courte; leur profil un peu convexe; leurs écailles finement striées: mais sa caudale n'a aucunes pointes; elle paraît même arrondie quand on l'étend; ses arbuscules sont plus compliqués; ils ont cinq ou six branches, quelquefois sept et huit, un peu rameuses. Sa hauteur n'est que trois fois et demie dans sa longueur. Desséché, il paraît en entier d'un brun roussâtre. On aperçoit des restes de points pâles sur les écailles du dos.

Les individus sont longs de onze et de quatorze pouces.

Le CALLYODON SANDWICHIEN.

(*Callyodon sandwicensis,* nob.)

Un petit callyodon apporté des îles Sandwich par MM. Quoy et Gaymard

n'a qu'un rang de dents sur le devant des mâchoires, et celles des
côtés ne sont pas dirigées en dehors; mais le rang intérieur de
très-petites dents s'y montre, et peut-être les autres différences
tiennent-elles à son âge. Il a les mêmes formes que le *call. carolinus*,
si ce n'est que sa nuque a un peu plus de convexité, et que son
profil en a un peu moins. Sa caudale est coupée carrément. Ses
écailles sont lisses; les arbuscules de sa ligne latérale ont trois
branches simples et écartées. Il paraît tout entier d'un brun foncé.
Le bord extrême de sa caudale a un liséré blanchâtre, et l'on voit
deux lignes pâles en travers de ses rayons.

Il est long de trois pouces et demi.

Le Callyodon de Waigiou.

(Callyodon Waigiensis; Scarus spinidens, nob.)

Les mêmes naturalistes ont rapporté de Waigiou un
callyodon qui appartient encore à cette subdivision : nous
l'avions nommé *scarus spinidens* dans notre première
distribution méthodique de la collection des poissons,
et ils lui ont conservé ce nom dans la description qu'ils
en ont donnée (Zool. du Voy. de Freycinet, p. 289); mais
on ne peut plus donner à cette espèce cette épithète,
qui est caractéristique de toutes celles de ce genre.

La rangée inférieure de très-petites dents s'y voit à la mâchoire
supérieure, et a les deux premières un peu plus fortes que les
autres. A la rangée externe, les trois de l'angle se recourbent en
arrière comme des épines, et il n'y en a que deux ou trois imbriquées sur le devant. On n'en voit aussi que très-peu d'imbriquées
sur le devant de la mâchoire inférieure, et celles de la rangée du
bord vont en grossissant du milieu vers le fond. Sa hauteur est
trois fois et demie dans sa longueur. Sa caudale coupée carrément.
Ses écailles sont lisses; les arbuscules de sa ligne latérale à trois
branches écartées et presque toujours simples. Il paraît d'un gris

verdâtre, nuancé de brunâtre. Sa caudale a des lignes grises et brunes, irrégulières, en travers de ses rayons. On voit des points bruns sur les rayons de sa dorsale et de son anale. Le bord externe de sa ventrale est brun.

Sa longueur n'est pas tout-à-fait de quatre pouces.

Le Callyodon verdatre.

(*Callyodon viridescens*, Ruppel[1].)

Un callyodon à mâchoires hérissées de toutes parts, et à narines tubuleuses, a été décrit et figuré par M. Ruppel.

Ce poisson a le corps court, assez haut, les rayons de la dorsale à moitié engagés entre les écailles de la base, la caudale coupée carrément. La couleur est un vert rougeâtre uniforme sur tout le corps, ponctué de noirâtre sur la région pectorale, de rouge sur le devant du museau, qui a deux traits obliques de même couleur au-devant de l'œil, rayé obliquement de brun rougeâtre sur la partie molle de la dorsale et de l'anale ; la caudale a le bord vertical blanc. L'iris est rouge de cinabre.

Les individus pris par M. Ruppel à Djedda sont longs de dix pouces. Leur espèce était inconnue aux pêcheurs.

---

1. Rupp., *N. Wirb. zu der Faun. abyss.*, p. 23, tab. 7, fig. 2.

CHAPITRE XVIII.

Des Odax.

Commerson avait donné le nom d'*odax* aux poissons pour lesquels celui de *scarus* a prévalu; comme il reste vacant, nous l'emploierons pour un sous-genre que nous détachons du reste des scares, parce qu'à ses mâchoires près, il ne leur ressemble presque en aucun point, et que l'ensemble de sa conformation le rapproche beaucoup plus des labres.

Le corps et la tête de ces odax sont alongés, leur museau pointu, leurs lèvres renflées; une double lèvre résulte d'un repli de la peau au bord inférieur de l'opercule, comme dans les labres; leurs écailles n'ont pas la grandeur de celles des scares; leur ligne latérale est continue et ne se compose que d'une très-petite élevure sur chaque écaille et non d'arbuscules; en un mot, ce seraient des labres, s'ils n'avaient les mâchoires composées, comme celles des scares, d'une agrégation de petites dents placées au-dessus les unes des autres en quinconce, et soudées en une seule masse de chaque côté, dont le bord est tranchant et crénelé, et dont la surface montre, par les points ou par les tubercules qui s'y dessinent, la nature des élémens qui la composent; encore les mâchoires sont-elles moins larges et moins bombées que celles des scares, elles s'accommodent à la forme du museau et sont entièrement cachées par les lèvres. Mais ils se distinguent des scares, parce que leurs dents forment deux cuillerons à l'extrémité de la bouche, et en avant des bourrelets épineux qui terminent les dentures de la mâchoire. Leurs os pharyngiens sont de labres; car ils ne portent que des dents arrondies, plus petites, plus nombreuses et plus serrées que dans la plupart des labres. Le pharyngien inférieur est de forme triangulaire.

*L'*Odax semifascié.

(*Odax semifasciatus*, nob.)

L'espèce sur laquelle nous avons établi ce sous-genre a été rapportée de la mer des Indes par feu Péron. Tout le monde la prendrait pour un labre, si l'on ne soulevait pas ses lèvres.

Sa longueur comprend cinq fois et un quart sa hauteur au milieu, qui est double de son épaisseur. La longueur de sa tête est quatre fois dans la longueur totale, et elle a elle-même en hauteur à la nuque le double de sa longueur. Le profil descend en ligne droite pour former le museau, et la gorge est aussi rectiligne, mais horizontale. L'œil est à peu près au milieu de la longueur de la tête, fort près de la ligne du profil. Son diamètre est d'un peu moins du cinquième de cette longueur. La largeur du front entre les yeux est d'une fois et trois quarts le diamètre de l'œil. L'orifice antérieur de la narine est en avant de l'œil, à une distance égale à son diamètre; mais à la hauteur de son bord supérieur, l'orifice postérieur est au milieu de cette distance. Tous les deux sont petits; l'antérieur surtout; mais il a une légère proéminence de la peau.

La fente de la bouche ne prend que moitié de l'intervalle entre le bout du museau et l'œil; elle est à peu près horizontale. Les lèvres sont épaisses et en partie ridées; le repli du bas du sous-orbitaire est peu marqué, et ne se montre que latéralement. Une ligne de pores marche au-dessus, et se continue autour de l'orbite jusque vers la tempe. Le limbe du préopercule a aussi une ligne de pores. Son bord est entier, et son angle arrondi. L'opercule a en longueur le quart de celle de la tête, et est entier et presque arrondi. La joue, la tempe, l'opercule, sont écailleux; mais le museau, les mâchoires, le limbe de l'opercule, le sous-opercule et l'interopercule n'ont qu'une peau nue. Les membranes des ouïes s'unissent l'une à l'autre et à l'isthme vis-à-vis de l'angle du préopercule, en sorte que l'ouverture des ouïes n'est pas grande; il y a de chaque côté cinq rayons, dont le premier est fort large. L'opercule porte en dedans une demi-branchie. Les râtelures des arceaux sont courtes, arrondies et lisses. Les pharyngiens supérieurs et postérieurs se composent chacun d'une pièce osseuse, grenue, un peu convexe, triangulaire. Ces deux pièces, rapprochées par le petit côté du triangle, répondent à une autre impaire, inférieure, concave, triangulaire, du double plus grande que les premières, et qui forme le pharyngien inférieur. Sur les pharyngiens antérieurs il y a en haut et en bas une masse de houppes charnues, comme dans nos lachnoleymes.

L'épaule n'a aucune armure particulière. La pectorale est arrondie, du huitième de la longueur du poisson, et a quatorze rayons articulés, dont le premier seul est simple; mais il égale à peu près les autres. Les ventrales sont attachées sous le milieu ou le tiers postérieur de la longueur des pectorales, et, étant de même longueur, les dépassent d'autant. Leur épine est grêle et un peu flexible, et elles n'ont que quatre rayons mous; ce qui est rare parmi les acanthoptérygiens. Entre elles est une pièce triangulaire, écailleuse, de près de moitié de leur longueur; mais il n'y en a point au-dessus de leur base. La dorsale commence vis-à-vis le tiers antérieur de la pectorale. Sa hauteur est d'un peu plus du tiers de celle du corps; elle augmente, mais fort peu, en arrière, où son angle s'arrondit. On y compte dix-huit rayons épineux et douze branchus; mais les épineux sont très-flexibles vers leurs pointes. L'anale répond aux deux cinquièmes postérieurs de la dorsale, et finit même un peu plus tôt. Sa hauteur et la forme de son angle sont les mêmes. On y trouve deux rayons épineux et onze branchus. Entre ces deux nageoires et la caudale est un bout de queue d'un peu moins du septième de la longueur du corps, et qui a en hauteur la moitié, en épaisseur le quart de sa longueur. La caudale est coupée carrément, du huitième de la longueur du corps, et contient douze rayons entiers, dont les deux extrêmes simples; les autres branchus. Ce qu'on voit de chaque écaille est exactement rhomboïdal. On en compte soixante et quelques sur une ligne longitudinale, quinze à vingt sur une ligne verticale au droit des ventrales. Cette partie visible est mince et lisse ou à peu près. La partie cachée est un rectangle d'un tiers plus long que large, et portant un éventail en angle aigu de huit ou neuf stries.

La ligne latérale décrit d'abord un arc légèrement convexe en dessus, et à partir de la fin de la pectorale elle se rend à peu près en ligne droite vers la queue. Chacune de ses écailles a une petite élevure simple, qui ne prend que moitié de sa partie visible.

Ce poisson, conservé dans la liqueur, paraît fauve. Cinq ou six bandes nuageuses, brunes et mal marquées, descendent du dos vers le tiers inférieur de la hauteur. La membrane de la dorsale paraît avoir eu une tache noirâtre au commencement de sa partie molle.

Le canal intestinal de l'odax est très-simple et très-court.

L'œsophage et l'estomac ne forment ensemble qu'un simple tube, qui n'a que quelques lignes de longueur. Une valvule épaisse et charnue les sépare du reste de l'intestin. Leurs parois sont épaisses et un peu charnues, et la veloutée est chargée de plis longitudinaux nombreux et parallèles. Après la valvule, l'intestin devient très-mince; mais il diminue à peine de diamètre, et en faisant un léger coude vers le milieu de sa longueur, il débouche à l'anus; il n'y a aucun appendice cœcal.

Le foie est court, épais, et se porte peu en arrière de la valvule du pylore. La vésicule du fiel est petite et blanche.

La rate est placée sur l'intestin; elle est ronde, de la grosseur d'un fort pois. Sa couleur est gris noirâtre foncé.

Les laitances ont une longueur égale à la moitié postérieure de l'abdomen; elles ne sont pas très-épaisses, et font plusieurs ondulations.

La vessie aérienne est très-grande; elle est large et cylindrique

14.

dans sa première moitié; elle se rétrécit subitement, et se termine en un cylindre plus étroit de moitié que celui qu'elle forme d'abord; elle commence assez en arrière du diaphragme. Ses tuniques sont fortes et fibreuses, et d'un beau blanc d'argent mat.

L'espace compris entre le diaphragme et la vessie natatoire est rempli par le renflement des reins, qui sont d'ailleurs très-gros et épais; ils longent l'épine jusqu'à la fin de la cavité abdominale.

La longueur de l'individu est de neuf pouces.

L'ODAX A BAUDRIER.

(*Odax balteatus*, nob.)

Péron a rapporté encore un autre odax, beaucoup plus petit,

à museau moins aigu, qui n'a en tout que vingt-huit rayons à la dorsale, et qui (dans la liqueur) paraît fauve, avec une ligne brune ou noirâtre, partant du museau, reprenant derrière l'œil, et se prolongeant sur les côtés du corps, mais en s'affaiblissant. Les mâchoires sont très-finement dentelées, à denticules pointues. Les deux mitoyennes d'en bas sont un peu plus marquées.

L'individu est long de trois pouces et demi.

L'ODAX POUSSIN.

(*Odax pullus*, nob.)

Nous rapportons à ces odax le *scarus pullus*, dont la description a été donnée d'après Forster dans le Syst. posth. de Bloch, p. 288, n.° 14, et dont nous avons trouvé la figure dans la bibliothèque de Banks. Elle est intitulée *scarus pullus* ou *callyodon*.

Ses formes sont les mêmes que dans notre première espèce, si ce n'est que sa tête est plus courte (elle ne fait guère que le sixième de la longueur totale)[1]; que sa caudale est un peu concave à son bord postérieur, et que ses écailles sont encore un peu plus petites.

La description lui donne pour nombres:

B. 5; D. 23/11; A. 13; C. 11; P. 14; V. 5;

ce qui s'éloigne peu de ce que nous avons observé dans l'autre espèce.

Sa couleur est d'un brun noirâtre. Toutes ses nageoires sont noirâtres. La figure lui donne quinze pouces de longueur.

Forster avait pris ce poisson près de la Nouvelle-Zélande. Les habitans le nomment *mararée*.

Nous venons de retrouver ce poisson dans les collections faites au port Western de la Nouvelle-Hollande, par MM. Quoy et Gaimard. Ils prouvent l'exactitude de la description de Forster.

L'Odax des Moluques.
(*Odax Moluccanus*, nob.)

M. Reinwardt a rapporté des Moluques au Musée royal de Leyde un odax

à corps plus large et plus court que les précédens, la hauteur surpassant le quart de la longueur totale. Les deux dents moyennes, en cuillerons, de la mâchoire supérieure, sont plus proclives que celles des espèces à corps alongé. Les mâchoires sont finement denticulées. Je compte une trentaine d'écailles dans la longueur. La ligne latérale, non interrompue, est tracée sur la cinquième rangée. La caudale est arrondie; les nageoires sont en général petites :

D. 10/12; A. 3/13, etc.

Le dos paraît avoir été roussâtre; le ventre blanc. La dorsale et l'anale lisérées de brun. On voit deux autres raies longitudinales sur la nageoire de l'anus. La caudale, brune, est blanche à la base.

---

1. Cette dimension est prise sur la figure; c'est par quelque erreur de copiste que Bloch écrit *caput longitudine tertiæ circiter partes corporis*.

Les dents en cuillerons sont verdâtres, comme la turquoise. Il y a un petit trait brun à la base du premier rayon de la pectorale.

Les individus sont longs de six à huit pouces et demi.

Le recueil de l'amiral Corneille de Vlaming en a une figure au trait, sous le nom de *ikan passir,* et je la trouve dans Renard, fol. 2 n.° 12, sous le nom de *passer.* Les couleurs dont il est peint sont brillantes, mais sans doute d'imagination; toutefois on ne peut douter ni du genre ni de l'espèce d'après les traits du dessin de l'amiral. On voit sur ce dessin que l'anale est rayée, et qu'il y a au-devant de l'œil quelques lignes flexueuses, que Renard dessine en blanc sur le fond bleu de la tête.

L'Odax de Bourbon.

(*Odax Borbonicus,* nob.)

J'ai vu parmi les poissons rapportés de Bourbon par M. Morel, une espèce d'odax qui manque au Cabinet du Roi.

C'est un poisson de forme alongée, à tête plus haute que celle de notre *odax acutus,* à caudale arrondie, à dents en cuillerons bleues, à corps varié de bleu et de vert, à dorsale rayée longitudinalement.

J'en ai observé deux individus; l'un a la caudale d'une seule couleur, l'autre a une bande transversale plus pâle. Je les crois variétés l'un de l'autre et de la même espèce; mais il est possible que les observations faites sur les poissons frais les fassent distinguer.

Ils sont longs de huit à dix pouces.

*L'*Odax fleuri.

(*Odax varius,* nob.)

M. Mertens a dessiné à Uléa un odax

à museau aigu, à tête haute, à caudale arrondie, à petites écailles, à ligne latérale continue; dont les dents, les lèvres, le bord du préopercule et quatre traits sur le sous-opercule, sont bleus. La tête, la poitrine et le ventre sont violets ou lie de vin; le dos rose; la dorsale variée de traits jaunes et bleus sur un fond rose; la caudale, noirâtre; les écailles qui la couvrent, vertes; l'anale, jaune, à base bleue, avait une suite de taches bleues entre les rayons sur le milieu de la hauteur; la pectorale, brune à la base, est bordée de jaune; la ventrale est violette.

Le dessin est long de sept pouces.

LIVRE DIX-SEPTIÈME.

DES MALACOPTÉRYGIENS.

Nous allons commencer maintenant l'histoire des familles qui appartiennent au second groupe des poissons, celui des *Malacoptérygiens.* Tous les animaux que nous y réunissons ont des rayons composés de pièces osseuses articulées par synchondrose, qui rendent le rayon flexible quand les pièces ont de la longueur, et qui lui donnent une solidité et une roideur égales à celles des épines des acanthoptérygiens, quand les articulations sont très-rapprochées à cause du peu d'épaisseur des pièces réunies. Ce groupe comprend des familles qui s'anastomosent et rentrent les unes dans les autres, comme dans les acanthoptérygiens. Aussi est-il difficile de présenter rien de très-général sur ce groupe; on arrive mieux à le connaître et à en sentir l'importance, quand on a étudié dans tous leurs détails les différentes familles dont il se compose.

Nous commençons par celle des silures, parce que les rayons de leurs nageoires sont plus osseux que dans aucune autre famille des malacoptérygiens.

DES SILUROÏDES.

Les eaux douces des pays chauds nourrissent une famille de poissons aussi étonnante par le nombre de ses espèces et la variété de leurs formes, que par les caractères extraordinaires qui leur sont communs à toutes. Dénués de plusieurs pièces qui ne manquent à aucuns des autres poissons osseux, sans scapulaire, sans coracoïdiens, sans sous-opercule, les siluroïdes présentent dans leur ostéologie beaucoup de particularités, soit par l'absence totale de certains os, soit par l'extraordinaire développement qu'en prennent quelques autres.

La cavité cérébrale est close latéralement, comme celle des cyprins, par des ailes orbitaires et par un sphénoïde antérieur, qui se joint aux frontaux antérieurs et conduit ainsi cette cavité jusqu'à l'ethmoïde, sans laisser d'espace membraneux entre les orbites; elle manque généralement de l'os que nous avons nommé *rocher* dans les acanthopté-rygiens, et certaines espèces n'ont pas même de pariétal. En revanche, l'interpariétal se développe souvent beau-coup; les surscapulaires s'unissent même, dans un grand nombre, par une suture aux côtés du crâne, et il y en a même quelques-uns où cette cavité osseuse est élargie latéralement par la fixation de surtemporaux très-agrandis. Le développement du crâne en arrière, cette forme d'un grand casque qu'il prend très-souvent, l'armure qui le continue quelquefois sur la nuque, dépendent sur les angles, de la fixation des surscapulaires, et au milieu, de la grandeur de la pointe postérieure de l'interpariétal, qui va rejoindre des plaques osseuses appartenant aux premiers interépineux.

L'interpariétal, généralement très-grand, s'articule en avant avec les frontaux principaux, et se porte en arrière entre les frontaux postérieurs, les mastoïdiens, les pariétaux et les surscapulaires, qu'il dépasse tous, lorsqu'il doit se prolonger sur la nuque. Les mastoïdiens arrivent jusqu'à lui en s'intercalant entre les frontaux postérieurs et les pariétaux, en sorte que ces derniers, très-réduits pour le volume, sont rejetés jusqu'à l'arrière du crâne, et disparaissent même quelquefois.

Le surscapulaire s'unit le plus souvent au mastoïdien par une suture immobile, qui embrasse le pariétal quand il existe, et s'étend même jusqu'à l'interpariétal; il donne, en outre, deux branches, dont l'une va s'appuyer et souvent s'engrener à l'occipital latéral et au basilaire, et l'autre à la première vertèbre; il y a même quelquefois une lame provenue de l'occipital externe, qui va s'appuyer à la même vertèbre.

Celle-ci, quoique son corps soit bien continu en dessous, en représente, en réalité, deux, et même quelquefois trois ou quatre, ainsi que l'on peut en juger par les arêtes ou les crêtes de ses apophyses transverses, par les cercles dont sa partie annulaire est relevée, et par les trous dont elle est percée pour le passage des nerfs.

Il y a beaucoup de variété aussi dans la manière dont les crêtes et les apophyses soutiennent l'interpariétal ou les surscapulaires, et quelquefois d'autres os du crâne.

Il n'y en a pas moins dans le développement et les connexions des trois premiers interépineux.

En général, dans les espèces qui ont une forte épine dorsale, le deuxième et le troisième s'unissent en une pièce, que nous appellerons le bouclier, et qui est plus ou moins approchante de la forme d'un croissant; la grande épine s'articule avec le troisième, et le deuxième ne porte qu'une épine très-courte ou plutôt un vestige d'épine, petit os ovale et fourchu en dessous, dont l'usage est de fixer la grande épine à l'état de redressement, quand le poisson veut s'en faire une arme offensive.

L'épine elle-même s'articule par un anneau avec un

second, qui appartient au troisième interépineux. Le premier de ces interépineux ne porte pas de rayon, et varie beaucoup dans les espèces à casque continu avec le bouclier, comme chez beaucoup de Bagres et de Pimélodes. L'interpariétal, se prolongeant en arrière, passe sur cet os, qui est alors fort petit, et se cache pour aller joindre, par son sommet, le bouclier formé par les deux suivans. D'autres fois, comme dans les Shals et les Auchéniptères, un interpariétal et un deuxième interépineux, alors encore plus développés, se joignent l'un à l'autre aux côtés du premier interépineux, qu'ils embrassent, et laissent paraître entre eux un espace plus ou moins grand, au milieu de la surface de l'armure qu'ils donnent en commun à la nuque.

Quand le sommet de l'interpariétal n'arrive pas jusqu'au deuxième interépineux, le premier se porte libre jusqu'à la peau, et se montre même quelquefois en dehors comme une pièce étroite, interposée entre les deux autres. Le casque alors n'est pas continu avec le bouclier.

Les apophyses épineuses des vertèbres soudées qui forment la première vertèbre apparente, concourent aussi utilement à soutenir cet appareil, qui protège la nuque et supporte la grande épine dorsale; elles portent les interépineux, s'articulent même avec eux par suture, souvent il s'en dirige une vers l'occiput, qui soutient ainsi la tête; en un mot, on voit une liaison mutuelle de toutes ces parties antérieures du squelette, dont l'effet, pour leur stabilité dans les mouvemens du poisson, ne peut être que très-considérable.

L'épaule des silures est également constituée comme le réclamait l'arme redoutable à laquelle elle devait servir de point d'appui; la solidité et l'étendue de son articulation inférieure; la fermeté qu'a le plus souvent son articulation supérieure; enfin, sa division seulement en deux parties mobiles, concourent également à lui donner de la vigueur.

Nous avons vu que souvent leur surscapulaire s'unit en dessus au crâne par suture, et que presque toujours il prend aussi de l'appui en dessous, au moyen d'une ou de deux apophyses sur l'occipital inférieur, et sur l'apophyse transverse de la première vertèbre : il n'y a jamais de *scapulaire*; c'est entre deux apophyses du surscapulaire que le haut de l'huméral s'enchâsse, et c'est encore là une de ces exceptions à la prétendue règle de l'*unité de composition*, qui sont nombreuses dans ce genre.

Dans la plupart des poissons, l'huméral complète seul en dessous la ceinture des deux épaules, et se joint à son semblable par suture ou par synchondrose, sans que le cubital descende jusque-là. Il n'en est pas de même dans les silures : le cubital descend jusqu'à l'articulation, qui est très-souvent une suture à dents très-profondes, et dans beaucoup d'espèces il est tellement élargi par le bas, qu'il occupe plus de moitié de la longueur de cette articulation; c'est ce qui fait que la partie inférieure de la ceinture humérale est si large dans ces poissons; ce qui, outre la base solide qu'elle donne à l'épine pectorale, la met à même de protéger efficacement la partie des viscères qu'elle enveloppe.

La solidité de cette base de l'épine pectorale est encore augmentée par l'union intime que contractent le cubital et le radial; union qui va souvent jusqu'à une suture ou une fusion complète; et outre cette circonstance, il y en

a une seconde, qui ne concourt pas moins efficacement
au même effet; je veux parler de deux arcades osseuses,
qui vont encore de cet os cubito-radial au bord supérieur
et au bord inférieur de l'épaule. La première est grêle, va
du bord saillant cubital près de la pectorale, à la face
interne d'une portion radiale, qui s'applique à la face
interne de la partie montante de l'huméral; elle a son
analogue dans les cyprins, où elle est formée par un os
particulier. La seconde, qui n'existe pas dans les cyprins,
est plus large, souvent percée d'un grand trou, et va du
même bord saillant cubital, mais en sens contraire, au
bord inférieur de l'huméral, un peu en avant de l'articulation de l'épine pectorale. Ces deux arcades donnent abri
à deux muscles propres à cette épine, et les séparent des
muscles communs de la nageoire, qui sont attachés en
partie à leur surface. L'arcade supérieure demeure cartila-
gineuse ou ligamenteuse dans beaucoup d'espèces, comme
dans les shals, dans divers bagres; d'autres fois c'est l'inférieure qui ne s'ossifie point, comme dans le malaptérure;
mais elles sont, l'une et l'autre, très-prononcées dans le
silure commun et dans une foule d'autres, surtout dans
les espèces voisines de ce premier genre.

Le scapulaire n'est pas le seul os qui manque à l'épaule
des silures; ils n'ont pas non plus cet os grêle, souvent
divisé en deux, qui se trouve dans presque tous les autres
poissons osseux, et que l'on a nommé, tantôt furculaire,
tantôt claviculaire (ce qui reviendrait au même), et tantôt
plus justement, selon M. Cuvier, coracoïdien; en un mot,
celui dont nous avons marqué les deux parties 49 et 5o
dans les planches ostéologiques de la perche de notre
premier volume.

M. Geoffroy Saint-Hilaire, toujours occupé de ses idées sur l'unité de composition, n'a pas voulu croire que cette pièce pût manquer, et il a annoncé en 1807 (dans les Annales du Muséum, t. IX, p. 427) que c'est elle qui se montre sous la forme du premier rayon de la pectorale, ou de ce que M. Cuvier a nommé l'*épine pectorale*. Il en trouve la preuve « en ce que l'on aperçoit au dehors tous les os du bras; que cette épine a son extrémité articulaire enchâssée dans la clavicule (notre huméral); qu'elle est mue par les muscles propres, et enfin, parce que, dans le silure électrique, ou *malaptérure,* qui n'a point d'épine à sa pectorale, il a trouvé cet os, mais petit, grêle et soudé par les deux bouts. » Reproduisant en 1818 (dans sa Philosophie anatomique, p. 475) cette même théorie, et considérant cette transformation d'un os intérieur en un organe extérieur, comme *le fait d'ostéologie le plus curieux qu'il connaisse* (ce qu'il serait en effet, s'il était réel), il en cherche une nouvelle démonstration dans les muscles, et donne deux figures, représentant, l'une, les muscles du furculaire dans la carpe; l'autre, ceux de l'épine pectorale dans les silures, assurant qu'ils sont les mêmes. Ces figures à elles seules montreraient déjà que, bien loin d'avoir les mêmes muscles, ces pièces osseuses ont des muscles tout autrement placés, tout autrement attachés; ceux de l'épine du silure, au-dessus du grand muscle de la pectorale, comme ceux du premier rayon pectoral de tous les poissons [1]; ceux du furculaire ou coracoïdien de la carpe, au-dessous [2]; aussi comme dans tous les autres

---

1. Voyez, pour la perche, pl. 5 de notre premier volume, le muscle externe profond de la pectorale, 15; et un muscle propre du premier rayon, 16.

2. *Ibid.*, pl. 4, *a. b. c.* Un autre muscle superficiel de la nageoire y est marqué 14.

poissons, où ils ne sont, ainsi que dans la carpe, qu'une branche du grand muscle latéral du corps. Nous verrons d'ailleurs plus bas que le rayon épineux des silures a des muscles propres encore moins susceptibles de rapprochemens avec ceux du coracoïdien. De plus, il n'est pas vrai, comme le dit M. Geofroy, que ce rayon pectoral du silure s'articule à l'huméral (qu'il nomme clavicule); mais il s'articule au radial, comme le fait toujours le premier rayon pectoral, et même par une articulation toute semblable. Seulement cette articulation a une saillie courbe, qui pénètre dans une fossette de l'huméral, où elle peut prendre une situation fixe par un léger mouvement de torsion, comme nous l'expliquerons tout à l'heure. De plus encore, cette épine n'est pas, à beaucoup près, un os simple, mais une réunion d'articulations soudées et ossifiées; c'est un rayon articulé comme les autres, et dont, dans une multitude d'espèces, on trouve encore l'extrémité molle et divisible; et même ce sont ces articulations qui, en se durcissant, forment par leurs deux bouts les dentelures dont cette épine a les bords armés, et qui sont dirigées en sens contraire, parce que les articulations elles-mêmes étaient obliques à l'axe général de l'épine. Il suffit, pour constater cette origine des épines des silures, de les observer dans le bagre ordinaire, où leur partie encore molle est plus grande que dans aucune autre espèce; enfin, et ceci détruit l'argument dans lequel l'auteur semble mettre le plus de confiance, *ce petit os, grêle et soudé par les deux bouts,* que M. Geoffroy a regardé comme propre au silure électrique, et où il a cru voir le représentant de l'épine, qui, en effet, est faible ou nulle dans ce poisson, n'est autre chose que l'arcade supérieure de l'os cubito-radial, que nous avons décrite ci-dessus, arcade qui existe dans un très-grand nombre de silures à fortes épines pectorales, notamment dans notre silure vulgaire d'Europe, et dans beaucoup d'autres; et c'est si peu un remplaçant du coracoïdien, qu'on la retrouve aussi bien que dans tout le genre des cyprins, où le coracoïdien existe sans contestation et à sa place ordinaire.

Les os du carpe ne sont généralement qu'au nombre de trois, dont les deux inférieurs assez longs, plats, élargis par l'extrémité qui porte les rayons; le supérieur, plus voisin de l'épine, est gros, court et assez irrégulier.

D'autres parties du silure manquent aussi de quelques os, dont l'absence n'est pas si facile à expliquer.

Leur arcade palato-ptérygoïdienne, par exemple, en a trois de moins que la perche et les autres acanthoptérygiens, c'est-à-dire, que les deux ptérygoïdiens (marqués 24 et 25 dans les figures de la perche, t. Ier) sont remplacés par un seul. Il en est de même du temporal et du tympanique (*ibid.*, 23 et 27), et il n'y a point de symplectique (*ibid.*, 31). Le palatin (*ibid.*, 22) y est réduit à un petit os cylindrique.

La pièce appelée *sous-opercule* (*ibid.*, 32), manque aussi constamment dans tous les silures. Il n'y a qu'un opercule et un interopercule.

Ainsi, ce genre fait de nombreuses brèches à ce que l'on a voulu appeler la loi de L'UNITÉ DE COMPOSITION. On ne peut arriver à connaître de ces faits exceptionnels que par l'examen scrupuleux de toutes les modifications de forme et de connexions dont la nature nous offre des exemples, mais que l'on ignore quand on généralise par un seul et que l'on s'élève trop promptement à des lois physiologiques et philosophiques. Ces prétendues lois sont de pures conceptions de l'esprit dont l'observateur plus patient montre presque toujours la fausseté.

Les siluroïdes n'ont jamais de véritables écailles, quoique quelques-uns d'entre eux (les doras) aient les lignes latérales armées de plaques osseuses, et qu'en d'autres (les callichtes) des lames semblables enveloppent le corps tout entier.

Outre ces variations, si remarquables dans leur organisation, comparée à celle des autres poissons, nous trouvons encore chez eux, comme dans beaucoup de familles d'acanthoptérygiens, des changemens dans la position ou même dans l'absence de certaines nageoires.

Les genres *silurus* et *loricaria* furent les seuls établis par Linné. M. de Lacépède y apporta, dans la famille que nous constituons aujourd'hui, quelques modifications, en subdivisant le grand genre de Linné en pimélodes, agénéioses, doras, plotoses, malaptérures. Linné avait cependant eu l'idée, dans ses premières éditions, de séparer les pimélodes sous le nom de *mystus*, et d'établir aussi les genres *callichthys* et *aspredo*, que Bloch a reproduits sous le nom de *platystomes*; mais M. Cuvier a, dans sa première, et surtout dans sa seconde édition, en se servant du présent travail, beaucoup amélioré la classification de cette famille, en y établissant les nombreux genres dont nous allons présenter l'histoire.

CHAPITRE PREMIER.

Des Silures (Silurus).

M. de Lacépède comprenait sous le nom de *silure,* les malacoptérygiens abdominaux dont la dorsale est petite et située sur le devant du dos; dont l'anale, très-longue, occupe tout le ventre, et semble quelquefois se confondre avec la nageoire de la queue. Mais M. Cuvier a précisé davantage encore le caractère des espèces à réunir dans ce genre, en le réduisant aux silures dont la dorsale n'a pas d'épines sensibles, et dont les dents, en cardes aux deux mâchoires, garnissent une bande vomérienne derrière celles des intermaxillaires.

Les espèces que nous y réunissons, analogues à celles des eaux douces de notre Europe, sont toutes asiatiques. Je n'en connais pas dans les fleuves des deux Amériques.

Le SILURE D'EUROPE, *Saluth* des Suisses, *Wels* et *Schaid* des Allemands.

(*Silurus glanis,* Linn.)

L'Europe ne possède qu'un seul siluroïde, qui manque même à plusieurs de ses régions, à la France, à l'Espagne, à l'Italie et aux îles Britanniques; c'est, avec les esturgeons, le plus grand des poissons d'eau douce de cette partie du monde.

Comme il doit nous servir de type pour une grande famille, nous en donnerons d'abord une description détaillée, et nous passerons ensuite à son histoire.

14. 31

Le silure d'Europe est déprimé à la tête, arrondi à la poitrine, et comprimé sur le reste de sa longueur. Son diamètre vertical et transversal aux pectorales est sept fois et demie dans sa longueur; il se renfle davantage dans la région abdominale, et au-dessus de l'anus sa hauteur est du sixième de la longueur; mais il s'amincit en arrière au point que vers le bout de la queue son épaisseur n'est pas du dixième de celle du thorax, quoique la hauteur y soit encore de près de moitié. Toute cette longue partie comprimée est arrondie en dessus et tranchante en dessous, où elle est garnie d'une longue anale. La tête, aussi large que la poitrine, est d'un quart moins élevée en arrière, et s'aplatit encore davantage sur le devant. Elle a un tiers de plus en longueur qu'en hauteur, et n'est recouverte, comme le reste du corps, que d'une peau molle et lisse.

Toute la ligne dorsale de ce poisson, lorsqu'il est étendu, est à peu près droite depuis le museau jusqu'au bout de la queue; le dessus du crâne, pris transversalement, est légèrement convexe. La courbure horizontale du devant est en arc de cercle, et formée par la mâchoire inférieure, qui avance plus que l'autre. La bouche, arquée comme les mâchoires, occupe toute la largeur du devant de la tête; elle a à chaque mâchoire une large bande de dents en cardes serrées ou en fort velours, et à la mâchoire supérieure il y en a en arrière une deuxième bande, parallèle à la première, et qui appartient au devant du vomer; mais le reste du palais est lisse, aussi bien que la langue, qui n'est qu'une large proéminence plate du plancher de la bouche. Les anneaux des branchies n'ont qu'une rangée de crochets simples; les dents pharyngiennes sont en fin velours; un repli membraneux garnit la commissure des lèvres. Le maxillaire, placé un peu en avant de cette commissure, est fort court quant à sa partie osseuse; mais il se prolonge en un barbillon membraneux comprimé, dont la longueur est trois fois et demie dans celle du poisson, et qui se porte en arrière aussi loin que la pectorale. Indépendamment de ce barbillon il y en a quatre autres sous la mâchoire inférieure, deux sous chaque branche, trois fois plus courts et plus grêles. Les orifices antérieurs des narines sont percés près de la bouche, entre les racines des maxillaires, et à une distance l'un de l'autre égale à la moitié de la largeur de la bouche. Ils sont ronds, petits, et entourés d'un rebord tubuleux et pointu; l'orifice postérieur est de chaque côté directement à l'arrière de l'antérieur, et à une distance égale à moitié de celle des antérieurs entre eux. Il est aussi entouré d'un rebord tubuleux, mais coupé carrément. L'œil est entre cet orifice postérieur et la commissure des lèvres, mais un peu plus en arrière. Son diamètre est du treizième de la longueur de la tête, et sa distance à l'œil de l'autre côté est de plus de dix diamètres. On ne distingue pas le préopercule au travers de la peau. L'opercule osseux se termine en pointe arrondie, bordée d'une membrane de même circonscription, qui se continue avec celle des ouïes. Il n'y a point de sous-opercule; la fente des ouïes commence au milieu de la hauteur du tronc, et se continue jusque sous le milieu de la gorge, entre les commissures des mâchoires, où elle embrasse l'extrémité antérieure de l'isthme, qui est assez large. La membrane branchiostège contient seize rayons grêles et ronds. La pectorale est attachée fort bas au-dessous de la pointe de l'opercule; elle est arrondie et du dixième de la longueur totale. Son premier rayon, d'un tiers plus court, est épineux et très-robuste, et a quelques fines dentelures à son bord interne vers la pointe. Les mous sont au nombre de seize, dont le dernier est fort petit.

Les ventrales, attachées sous le tiers antérieur du corps à peu de distance l'une de l'autre, sont aussi arrondies et d'un tiers plus courtes que les pectorales. On y compte douze rayons, dont le premier simple, mais non épineux, les autres branchus.

La dorsale est fort petite, placée un peu en arrière du quart antérieur du poisson; elle a le quart ou le cinquième de la hauteur du corps sous elle, est de moitié moins longue que haute, et ne contient que quatre rayons, tous mous et branchus. L'anus est un petit trou rond, percé derrière les ventrales, et en arrière de l'anus est un tubercule charnu, à la pointe duquel est percé l'orifice des organes génitaux. Immédiatement après commence l'anale, qui s'étend jusqu'à la caudale et s'y unit[1], conservant à peu près

---

1. Bloch représente l'anale et la caudale comme séparées. C'est une faute de son dessinateur.

partout la même hauteur, du sixième environ de celle du corps à l'endroit où elle prend son origine; on y compte quatre-vingt-neuf ou quatre-vingt-dix rayons, tous mous et branchus. La caudale, d'un peu plus du douzième de la longueur totale, dépasse de moitié la portion de l'anale qui s'y joint. Elle est coupée carrément, et a dix-sept rayons branchus et quelques petits.

B. 16; D. 4; A. 90; C. 17; P. 1/16; V. 12.

Aucune partie du silure n'a d'écailles. Il est recouvert partout d'une peau molle et lisse, même sur la tête; cette peau cache les os, dont la surface ne se montre point au travers, comme dans tant d'autres espèces de cette famille. Sa ligne latérale est une suite continue et à peu près droite de petites lignes un peu relevées et très-minces. En avant elle occupe le tiers supérieur, plus loin elle est au milieu.

Sa couleur est sur le dos un brun olivâtre ou un vert foncé et tirant au noir, qui s'éclaircit sur les côtés et sur le ventre, où elle prend une teinte jaunâtre ou blanchâtre; mais il est plus ou moins varié par des marbrures nuageuses ou pointillées brunes ou noirâtres, lesquelles manquent quelquefois entièrement. La lèvre inférieure a une teinte rougeâtre; la pectorale a sur sa base une large tache brune arrondie, entourée d'un cercle pâle; son bord est noirâtre. On voit à peu près la même distribution, mais plus pâle, sur les ventrales; l'anale est brune.

Le canal intestinal du glanis est simple et n'a pas beaucoup d'étendue : il commence par un large œsophage, terminé vers la moitié de la longueur de la cavité abdominale en un sac arrondi, comme le fond d'une cornue.

De sa partie inférieure remonte, entre les lobes du foie, la branche montante de l'estomac. Un léger étranglement marque la place où la valvule du pylore ferme l'entrée du duodénum. Les parois de cette première portion du canal alimentaire sont très-épaisses. La tunique musculaire est composée de fibres longitudinales, réunies en faisceaux épais et faciles à diviser par le scalpel. La tunique qui est au-dessus a un aspect brun mat et fibreux; elle

est de beaucoup plus épaisse que la membrane externe ou que la
veloutée. Celle-ci offre de grosses rides longitudinales et parallèles,
assez simples dans l'œsophage, mais qui sont plus nombreuses et
entrecroisées dans l'estomac. Dans la branche montante les plis
reprennent la direction parallèle qu'ils avaient dans l'œsophage;
ils sont très-minces. La valvule du pylore est épaisse et festonnée
par les lames de la veloutée de l'estomac ou du duodénum, qui
remontent sur sa crête.

Le duodénum est large, remonte d'abord vers le diaphragme,
et retourne vers l'arrière de l'abdomen, en faisant une grande anse
et de nombreuses ondulations; il se rétrécit graduellement près de
l'aplomb de la crosse de l'estomac. L'intestin se porte en ligne droite
jusqu'à l'anus, et je ne trouve pas dans son intérieur la valvule
qui existe ordinairement dans la portion droite du canal avant
sa sortie à l'anus. La veloutée du duodénum est composée de
lames ou de crêtes assez nombreuses. Dans la portion droite
ce sont des lames parallèles sur lesquelles on aperçoit quelques
villosités. Un double épiploon est suspendu à l'intestin, et contient
le long du bord libre de grosses masses graisseuses, composées
de l'agglomération de petits amygdaloïdes graisseux.

Sous le duodénum il n'y a presque pas de graisse.

Le foie est volumineux et se divise en deux lobes, dont le gauche
atteint jusqu'à la fin de l'estomac. Il se divise en deux petits lobules.
Le lobe droit est un peu plus large, de moitié plus court que
le gauche; il se termine en pointe. La vésicule du fiel est attachée
sous le corps du foie, et autant ou même plus au lobe gauche
qu'au lobe droit. Elle est grande, et elle se prolonge en un canal
cholédoque large, conique, dont la pointe va déboucher dans le
duodénum un peu en arrière de la valvule du pylore. Il n'y a
rien de particulier dans l'intestin à l'endroit de l'ouverture du canal.

La rate est triangulaire, épaisse, assez grande, suspendue entre
l'estomac et l'intestin. Son parenchyme est plus dur et plus solide
que dans beaucoup d'autres poissons. Les deux laitances sont rejetées à l'arrière de l'abdomen, et découpées comme une crête de
coq le long du bord inférieur. Elles donnent dans un canal très-

court, qui s'ouvre derrière l'anus sans avoir aucune communication avec le rectum. La vessie natatoire est très-grande, sa tunique fibreuse externe est très-solide, d'un gris argenté brillant. La surface interne de cette tunique est même finement striée, de manière à ressembler à la peau brillante de nos lèches ou de nos chorinèmes. Elle fournit dans le milieu une lame verticale, qui sépare les deux grands sacs postérieurs fournis par la membrane interne de la vessie. Cette membrane interne forme à la partie antérieure une vessie arrondie, plus large que longue, appuyée sur les os de Weber, et qui n'a guère que le tiers de la longueur de la vessie; elle se bifurque alors dans les deux grands sacs dont nous venons de parler. Je n'ai point vu de corps rouges; les reins se montrent d'abord sous la forme de deux rubans grêles, qui se réunissent en une seule masse épaisse trièdre, occupant l'espace compris entre la vessie aérienne et le fond de l'abdomen. Cette masse donne un uretère court, ouvert dans une grande vessie urinaire oblongue, épaisse, dont l'issue est pratiquée derrière celle des laitances, sans qu'il y ait de communication.

Le cœur est trièdre, deux fois plus haut que large. L'oreillette est beaucoup plus petite que le ventricule. Le bulbe de l'aorte est alongé, conique, un peu déprimé à son origine, de manière que le diamètre transversal est en cet endroit plus large que le vertical.

L'ostéologie du *silure d'Europe* offre plusieurs circonstances remarquables.[1]

Le dessus du crâne est presque rectangulaire; l'ethmoïde est grand, échancré et élargi en avant par deux pointes dirigées latéralement, pour porter les intermaxillaires collés sous son bord antérieur; il occupe plus du quart de la longueur du crâne en

---

1. M. Spix a donné une bonne figure de la tête du silure d'Europe, vue en dessus et de côté (*Cephalogenesis*, pl. 9, fig. 18). Il y en a aussi une vue en dessus et en dessous, et de profil, dans les planches ichthyotomiques de M. Rosenthal, pl. 9. Ces figures sont détaillées, et chaque os y porte le nom que lui assigne l'auteur dans sa nomenclature, laquelle s'éloigne beaucoup de la nôtre; ainsi sa *mâchoire supérieure* est notre ethmoïde; son *aile du nez* est notre frontal antérieur; son *temporal supérieur* est notre frontal postérieur; son *pariétal latéral* est notre mastoïdien :

dessus, et s'articule par des sutures à longues dents aux frontaux principaux et aux frontaux antérieurs.

Ceux-ci donnent de chaque côté une pointe saillante horizontalement, qui est l'apophyse antorbitaire, et se prolonge sur l'orbite et sur le haut de la joue par une apophyse étroite, qui va jusqu'au frontal postérieur. Les frontaux postérieurs sont peu étendus en dessus et n'ont point d'apophyse postorbitaire, et appartiennent entièrement à la crête du dessus de la joue, la petitesse de l'œil n'ayant exigé qu'un fort petit orbite. Les mastoïdiens s'intercalent entre les frontaux postérieurs et les occipitaux externes, pour aller s'articuler avec l'interpariétal et avec les frontaux principaux et s'unir aux frontaux postérieurs, qui eux-mêmes se portent en arrière entre les frontaux postérieurs et les pariétaux, pour s'articuler au bord antérieur de l'interpariétal.

La crête sagittale est peu marquée en dessus, ainsi que les externes. L'angle latéral du crâne est formé extérieurement par le mastoïdien, et du côté interne par l'occipital externe, qui tous les deux descendent à la face inférieure; il n'y a point de crêtes moyennes, la tête étant déprimée en entier; la face occipitale est peu élevée, et je ne puis y découvrir non plus qu'à la face inférieure l'os que nous avons appelé *rocher*. Les pariétaux sont d'ailleurs très-petits, et se soudent promptement avec les mastoïdiens, de manière qu'on ne peut les reconnaître que dans de très-jeunes individus.

Le vomer, pointu en arrière, a en avant deux grandes ailes transversales, qui lui donnent la forme d'un T, et c'est sur cette partie transverse et antérieure qu'il porte une bande de dents en velours, parallèles à celles que forment les intermaxillaires.

La carène du dessous du crâne est continuée à la suite du vomer

---

il ne reconnaît pas le vrai pariétal qui, effectivement, est à peu près nul dans le silure commun; sa *partie palatine* de la *mâchoire supérieure* est notre vomer; son *vomer* est notre sphénoïde, etc.

M. Geoffroy, dans le grand ouvrage sur l'Égypte, à l'article des poissons du Nil, donne la tête du *malaptérine*, pl. 12, en dessus et en dessous, et celle du *macroptéronote*, pl. 17, fig. 8, de côté; et fig. 7 et 9, en dessous, mais avec peu de détails.

par le corps du sphénoïde antérieur, celui du sphénoïde postérieur et celui du basilaire, et à leurs côtés sont dans le même ordre la face inférieure du frontal antérieur, la lame montante du sphénoïde antérieur, l'aile orbitaire, la grande aile et l'occipital latéral. Au-dessus de ces trois dernières pièces, et alternant avec elles, sont le frontal postérieur, le mastoïdien et l'occipital externe, qui joignent la face inférieure du crâne à la supérieure. Le frontal postérieur se joint à l'antérieur le long du bord supérieur de la joue, dont la voûte appartient d'ailleurs en grande partie au frontal principal.

En dessus le crâne a dans sa ligne moyenne des fissures longi-tudinales qui pénètrent dans sa cavité, l'une entre les frontaux et entre les yeux, l'autre sur le crâne et pratiquée en grande partie dans l'interpariétal.

A la partie supérieure les os propres du nez, longs, irrégulièrement ridés, pointus aux deux bouts, sont adhérens à chaque côté de l'éthmoïde, et atteignent la pointe antérieure du frontal principal.

Il y a trois sous-orbitaires : le premier, fort petit, sur l'angle an-térieur externe du frontal antérieur; le second, en forme de stylet presque vertical, descendant en avant de l'œil et finissant en pointe; le troisième, en forme de S, remontant par derrière l'œil pour aller rejoindre l'extrémité postérieure du frontal antérieur. Ces trois os et ce frontal composent le cadre entier qui entoure l'œil.

A l'angle antérieur externe du frontal antérieur, sous le premier sous-orbitaire, s'articule le maxillaire, qui, comme dans les cyprins, se divise en deux os fort courts, et dont l'externe porte ce long filet charnu qui est le barbillon maxillaire.

L'arcade palato-temporale est formée, comme dans tous les silures, d'un palatin cylindrique, grêle, sans dents, et de quatre pièces ou lames osseuses, qui, ainsi que je l'ai dit, me paraissent représenter : la première, les deux ptérygoïdiens; la seconde, le jugal; la troi-sième, la caisse et le temporal, et la quatrième, le préopercule. Le symplectique n'existant pas non plus, ce sont trois pièces de moins que dans le commun des poissons. On a vu qu'il n'y a pas non plus de sous-opercule.

La première vertèbre se compose réellement de trois vertèbres, avec trois apophyses épineuses et trois paires d'apophyses transverses. Des sutures très-visibles réunissent leurs corps, et l'on en voit même des traces sur leurs parties annulaires.

La première apophyse épineuse se porte obliquement en avant, et s'unit par suture, par son bord antérieur, avec la suture commune des occipitaux latéraux et le bord postérieur de la crête de l'interpariétal. Les deux suivantes sont plus petites et un peu inclinées en arrière.

La première apophyse transverse est très-forte, et son extrémité offre une surface articulaire, sur laquelle appuie une des apophyses du surscapulaire; les autres sont plus faibles.

Sous les trois corps réunis règne un demi-canal profond.

On pourrait dire qu'en avant de ces trois vertèbres réunies il y en a encore une qui serait vraiment la première; c'est une petite lame ronde, entre les précédentes et le basilaire, semblable aux cartilages intervertébraux ossifiés que l'on voit dans les baleines.

Il y a de chaque côté un os auriculaire ou de Weber, plat, mince, de forme alongée, obtus aux deux bouts, placé horizontalement, mais dont l'extrémité postérieure se courbe et descend verticalement, en serrant de près le corps des trois vertèbres réunies. Au milieu de son bord interne est une apophyse par laquelle il s'articule d'une manière mobile dans une fossette de la partie supérieure du corps de la première des vertèbres réunies et sous son apophyse transverse.

Le surscapulaire a quatre branches, et ressemble un peu à une H. Deux de ces branches sont antérieures et dirigées en dedans et en avant, dont une, supérieure, plus courte, s'attache par des ligamens à la tête, sur l'angle externe postérieur du crâne, formé par le mastoïdien et l'occipital externe; l'autre, inférieure et plus longue, va fixer sa pointe sur la jonction de l'occipital latéral et du basilaire près de l'extrémité postérieure de ce dernier.

Les deux branches postérieures de ce surscapulaire se dirigent en dehors et en arrière: la supérieure, un peu plus longue, porte l'os huméral, qui est suspendu par des ligamens sous son extrémité; l'inférieure s'appuie par tout son bord interne contre l'apophyse transverse de la première des trois vertèbres réunies, et s'y joint par une suture.

14.   32

Dans l'espèce actuelle, l'occipital externe ne s'étend pas, comme dans beaucoup d'autres, jusqu'à cette vertèbre, et n'a pas même la lame ou l'apophyse destinée à cet office.

L'huméral n'est pas non plus aussi large que dans beaucoup d'autres espèces, et ne s'unit point inférieurement à son semblable par une suture dentée, mais seulement par des ligamens. Le cubital, fort alongé et rétréci vers le bas, ne prend qu'une petite part à cette union; mais, comme dans les autres siluroïdes, il ne fait qu'un avec le radical et avec l'arcade supérieure, qui, dans les cyprinoïdes, forme un os séparé, de sorte que l'os cubito-radial, qui porte dans le haut la nageoire pectorale, s'unit par trois endroits avec l'huméral, et a de plus un arc-boutant, qui joint une de ces unions à l'angle de la partie qui porte la nageoire, d'où il résulte pour celle-ci une base d'une extrême solidité. Le premier rayon ou l'épine pectorale s'articule, comme à l'ordinaire, par un ginglyme simple à une facette du bord radial; mais il a de plus deux apophyses; une interne ou inférieure, par laquelle il s'appuie sur le sommet de la portion cubitale de l'os sous l'attache des os du carpe, et une supérieure ou externe, demi-circulaire, recourbée en dehors et faisant ainsi une sorte de crochet élargi. Cette apophyse entre dans une fosse demi-circulaire de la face interne de l'huméral, dont le rebord forme un petit bourrelet rentrant, et c'est en plaçant ce crochet par un léger mouvement sur l'axe derrière ce bourrelet, et en appuyant en même temps son apophyse inférieure contre le sommet du cubital, que l'épine pectorale prend cette position fixe qui la rend si redoutable. Il n'y a que trois os du carpe; le premier court et gros; les deux autres alongés, plats, élargis vers les rayons, surtout le troisième.

Outre les trois vertèbres unies, qui peuvent être considérées comme cervicales, puisqu'elles ne portent point de côtes, l'épine du dos en contient encore soixante-sept ou soixante-huit, dont seize abdominales et cinquante et une ou cinquante-deux caudales. Les abdominales ont des apophyses transverses, d'abord horizontales et s'inclinant peu à peu, de sorte que les dernières sont parallèles aux côtés des anneaux inférieurs des caudales. Jusque sous la dorsale, qui répond à la sixième et à la septième des vertèbres séparées, les apophyses épineuses sont courtes et dilatées d'avant en arrière, de façon à se toucher; puis elles deviennent grêles et longues, ainsi que celles du dessous de la queue. Les abdominales sont rondes; les caudales se compriment graduellement; toutes ont deux fossettes de chaque côté. Celle du bout de la queue, qui porte la caudale, forme, comme d'ordinaire, une lame en triangle; les interépineux de la dorsale se portent obliquement en avant, et se rapprochent pour se fixer entre les apophyses épineuses de la seconde et de la troisième vertèbre libre. Ceux de l'anale, au nombre de quatre-vingt-huit ou quatre-vingt-neuf, sont distribués sous les cinquante et une ou cinquante-deux apophyses inférieures des vertèbres caudales, de manière qu'en avant il y en a le plus souvent deux pour l'intervalle de chaque apophyse, mais ensuite il y a moins de régularité.

Les limites de l'extension du silure sont difficiles à expliquer. On n'en voit ni dans les îles Britanniques, ni dans la péninsule espagnole, ni en France, ni en Italie. Les eaux les plus voisines de nous où l'on en trouve, sont certains lacs de Suisse; tels que celui de Morat et celui de Neufchâtel; mais il n'y en a point dans le lac de Genève. Plusieurs des lacs qui communiquent avec le Rhin en manquent également, ou du moins il y est excessivement rare. Ainsi, l'on en prit un petit, en 1601, dans celui des Quatre-Cantons, qui fut porté à Lucerne, où personne ne le connut; et depuis lors on n'y en a pas vu. Vers la fin du dix-septième siècle, quelques habitants de Zurich en jetèrent dans le leur; mais ils y furent promptement détruits. Il n'y en a constamment que dans quelques petits lacs du Hégau en Souabe, et M. Hartmann dit que c'est de là que, lors des grandes inondations, il en vient dans le lac de Constance; mais le très-petit nombre que l'on y voit est bientôt pris. Déjà dans le quinzième siècle ils y étaient rares; car on remarque une capture de trois grands, qui eut lieu en 1498 près de Rheineck, et en 1786, la prise d'un seul, qui fut porté à Zurich, donna lieu à un article de Journal.[1]

Il faut remarquer que ces lacs du Hégau s'écoulent dans le Danube. Dans le Rhin lui-même et dans la plupart de ses affluens, le silure est au moins fort rare. Baldner, dans son manuscrit, en représente un, long d'un pied, qui fut pris dans l'Ill, près d'Hessenheim, en 1569, et apporté à Strasbourg, où il se conserva dans un vivier jusqu'en 1620, qu'un temps orageux le fit périr. Pendant ces cinquante et un ans il avait acquis une taille de cinq pieds. Baldner le croit même un poisson de mer. Feu M. de Dietrich, minéralogiste bien connu, en avait fait venir du *Federsée,* l'un des lacs du Hégau, et les avait introduits dans quelques étangs de la Basse-Alsace; mais des inondations et des gelées les y ont détruits[2]. Encore aujourd'hui c'est du Federsée que les marchands de poissons de Strasbourg font venir ceux qu'ils tiennent dans leurs caisses. Au voyage de Charles X dans cette ville, en 1828, il lui en fut servi un venu de ce lac, et long de trois pieds, dont le squelette est maintenant au cabinet de la faculté des sciences de Strasbourg.

Il n'est question de ce poisson ni dans le Catalogue des poissons du Rhin de Sander[3], ni dans celui de Nau[4], et quoique Pline en ait placé dans le Mein, M. Römer-Büchner n'en parle point dans son Catalogue des pierres

---

1. Hartmann, Ichthyologie helvétique, p. 84 et 85. — 2. Escher, Description du lac de Zurich, 130. — 3. *Naturforscher,* 15.ᵉ cahier. — 4. *Ibid.,* 25.ᵉ cahier.

et des animaux des environs de Francfort[1]; aussi quelques-uns croient-ils qu'il faut lire dans cet endroit de Pline : *in OEno* (dans l'Inn), au lieu d'*in Mœno* (dans le Mein).

Cependant, le lac salé d'Harlem, qui communique avec le Rhin, en a. Déjà Gronovius l'avait annoncé[2], et M. Temminck nous a même donné le squelette d'un individu pris dans ce lac. Il faut observer qu'ils n'y sont pas très-communs. Je n'ai pu en obtenir que très-difficilement des pêcheurs, et plusieurs de ceux à qui je me suis adressé, m'ont dit ne pas le connaître. Cependant, j'ai pu en voir de trois pieds de long. Peut-être le poisson y a-t-il été transporté, comme dans quelques-uns de ceux de Suisse.

En effet, ce n'est que dans le Danube, d'une part, dans l'Elbe, de l'autre, et dans leurs affluens, que le silure commence à être abondant. Les affluens du Danube en ont jusque très-près de leurs sources[3], et l'on en prend dans tout le cours de ce grand fleuve[4]. En 1793, il s'en prit des quantités immenses dans toutes les rivières de la Hongrie.

Il y en a de fort grands dans le lac Balaton et dans le lac de Neusiedel, qui est salé comme la mer d'Harlem.

Dans le Theiss, qui a beaucoup d'eaux bourbeuses, ils arrivent jusqu'à huit coudées.[5]

Pausanias[6] nie qu'il s'en trouve dans les rivières de la Grèce, ce qui peut bien être à cause de leur petitesse;

---

1. En allemand; Francfort-sur-le-Mein, 1827, in 8.° — 2. *Mus. ichthyol.*, I, p. 6, n.° 25. — 3. Pour le lac de Feder, *vid. supra;* pour le lac de Starenberg, Schranck, Voyage en Bavière, p. 251; pour le Staffel-See, *ibid.* 118. — 4. Meidinger, n.° 9; Cramer, *Elench.*, p. 388; Marsigli, *Dan.*, IV, c. 4. — 5. Grossinger, *Univ. phys. hist. regn. Hungar.*, III, 99 et suiv. — 6. *Messen.*, IV.

mais il n'en est pas de même de celles de la Macédoine. Belon en a vu dans le Shymon[1]. Les lacs voisins en approvisionnent Constantinople, et tout récemment M. Virlet nous apprend qu'il en arrive beaucoup au printemps de la mer Noire par le Bosphore; il nous en a même apporté un, pris dans le port de Constantinople.

Plus vers le nord, tous les affluens de l'Elbe en nourrissent. Il a donné lieu à divers proverbes en Bohème[2]. La Sprée, les étangs des environs de Berlin en ont beaucoup[3]. Du temps de Schonevelde, il était assez abondant pour que l'on en fît des salaisons à Hambourg[4]; mais il ne descendait pas plus bas. Le Mecklembourg en a dans tous ses grands lacs[5], et il en descend quelquefois dans la Baltique. On en prend, de temps en temps, dans le lac de *Soeroe* en Séelande; mais il y est très-rare[6]. La Suède en a dans le lac Mœler et dans d'autres eaux en Scanie, en Ostrogothie[7]; mais il n'en est point question dans l'Histoire des poissons d'Islande de M. Faber, ni dans la Faune de Groenland de Fabricius.

En Prusse, il est commun, selon Wulf, dans le Curisch-Haf, dans le Brandebourg; on en prend souvent dans la Pregel, le Memel, surtout vers leurs embouchures[8]. Il y en a aussi à l'embouchure de la Vistule, et même beaucoup plus haut[9]. On en a pris dans la Pregel, de seize pieds de long[10]. Racszinsky en place dans le Bug[11], et assure que l'on en prend des milliers dans le Styr.[12]

---

1. Belon, Obs., l. I, c. 55, p. 125. — 2. Schonevelde, p. 69. Chaque poisson en a un autre, pour proie. Le Wels les a tous. — 3. Bloch, Ichtyol., 1.re part., pag. 196. — 4. Schonev., l. c. — 5. Siemssen, Poiss. de Mecklemb., p. 83. — 6. Müller, *Zool. dan.*, p. 48. — 7. Retzius, *Faun. suec.*, I, 344. — 8. Wulf, *Pisces cum amph. regn. Boruss.*, p. 33. — 9. Bock, Hist. nat. de Prusse, IV, 507. — 10. *Ibid.*, 16. — 11. Racszinsky, *Hist. nat. Pol.*, p. 135. — 12. *Ibid.*, p. 141.

Il s'en trouve en Livonie, mais rarement; et il n'y passe guère quatre pieds[1]. La plupart des fleuves de la Russie en nourrissent, tant ceux qui vont à la Baltique, comme la Düna et tout le système de la Néwa, ainsi que ceux qui aboutissent à la mer Noire, le Dnieper, le Don, et au-delà du Bosphore cimmérien, le Couban et le Phase.[2] La mer Caspienne et les rivières qui s'y jettent, en produisent tant, qu'il y est au plus vil prix[3]. A Astracan, la livre n'en vaut souvent pas un copek[4]. Il y en a enfin en Géorgie, dans le Kur et le Terek, et dans tous les lacs qui avoisinent la mer Caspienne[5]. Le Terek en produit de trois cent vingt livres.[6]

Comprend-on qu'un poisson aussi étonnamment répandu, ne se soit point établi en deçà du Rhin, ni au midi des Alpes, et qu'il soit demeuré étranger à toutes les rivières de la Sibérie qui se jettent dans la mer Glaciale; c'est cependant ce qui paraît certain par le témoignage de Pallas[7]. Ce n'est qu'au-delà du Baïkal qu'il s'en retrouve une espèce du même genre, mais différente.[8]

On ne peut douter que notre silure ne soit le Γλανὶς d'Aristote. Outre qu'il est commun en Macédoine, et qu'il porte encore en Turquie le nom de *glanos*[9] ou de *glano*[10], ce que le philosophe rapporte de son glanis convient très-bien à notre silure, autant que nous en connaissons l'histoire : l'inquiétude que lui causent les temps orageux[11], la lenteur du développement de ses œufs, leur

---

1. Fischer, Hist. nat. de Livonie, p. 250. — 2. Georgii, Hist. nat. de Russie, tom. III, p. 1932. —3. Pallas, *Zoogr. rossic.*, p. 82. — 4. Georgii, *l. cit.* — 5. Guldenst., Voy. en Géorgie et en Imirété, p. 41 *et al.* — 6. Pallas, *loc. c.*, p. 83. — 7. Pallas, *loc. cit.*, p. 83. — 8. Le *silurus Dauricus* de Pallas, qu'il a ensuite nommé *asotus.* Voyez-en l'article. — 9. Belon. — 10. Meidinger, *ad tab.* IX. — 11. VIII, 20.

grosseur, le soin qu'il en prend, le bruit qu'il fait entendre, etc.

Il est possible qu'à une certaine époque le nom de σίλυρος, dont Aristote ne fait point usage, n'ait pas été synonyme de glanis; car, dans un passage d'Ælien[1], où il est parlé du glanis du Shymon, du glanis d'Aristote, on le compare au silure; peut-être ce nom appartenait-il originairement à quelqu'une des espèces de l'Égypte ou de la Syrie[2]; mais ce qui est bien certain aussi, c'est que dans un autre endroit Ælien applique ce nom de silure à notre silure du Danube[3]; c'est que Pline en fait la même application[4], et même qu'il l'emploie pour traduire les propres passages où Aristote parle du glanis.[5]

Enfin, Ausone décrit si bien le silure de la Moselle sous ce nom de *silurus,* qu'il ne peut rester aucun doute à un naturaliste sur l'espèce que le poëte avait en vue.[6]

On voit même que, de son temps, le silure commençait

---

1. Æl., XII, 14. — 2. Ælien, XII, 29; Pline, XXXII, 10, *et alibi quam in Nilo nascitur.* — 3. Ælien, XIV, 25. — 4. Pline, IX, 15.

5. IX, 16, *fluviatilium silurus, caniculæ exortu sideratur;* et IX, 52 : *silurus mas solus omnium edita custodit ova, sœpe et 50 diebus ne absumantur ab aliis.*

6. Auson., *Mosell.,* v. 135 et suiv.

Nunc pecus æquoreum celebrabere magne silure,
Quem velut actæo perductum tergora olivo;
Amnicolam delphina reor. Sic per freta magnum
Laberis et longi vix corporis agmina solvis,
Aut brevibus defensa vadis, aut fluminis ulvis.

At quam tranquillos moliris in amne meatus,
Te virides ripæ, te cœrule turba natantium,
Te liquidæ mirantur aquæ. Diffunditur alveo,
Æstus, et extremi procurrunt margine fluctus.
Talis at lantiaco quondam balœna profundo, etc.

à devenir rare dans cette rivière [1], et, en effet, je n'ai pas ouï dire qu'il y en ait aujourd'hui.

Ainsi, nous ne pouvons approuver Paul Jove [2] et ses nombreux copistes [3], qui ont prétendu que le *silurus* était l'esturgeon.

Il faut avouer cependant, à leur décharge, que ce nom de *silurus* avait pris des acceptions diverses, et s'entendait même de toute sorte de poisson. C'est ainsi que Juvenal qui, lorsqu'il raillait Crispinus, en avait fait un poisson égyptien [4], l'emploie dans un autre endroit pour un mauvais poisson quelconque, nourriture de l'extrême avarice [5], et que le poëte Fortunat, parlant des inondations du Gers, met des silures dans les champs.

Obtinet expulsus stabulum campestre silurus,
Plus capitur terris quam modo piscis aquis. [6]

Athénée fait venir σίλϱεος, que l'on devrait, dit-il, prononcer σείϱεος, de σείειν, *remuer* parce qu'il remue beaucoup la queue [7]. Aujourd'hui son nom, dans quelques

---

1. *Hic tamen hic nostiœ mitis balœna Mosella,*
Exitio procul est magnopus honor additus amni.

2. *Pisc. Rom.*, p. 59.

3. Jos. Scaliger rejette en partie cette opinion, mais l'adopte pour le silure d'Ausone. *Lect. Auson.*, l. I, c. 3.

4. Sat., IV, v. 32 et 33 :

Jam princeps equitum magna qui voce solebas,
Vendere municipes phara de merce siluros.

5. Sat., XIV, v. 132 :

Vel dimidio putrique siluro.

6. Comme il n'y a point de glanis dans le Gers, Scaliger veut prouver par ces vers que le silure est l'esturgeon. Schneider, qui les cite (*Syn. Aried.*, p. 170), probablement d'après Scaliger, les attribue faussement à Ausone.

7. Athén., l. VII, c. 9.

parties de la Suisse française, notamment au lac de Morat, est *saluth*, qui est peut-être une corruption de silure; sur le lac de Neufchâtel on l'appelle aussi *glane*, plus évidemment dérivé de glanis[1]; mais M. Agassis nous fait observer sur le nom de *glane*, que c'est à tort que Hartmann donne ce nom comme usité en Suisse. On lui aura rapporté que ce poisson se trouve aussi dans la Glane, petit ruisseau fangeux, dont les eaux se jettent dans la Broie, au-dessus de son embouchure dans le lac de Morat (et non pas de Neufchâtel), et dans lequel le saluth est réellement assez fréquent. Hartmann aura cru que le nom du ruisseau est le nom que l'on donne au poisson dans cette contrée. Sur le lac de Constance, c'est *weller*, *wellerfisch;* dans la plus grande partie de l'Allemagne, *Wels* ou *Wils,* que l'on croit venir de *Wall,* baleine. En Autriche, en Hongrie, les Allemands l'appellent *Schaid*, *Schaiden*. Nous voyons les deux mots réunis dans le nom de *Schaid-waller,* usité en Holstein, selon Schonevelde[2]. Les Hongrois propres l'appellent *Hardscha*[3] ou *Hartsa, Közönseges*[4]; les Rusciens et autres Slaves, *Comb, Somb*[5], ce qui répond aussi à son nom russe *Som*[6]; en polonais *sum*[7]. Albert le Grand, qui avait beaucoup de connaissances pour son temps sur l'Europe orientale, en parle déjà sous ce nom. Les Danois l'appellent *malle*[8], et les Suédois *mahl.*[9]

Pallas donne encore quelques-uns de ses noms asiatiques : *dshehen-balyk* parmi les Tartares de Casan;

---

1. Hartmann, *Ichthyol. de la Suisse*, p. 83. — 2. Schonev., *Icht*, p. 69. — 3. Marsigli, *Danub.*, IV, p. 7. — 4. Reisinger, *Ichtyol. hungar.*, 28, 29. — 5. Marsigli, *l. cit.* — 6. Pallas, *Zoogr. ross. as.*, p. 82. — 7. Racszinsky, p. 135. — 8. Müller, *Prodr. zool. dan.* — 9. Retz, *Faun. suec.*, p. 344.

tschal-burtu chez les Calmouques; *loko* en Géorgie et en Arménie.

Les habitudes du silure sont paresseuses; il se tient dans la profondeur, sur des fonds argileux et vaseux, s'y enfonce même, et est averti de l'approche de sa proie par le moyen de ses barbillons; cela même le rend difficile à prendre aux filets, qui passent sur lui; mais il se porte à la surface lors des orages; quelquefois même il lui arrive alors d'être jeté sur le rivage par les vagues[1]. Les pêcheurs de la Sprée disent que l'on n'en prend de gros que lorsqu'il tonne[2]. C'est en faisant des trous dans la glace que l'on en prend le plus en hiver.

Il est très-vorace. On dit que de tous les poissons il n'épargne que la perche, à cause de ses épines; il détruit beaucoup d'oiseaux aquatiques : on assure même qu'il n'épargne pas l'espèce humaine. En 1700, le 3 de Juillet, un paysan en prit un auprès de Thorn, qui avait un enfant entier dans l'estomac[3]. On parle en Hongrie d'enfans et de jeunes filles dévorés en allant puiser de l'eau, et l'on raconte même que, sur les frontières de la Turquie, un pauvre pêcheur en prit un jour un qui avait dans l'estomac le corps d'une femme, sa bourse pleine d'or et son anneau.[4]

Gmelin lui attribue l'instinct de secouer avec sa queue, lors des inondations, les arbustes sur lesquels se sont réfugiés des animaux terrestres, et de les faire tomber, ainsi que les petits oiseaux encore dans les nids.

---

1. Grossinger, *Hist. univ. phys. regn. Hungar.*, III, p. 105 ; et Rondel., *Fluviat.*, c. 10, p. 186. — 2. Témoignage verbal que j'ai recueilli pendant mon voyage en Prusse avec M. de Humboldt. — 3. Racszinsky, p. 148. — 4. Grossinger, *Univ. phys. hist. regn. Hungar.*, III, 99.

Les insectes sont le meilleur appât pour les jeunes.

Dans les étangs, on peut lui donner du pain, de la viande, des grenouilles, aussi bien que du poisson.

Les opinions varient sur le mérite de sa chair comme aliment; mais peut-être cela tient-il à la différence des saisons. Selon Schonevelde, il est bon surtout au mois de Juin[1]. Siemssen le compare au veau[2]; Baldner, à la lotte.[3] Pour nous, elle nous a paru tenir un peu de l'anguille, mais être beaucoup moins délicate.

Sa couleur est d'un blanc parfait. Les Raizes de Hongrie sèchent ses parties grasses, comme du lard, et en assaisonnent leurs légumes[4]. On en utilise encore plusieurs autres parties. Sa graisse s'emploie pour brûler dans les lampes. On prépare une colle très-tenace avec sa vessie. Les paysans russes et tartares se servent de sa peau séchée en guise de vitres[5]. L'on fait la même chose à la Guiane hollandaise avec l'ichthyocolle de quelques bagres. Nous en avons au Cabinet une belle plaque, qui m'a été donnée en Hollande par un médecin d'Amsterdam.

Ce qu'Aristote rapporte avec détail, et en deux endroits, du soin que le silure mâle prend des œufs de sa femelle, tient un peu du merveilleux[6]. Selon lui, les grands silures les déposent dans les eaux profondes; les moindres, entre les racines des saules et des autres arbres, entre les roseaux ou même dans la mousse. La femelle, après avoir pondu, les quitte; mais le mâle les garde et les défend; et comme ces œufs sont long-temps à éclore, il continue ce soin pendant quarante ou cinquante jours.

---

1. Schonev., p. 69. — 2. Poiss. du Mecklemb., p. 83. — 3, Baldner, manuscrit. — 4. Marsigli, IV, p. 7. — 5. Pallas, *Zoogr. ross.*, III, p. 82. — 6. L. VI, c. XIV; et l. IX, c. XXXVII.

Les eaux douces de l'Asie possèdent plusieurs silures, analogues à celui d'Europe par leur museau arrondi transversalement, et même par leurs teintes plus ou moins vertes. Nous en avons vu diverses figures, peintes à la Chine et aux Indes, mais qui ne nous paraissent pas assez précises pour servir à l'établissement d'espèces à introduire dans le système. Dans ce nombre est celle dont M. de Lacépède a fait son silure chinois.

Le Silure de Daourie

(*Silurus Dauricus*, Pall.)

a quelque chose de plus authentique, parce qu'il a été observé par un grand naturaliste. Autant que l'on en peut juger par la figure et par la description que Pallas en a données dans les *Nova acta* de Pétersbourg (t. Ier pour 1783, p. 359, et pl. 11, fig. 11), il doit être assez voisin, par ses formes, de l'espèce d'Europe, et en a notamment

la tête plate, arrondie en avant en portion de cercle, les dents en cardes aux mâchoires et en avant du vomer, les petits yeux, la caudale, l'anale adhérente à l'épine forte, dentelée, courte et comme tronquée, de la pectorale, et presque les nombres

B. 15; D. 5; A. 90; C. 17; P. 1/13; V. 13;

mais on ne lui observe que quatre barbillons; deux maxillaires qui ne vont qu'à la base de la pectorale, et deux sous la mâchoire inférieure, quatre fois plus courts.

Cette espèce ne passe pas la taille du brochet; sa chair est plus agréable que celle du silure d'Europe. On la trouve dans l'Ingod, l'Onon, l'Argun et dans d'autres rivières de la Daourie.

Nous avons observé par nous-mêmes deux de ces silures

à museau arrondi transversalement et à quatre barbillons, venant l'un et l'autre de l'Asie.

Le Silure de la Cochinchine

(*Silurus Cochinchinensis*, nob.)

nous a été envoyé par M. Diard du pays d'où nous tirons son épithète.

Sa tête, la position de ses yeux, ses nageoires, ses barbillons supérieurs, sont exactement comme dans le S. glanis; mais ses mâchoires sont égales, si même la supérieure n'avance pas un peu; il n'y a qu'un seul barbillon sous chacune des branches de l'inférieure; ses dents du vomer sont divisées en deux groupes, et son anale n'a que soixante-deux ou soixante-trois rayons.

B. 15; D. 4; A. 62; C. 17; P. 1/11; V. 9.

Nos individus sont petits (cinq ou six pouces), et paraissent dans la liqueur d'un brun de chocolat, un peu plus pâle en dessus.

Nous ignorons quelle est leur couleur naturelle et à quelle taille leur espèce peut arriver.

Le Silure du Malabar.

(*Silurus Malabaricus*, nob.)

Une autre espèce, qui n'a aussi que

soixante-deux ou soixante-trois rayons à l'anale, et deux barbillons inférieurs, a, au contraire de la précédente, la mâchoire inférieure encore plus avancée que dans le S. glanis, recourbée même au-devant de la supérieure, qui est très-courte et très-large. Son anale finit juste au moment de toucher sa caudale, qui paraît avoir été fourchue; ses dents vomériennes sont séparées en deux groupes; son épine pectorale est forte et dentelée; la nageoire même est arrondie.

B. 15; D. 4; A. 62; C. 17; P. 1/13; V. 9.

Nous n'avons aussi de cette espèce que de petits individus mal conservés, et qui paraissent d'un brun grisâtre, envoyés de la côte de Malabar par M. Belanger.

Mais il y a aussi de ces silures à quatre barbillons qui commencent à s'éloigner du silure glanis par la forme plus oblongue de leur tête ou par d'autres détails.

Le SILURE WALLAGOO

(*Silurus Wallagoo*, Russ.)

est le plus commun de ceux-là aux Indes. Nous l'avons reçu en nombre du Bengale, de la côte de Coromandel et du pays des Birmans, et tout nous porte à croire que c'est à la fois le *S. boalis* du Bengale de Buchanan, le *Wallagoo* de Vizagapatam de Russel, et l'*Atu* de Malabar de Bloch.

Sa tête est beaucoup plus étroite, et sa gueule beaucoup plus fendue que celle du S. glanis; son œil est plus grand; son épine pectorale plus grêle et plus longue; son corps comprimé beaucoup plus avant; sa dorsale plus haute; enfin, sa caudale, bilobée, est distincte de son anale.

La tête du Wallagoo est cinq fois dans sa longueur; elle est à la nuque deux fois moins haute que longue, et sa largeur est aussi deux fois moindre que sa hauteur. La circonscription parabolique de son museau, sa dépression, la saillie de sa mâchoire inférieure, le font ressembler au museau d'un brochet. La fente de la bouche descend un peu obliquement, et va jusqu'au milieu de la longueur de la tête. L'œil est sur le quart postérieur de la fente de la bouche, fort près de son bord. Son diamètre est du septième de la longueur de la tête, et il y a cinq diamètres d'un œil à l'autre. Le barbillon maxillaire, attaché à moitié distance de l'œil au bout du museau, a près du tiers de la longueur totale, et atteint jusque derrière la pectorale. Sous la mâchoire inférieure il n'y en a qu'un à chaque branche, très-grêle, et cinq ou six fois plus long que le maxillaire. Chaque branche de la mâchoire inférieure a en dessous une rangée de neuf pores, qui en occupe toute la longueur. Les dents des mâchoires sont sur des bandes très-larges, et en fortes cardes droites, mais très-pointues, surtout les intérieures. Au palais il y en a deux groupes séparés, disposés presque longitudinalement, et qui appartiennent au vomer.

L'épine de sa pectorale mérite à peine ce nom, car on voit distinctement ses articulations, et son tiers supérieur est flexible; c'est le plus long rayon de la nageoire, qui est un peu pointue et du huitième environ de la longueur totale. La dorsale est à peu près aussi haute, et ses premiers rayons lui forment une pointe aiguë. Il y a un petit intervalle libre entre l'anale et la caudale, et celle-ci est divisée assez profondément en deux lobes, dont le supérieur est plus long et plus large que l'inférieur.

B. 18; D. 5; A. 93; C. 17; P. 1/14; V. 10.

Dans la liqueur ce silure paraît d'un gris roussâtre vers le dos, et d'un blanc argenté sur les côtés et en dessous; ses nageoires sont d'un gris jaunâtre. Dans le frais le dos tire sur le bleu cendré.

Il devient grand. Nous en avons de deux et de trois pieds.

Dans le squelette du Wallagoo, indépendamment de ce que les formes extérieures annoncent déjà, on peut remarquer les différences suivantes :

Le maxillaire osseux est du double plus long que dans le commun, et pointu; l'intermaxillaire et ses dents se portent beaucoup plus en arrière; le deuxième sous-orbitaire se prolonge, en se dilatant un peu, jusque derrière la commissure des mâchoires, en sorte que l'on est tenté de le prendre pour un maxillaire. Il n'y a de solution de continuité que sur le crâne et non entre les yeux. Les apophyses des trois épineuses des trois vertèbres réunies sont soudées en une seule crête. Il y a douze vertèbres abdominales libres, et cinquante-cinq caudales, y compris celle qui porte la nageoire.

Russel l'a représenté fort exactement, pl. 165, sous le nom de *Wallagoo,* si ce n'est que la tête est un peu trop courte, et l'identité de son espèce avec la nôtre ne nous paraît pas douteuse; il en porte la taille à trois pieds.

L'*Atu* de Bloch (Syst. posth., pl. 75), que nous avons observé sur l'individu même que nous a prêté M. Lichtenstein, ne nous paraît point différer non plus spécifiquement de notre espèce, bien qu'il n'ait que quatre-vingt-cinq ou quatre-vingt-six rayons à l'anale; mais la figure en est très-fautive : la tête y est trop longue en arrière de l'œil; la caudale y est représentée ronde, parce qu'elle était cassée dans l'original, et on a marqué au premier rayon de la pectorale des dentelures qui n'y sont pas.

Schneider a déjà fait mention de cette dernière faute (Syst. posth., p. 78). Quant au *S. Boalis* de Buchanan (pl. 29, fig. 49), qui n'a aussi que quatre-vingt-six rayons à l'anale, l'auteur lui donne une teinte olivâtre, avec des reflets dorés et des taches nuageuses vers le bas; mais tout ce qu'il en dit, d'ailleurs, est si conforme à nos individus et à ce que l'on nous en rapporte, que nous ne doutons guère non plus qu'il ne soit de la même espèce. Dans tous les cas ce sera l'espèce la plus voisine.

Buchanan marque ses nombres :

B. 19; D. 5; A. 86; C. 17; P. 18; V. 10.

Il dit qu'il atteint une taille de six pieds, que les naturels le regardent comme un bon manger, mais que son aspect repoussant fait que bien peu d'Européens se permettent d'y toucher.

14.   34

Ce poisson habite les lacs et les étangs; mais on ne le prend pas dans le Gange; on en voit beaucoup sur les marchés de Calcutta, où MM. Duvaucel et Dussumier ont acheté une partie de ceux qu'ils nous ont envoyés. M. Dussumier nous dit aussi que les Anglais le rebutent; mais que les indigènes s'en nourrissent volontiers.

Wallagoo est son nom à la côte d'Orixa; *Atu* ou *atta calva* serait son nom tamoule selon Bloch.

Le Silure asote.

(*Silurus asotus*, Linn.)

Linné a appliqué, on ne sait trop pourquoi, l'épithète d'*asotus* (débauché) à un silure asiatique qu'il avait observé dans le Cabinet de l'Académie de Stockholm. D'après la courte description qu'il a donnée de ce poisson, il a

quatre barbillons, une longue anale adhérente à la caudale et contenant quatre-vingt-deux rayons; et le peu de caractères que l'auteur y ajoute, rentrent dans ceux du silure d'Europe.

Les écrivains postérieurs n'ont fait que copier l'article.

Nous avons reçu du Bengale un individu qui répond à tout ce qui est dit de ce *S. asotus,* et qui pourrait bien être de l'espèce indiquée si brièvement par Linné, sur laquelle cependant une certitude complète est impossible, sans une confrontation immédiate.

La ressemblance de sa tête et de toute sa partie antérieure avec l'*atu* est si grande que nous ne serions pas étonnés qu'il en fût une variété accidentelle; mais la partie postérieure est assez différente. L'anale, qui a quatre-vingt-deux rayons seulement, n'est point séparée de la caudale comme dans l'atu, mais s'y joint encore plus intimement que dans le glanis, sa fin n'étant pas même marquée par une échancrure, et la caudale, qui a quinze rayons, n'est pas fourchue, mais arrondie, et entoure le bout de la queue, comme ferait une continuation de l'anale. Du reste, tout est comme dans le *Wallagoo* : forme de tête, dents, nombre et proportion des barbillons, nageoires, couleurs, etc.

Cet individu nous a été envoyé du Bengale en même temps que les *Wallagoo*, et sans en être distingué par l'auteur de l'envoi.

Une autre division de ces silures à quatre barbillons, assez nombreuse en espèces dans les Indes, a le chanfrein très-court, plat ou même concave; les yeux placés très-bas; la nuque même se relève dans quelques-uns pour monter à la dorsale, de manière à leur donner un rapport sensible de forme avec les schilbés, dont nous parlerons bientôt.

Le Silure a deux taches

(*Silurus bimaculatus*, Bl.),

tel du moins que nous croyons le reconnaître dans une espèce envoyée de Java par MM. Kuhl et V. Hasselt, peut servir au groupe dont nous nous occupons.

Sa nuque n'est pas des plus relevée, mais c'est un de ceux qui ont la tête la plus large.

Sa hauteur à l'anus, qui est aussi la longueur de sa tête, est cinq fois et demie dans sa longueur. Sa tête est d'un tiers moins large que longue, et sa hauteur au crâne égale sa largeur; le corps diminue par degré d'épaisseur et de hauteur. A l'anus il n'a déjà en épaisseur que le tiers de sa hauteur, et toute sa queue est fort comprimée.

Le devant du museau est coupé horizontalement en arc très-obtus.

La mâchoire inférieure avance plus que l'autre; la bouche descend en arrière et prend le tiers de la longueur de la tête; l'œil, presque au milieu de cette longueur, n'est guère plus élevé que la commissure de la bouche. Chaque mâchoire a une large bande de dents en cardes flexibles et couchées en arrière, et il y en a une seule rangée de plus petites au-devant du vomer. Le tentacule maxillaire, dans ceux qui l'ont bien conservé, n'est pas loin d'atteindre au milieu du corps, mais comme il est très-grêle, il se rompt aisément. Celui de dessous de la mâchoire inférieure n'est qu'un très-petit filet, fin comme un cheveu, et qui pourrait bien échapper à un observateur peu attentif.

La pectorale est arrondie, d'un sixième environ de la longueur du corps; son premier rayon est épineux ou solide aux deux tiers, fort et sensiblement dentelé au bord interne, mais son dernier tiers a encore ses articulations visibles et mobiles; c'est ce que Schneider (Syst. posth., Bloch, p. 377), appelle : *spinam primam pectoralium, radium mollem, pinnam avium referentem, intus includentem;* comparaison tirée un peu de loin.

La dorsale, placée un peu en avant du tiers antérieur, a les deux tiers de la hauteur du corps sous elle, et de ses quatre rayons, tous articulés, le premier seul est sans branches. Les ventrales sont juste vis-à-vis, un peu pointues, trois fois plus courtes que les pectorales. Il y a un petit intervalle entre l'anale et la caudale, qui est divisée en deux lobes pointus, du septième à peu près de la longueur du corps.

B. 12; D. 4; A. de 62 à 65 ou 66; P. 1/14; V. 8; C. 17.

La ligne latérale est presque droite et au tiers supérieur en avant.

Ce poisson paraît avoir été argenté et plus ou moins verdâtre ou brunâtre vers le dos. Une tache ronde et noirâtre est sur sa ligne latérale au-dessus du milieu de la pectorale. Les pointes des lobes de la caudale sont teintes de noirâtre.

Nos individus envoyés de Java ont depuis six jusqu'à huit pouces.

Le *silurus bimaculatus* de Bloch (pl. 364) est encore celui qui se rapporte le moins mal à notre espèce. On l'avait envoyé de Tranquebar, sous le nom de *sewaley*. Il lui donne

B. 12; D. 5; A. 67; C. 17; P. 1/13; V. 6,

et ne lui marque pas de tache à l'épaule; mais son exemplaire a pu être altéré.

On prend ce poisson à Tranquebar dans les lacs et les rivières. Sa chair est bonne. Il ne passe pas un pied.

C'est sur un poisson appartenant à ce groupe, et probablement à cette espèce, mais très-mal conservé, et encore plus défiguré par le dessinateur, que M. de Lacépède a établi son genre *ompok* et son espèce *ompok siluroïde* (tom. V, pag. 5o; et tom. VI, pl. 1, fig. 2): le Muséum possède encore l'individu qui lui a servi; il est desséché en herbier, et j'ai retrouvé la dorsale, qui était repliée par derrière et avait échappé ainsi à l'auteur. C'est l'absence prétendue de cette nageoire qui avait fourni le caractère du genre, lequel, par conséquent, tombe de lui-même.

Cet individu a soixante-trois rayons à l'anale et la caudale divisée; mais ses autres caractères ne peuvent être déterminés.

Le Silure anostome.

(*Silurus anostomus*, nob.)

Nous avons reçu du Bengale, par M. Belanger, une espèce de ce groupe à tête encore plus courte et à mâchoire inférieure encore plus montante qu'au *S. bimaculatus*; qui, de plus, a l'épine pectorale plus grêle, et quelques rayons de moins à l'anale.

Sa hauteur aux ventrales est quatre fois ou quatre fois et demie dans sa longueur, et dans les jeunes mâles près de cinq fois. Sa tête y est cinq fois et demie et d'un tiers moins large que longue. La bouche descend en arrière et l'œil est derrière la commissure; les dents, les nageoires, les barbillons, sont comme dans le *S. bimaculatus*, excepté que l'épine pectorale est grêle et moins fortement dentelée, et que la queue paraît n'avoir eu que des lobes obtus.

B. 12; D. 4; A. 58, 59 ou 60; C. 17; P. 1/12; V. 8.

Dans son état actuel, il paraît d'un gris argenté; mais nous ne connaissons point ses couleurs à l'état frais.

Le Silure pabda

(*Silurus pabda,* Buchan.)

est celle des espèces de Buchanan qui ressemble le plus à cet anostome; elle paraît seulement avoir

la bouche moins descendante, l'œil moins bas, les barbillons inférieurs un peu plus longs.

L'auteur lui compte

B. 9; D. 4; A. 54; C. 17; P. 1/12; V. 8;

mais j'ai remarqué qu'il n'est pas toujours bien exact dans le calcul des rayons de cette famille.

Il lui donne une teinte argentée, avec une raie jaune le long du flanc, et des taches nuageuses noirâtres, dont une plus marquée et irrégulière vers l'épaule.

Il l'a trouvé dans les rivières et les étangs du Bengale, et n'indique pas sa taille, mais sa figure a quatre pouces.

Le Silure du Mysore.

(*Silurus Mysoricus,* nob.)

M. Dussumier a rapporté du Mysore un silure de cette forme,

à tête plus plate et à corps plus alongé, plus comprimé que dans le *S. bimaculatus*, mais dont la caudale se partage de même en deux lobes pointus.

Sa hauteur aux pectorales est cinq fois et demie dans sa longueur, et sa tête près de six fois; son épaisseur trois fois dans sa hauteur. Les dents des mâchoires sont moins longues que dans les précédens et la bande vomérienne en a davantage. Le barbillon supérieur dépasse peu la pectorale. L'épine pectorale est de force médiocre et sans dentelures. La dorsale ne semble d'abord qu'un filet.

B. 13; D. 4; A. de 72 à 75 ou 76; C. 17; P. 1/13; V. 8.

Nos individus sont longs de six et de huit pouces.

Ils paraissent avoir été argentés, et ont une tache noirâtre à l'épaule.

Le SILURE A PETITE TÊTE.

(*Silurus microcephalus*, nob.)

Nous devons cette espèce à M. Duvaucel, qui nous l'a envoyée du Bengale; elle est remarquable par

sa petite tête, contenue sept fois dans la longueur du corps. Du reste elle ressemble beaucoup à l'espèce du Mysore.

Sa hauteur est cinq fois et quelque chose dans sa longueur. Son épine pectorale, médiocre, a des dentelures, mais peu marquées. Ses barbillons supérieurs dépassent à peine ses pectorales; les inférieurs sont un peu plus longs que dans les espèces voisines, et sa dorsale encore plus grêle; la caudale a des lobes pointus.

B. 12, D. 3; A. 66; C. 17; P. 1/13; V. 7.

La teinte argentée et la tache noirâtre au-dessus de l'épaule sont dans cette espèce comme dans les précédentes.

Notre individu est long de six pouces.

Le Silure pabo

(*Silurus pabo*, Buchan., pl. 22, fig. 48.)

est un des plus faciles à caractériser de ce groupe par ses barbillons maxillaires, de plus de moitié plus courts que la tête, et par les soixante-treize rayons de son anale.

Il ressemble d'ailleurs beaucoup au *bimaculatus*, et paraît seulement avoir la partie durcie de son épine pectorale plus complète, la dorsale plus courte et moins étroite, la portion caudale un peu plus alongée, et les lobes de la queue un peu plus aigus.

M. Buchanan donne les nombres comme il suit, mais avec quelque doute.

B. 13? D. 5; A. 73; C. 19; P. 1/15; V. 10.

Son dos est pourpre glacé de verdâtre, ses flancs et son ventre argentés, avec des reflets pourprés; il y a des taches noirâtres à la tête et aux côtés.

M. Buchanan avait trouvé cette espèce dans le Burampouter, aux environs d'Asam.

Il ne nous dit rien de sa taille.

A ces silures à tête courte et à quatre barbillons, nous sommes obligés d'en joindre un qui leur ressemble de tout point, si ce n'est que, malgré toutes nos recherches, nous n'avons pu lui découvrir que les barbillons maxillaires, et que ceux de dessous la mâchoire lui manquent. C'est

Le Silure a deux fils.

(*Silurus bicirrhis*, nob.)

Sa hauteur est cinq fois dans sa longueur, et sa tête six; son profil est peu concave, et le bout de son museau devient même un peu convexe; ses dents, sur une bande étroite à chaque mâchoire, et sur un petit groupe au vomer, sont en velours ras. L'œil est fort grand et placé immédiatement derrière la commissure des mâchoires. Son barbillon n'atteint pas tout-à-fait le bout de sa pectorale. L'épine de cette nageoire est médiocre, et je ne vois point de dentelures. La dorsale est réduite à un seul très-petit rayon. La caudale est divisée en deux lobes aigus.

B. 6? D. 1; A. 54 ou 55; C. 17; P. 1/10; V. 8.

Notre individu paraît argenté; sa vessie natatoire se montre par une transparence arrondie qui paraît au-dessus des pectorales.

Il est long de quatre pouces et vient de Java, ou du moins il m'a été vendu comme tel à Amsterdam.

Après ces espèces à quatre barbillons, nous en trouvons qui forment dans le genre des silures une division très-semblable à la précédente par les proportions, mais qui en diffère surtout par ses barbillons au nombre de huit.

Elles tiennent des schilbés par le nombre des barbillons, mais l'absence d'épine à la dorsale les place à la suite des autres silures.

Le Silure Oudney ou plutôt Oued denné.

(*Silurus auritus*, Geoffr.)

Dans ce poisson la dorsale n'a point d'épine, mais seulement cinq rayons excessivement frêles.

Sa tête, aussi petite que dans les précédens, est moins large, et son profil est droit et non concave. Ses yeux sont placés si bas qu'il en paraît une portion à la face inférieure; aussi le poisson peut-il également bien nager sur le dos que dans la position ordinaire.

Sa plus grande hauteur près de la naissance de l'anale est cinq fois et quelque chose dans sa longueur totale. Son épaisseur au même endroit est trois fois et demie dans sa hauteur; en avant il est un peu plus épais, et en arrière il l'est un peu moins. La longueur de sa

14.   35

tête est six fois et demie dans sa longueur totale, sa largeur des trois cinquièmes de sa propre longueur et sa hauteur des trois quarts. Son profil descend en ligne droite au museau. Sa mâchoire inférieure dépasse à peine l'autre. La fente de sa bouche descend peu et ne prend que le quart de la longueur de sa tête; je ne puis lui apercevoir aucunes dents, ni avec le doigt ni avec la loupe. L'œil, dont le diamètre est du quart de la longueur de la tête, est placé au deuxième cinquième de cette longueur, et son bord inférieur entame la face inférieure de la tête. Les barbillons des narines ont les deux tiers de la longueur de la tête; les maxillaires l'égalent presque; les quatre sous-mandibulaires, attachés sur une ligne transverse sous l'extrémité de la mâchoire inférieure, dépassent la tête d'un tiers ou d'un quart.

La membrane des ouïes contient neuf rayons. La pectorale, du sixième de la longueur du poisson, a une épine assez forte, dentelée, presque aussi longue qu'elle, et neuf rayons mous. La dorsale, un peu avant le quart antérieur, et de moitié de la hauteur du corps, est très-frêle et a cinq rayons tous mous.

Il paraît qu'elle était tombée dans les individus décrits par M. Isidore-Geoffroy Saint-Hilaire, mais elle est conservée dans plusieurs de ceux que M. son père a donnés au Cabinet du Roi.

Les ventrales placées vis-à-vis sont petites et ont six rayons. L'anale, qui commence presque aussitôt, a presque partout près de moitié de la hauteur du corps au milieu; ses rayons sont au nombre de quatre-vingts: elle ne laisse qu'un bien petit intervalle entre elle et la caudale, qui est divisée en deux lobes obtus, dont le supérieur, un peu plus long, a le sixième de la longueur totale.

B. 9; D. 5; A. 80; C. 17; P. 1/9; V. 6.

La ligne latérale est une rainure droite, légèrement granulée et un peu supérieure au milieu de la hauteur.

Tout ce poisson paraît d'un bel argenté, un peu plombé vers le dos. Sa tête a des teintes rougeâtres. Ses nageoires sont d'un gris jaunâtre, excepté la dorsale, qui est noirâtre.

Nous avons pu faire quelques recherches anatomiques sur ce silure.

Son canal intestinal est long et très-plissé sur le bord de son mésentère, à cause, sans doute, du peu de longueur de la cavité abdominale. Le foie est médiocre et n'a qu'une petite vésicule de fiel. La vessie aérienne est très-grande. Les reins sont gros.

Le squelette de l'oudney s'écarte déjà à plusieurs égards de celui du glanis, par la grandeur de l'épine interpariétale, par la largeur de la ceinture huméro-cubitale en dessous, et par quelques détails de ses trois vertèbres unies, surtout en ce qui touche aux apophyses transverses, qui forment un large cuilleron osseux recouvrant la plus grande portion de la vessie aérienne.

Ses vertèbres libres sont au nombre de quarante-cinq ou quarante-six, dont six ou sept seulement appartiennent à l'abdomen.

Il paraît qu'il ne passe pas six pouces. C'est la dimension des plus forts dans le grand nombre de ceux que nous avons sous les yeux.

Cette espèce a été observée dans le Nil par M. Geoffroy Saint-Hilaire, qui en a donné, dans le grand ouvrage sur l'Égypte (Poissons, pl. 11), deux belles figures dessinées par M. Redouté le jeune.

M. Isidore Geoffroy en a donné, dans le même ouvrage, une description abrégée, mais faite à ce qu'il paraît sur des individus mutilés. Aucun autre naturaliste ne l'a indiquée, que nous sachions; mais les habitans des bords du Nil la connaissent très-bien, et l'ont désignée par le nom d'*oued denné*, qui signifie *pourvu d'oreilles,* parce que, dans son attitude ordinaire, le dos en dessous, ses deux pectorales se présentent comme si elles formaient à la tête deux grandes oreilles. Comme aliment, on la néglige à cause de sa petitesse.

CHAPITRE II.

Des Schilbés.

La subdivision des *schilbés* a une épine assez forte et dentelée à la dorsale, la nuque relevée, la tête déprimée et large, le corps très-comprimé et des dents très-prononcées.

Nous en connaissons trois espèces, confondues jusqu'à présent sous les noms de *schilbé* et de *silurus mystus*. Mais nous retirons de ce genre, à cause des caractères de sa dorsale, le silure aurité, qui a d'ailleurs les plus grandes affinités avec les espèces du groupe des schilbés.

Le Schilbé a large tête, Schilbé schérifié des Égyptiens

(*Silurus mystus*, Linn.)

se reconnaît à sa mâchoire inférieure proéminente, à sa tête large, et aux cinquante-cinq ou cinquante-six rayons de son anale. C'est l'espèce que M. Geoffroy Saint-Hilaire a fait représenter dans le grand ouvrage d'Égypte (Poiss., pl. 11, fig. 3). Mais ce n'est pas celle que M. son fils a décrite comme répondant à cette figure. Une différence de dix rayons en plus, montre qu'il a eu l'espèce suivante sous les yeux quand il a composé son article. Au contraire, c'est bien ici le *silurus mystus* de Linné, tel qu'il l'a décrit dans le Musée d'Adolphe-Fréderic.

Sa hauteur aux ventrales est un peu plus de quatre fois et demie dans sa longueur totale; son épaisseur au même endroit est du tiers de sa hauteur. A compter de la dorsale, la nuque

descend assez rapidement par une ligne d'abord convexe, et qui
sur la tête devient concave. La longueur de la tête est cinq fois et
demie dans celle du poisson et sa largeur est de tout près des deux
tiers de sa longueur. Elle égale la distance du bout de la mâchoire
inférieure au préopercule. Sa hauteur, à l'aplomb du bord montant
du préopercule, est un peu moindre. Le devant du museau est en
arc très-ouvert, occupé dans sa largeur par la bouche, qui entame
latéralement la longueur de la tête d'un cinquième. Les dents
sont en larges bandes de velours ou de fines cardes serrées aux
deux mâchoires; en haut, la seconde bande, aussi large que la première, appartient au devant du vomer et aux palatins. Le diamètre
de l'œil est d'un peu moins du cinquième de la longueur de la
tête; il est placé au niveau de la commissure, et en est distant
d'un peu moins de son diamètre. Il y a cinq diamètres d'un œil
à l'autre. Les orifices supérieurs des narines sont entre les bords
antérieurs des yeux, et situés de manière à laisser entre eux la
moitié, et de l'un d'eux à l'œil le quart de l'espace qui est entre
les deux bords. L'orifice inférieur est un trou plus petit, près du
bord de la mâchoire et au-devant de l'autre. Les barbillons des
schilbés sont grêles et peu alongés; celui de la narine tient au bord
inférieur de l'orifice supérieur et a un peu plus du tiers de la longueur de la tête; le maxillaire n'est guère plus long; les latéraux
de la mâchoire inférieure ont quelque chose de plus, mais les
intermédiaires sont trois fois plus courts. Le préopercule est arrondi
et l'opercule obtus; la fente des ouïes va jusques entre les commissures des lèvres et à l'extrémité de l'isthme. Chaque membrane
branchiostège a huit rayons, dont les premiers plats et assez forts,
le dernier presque comme un fil. La pectorale a le huitième de la
longueur du corps, et n'atteint pas à la base des ventrales; son
épine est forte, dentelée au bord postérieur et peut se fixer dans
une position transversale. Les ventrales, attachées au tiers antérieur, ne sont guère que d'un quart moindres que les pectorales;
leur premier rayon n'a point de branches et prend presque une
rigidité épineuse. La dorsale est un peu plus en avant; son épine,
un peu moins forte que celle des pectorales, est aussi dentelée en

arrière. L'intervalle entre l'anale et la caudale est de moins du vingtième de la longueur totale. La caudale en a le sixième et est divisée en deux lobes obtus, dont le supérieur est un peu plus long.

B. 8; D. 1/5; A. 55, 56 ou 57; C. 17; P. 1/9; V. 1/6.

La ligne latérale marche droit au tiers à peu près de la hauteur au milieu.

Ce poisson est argenté, plombé vers le dos; les côtés de sa tête ont des reflets dorés. Il y a des teintes rougeâtres le long de la base de l'anale.

Nous en avons des individus longs d'un pied, et d'autres plus petits.

Ce poisson est commun dans le Nil, et sa chair passe pour moins mauvaise que celle des autres silures de ce fleuve. M. Geoffroy Saint-Hilaire, et plus récemment MM. Ehrenberg et Chérubini, en ont rapporté plusieurs individus d'après lesquels nous avons rédigé notre description. La figure du grand ouvrage d'Égypte le représente assez exactement; cependant les épines de la dorsale et de l'anale devraient être plus fortes. C'est par M. Riffaud que nous apprenons son épithète spéciale de *schérifié* (noble). Elle annonce probablement la supériorité de l'espèce pour le goût.

Le Schilbé a tête étroite

(*Schilbe arabi* des Égyptiens, *Schilbe Isidori*, nob.)

a, comme le précédent, la mâchoire inférieure proéminente, mais les proportions de sa tête sont différentes; les barbillons sont plus petits, et on lui compte dix rayons de plus à l'anale et deux aux ouïes.

Il est encore un peu plus comprimé et a la tête un peu plus déprimée que le *schérifié*. La tête a le cinquième à peu près de la longueur totale; sa largeur est de moitié seulement de sa longueur; elle n'égale que l'intervalle du bout du museau au bord postérieur de l'œil. Le barbillon maxillaire n'a guère que le quart de la longueur de la tête, et les autres sont à proportion.

B. 10; D. 1/6; A. 1/65, 66 ou 67; P. 1/11; V. 1/5.

D'après un dessin de M. Riffaud, cette espèce tirerait plus sur le vert que la précédente, et aurait plus de rouge aux nageoires et à la région pectorale.

Il ne paraît pas qu'elle devienne aussi grande; nous n'en avons pas d'individus de plus de dix pouces.

Elle a été rapportée d'Égypte par M. Geoffroy, pêle-mêle avec la précédente et avec la suivante. M. Isidore Geoffroy en a donné une description dans le grand ouvrage sur l'Égypte; mais, comme nous l'avons dit, en y attribuant mal à propos la figure de la précédente.

Nous avons le squelette de cette espèce. L'épine interpariétale y est pointue et redressée, mais courte et soutenue par une apophyse en forme de crête de la première des trois vertèbres unies ; la seconde de ces apophyses est toute différente, aplatie d'avant en arrière, échancrée au sommet et fort élevée, elle porte le deuxième interépineux, qui est fort développé pour porter l'épine dorsale. Au-devant de cette épine est le petit vestige d'une épine antérieure, portée, comme nous le verrons toujours dans la suite, par un interépineux très-court, dont la tête, à fleur de peau, est en forme de croissant, mais fort petit.

Il y a huit vertèbres abdominales libres et quarante caudales.

Le Schilbé a museau proéminent.
(*Schilbe Hasselquistii*, nob.)

La proéminence de la mâchoire supérieure dans cette espèce est à peu près aussi forte que celle de l'inférieure dans les deux précédentes, tout au plus quelques individus ont-ils les deux mâchoires égales; mais ce n'en est pas moins un caractère de physionomie très-prononcé, et qui distingue très-bien ce troisième schilbé.

Sa nuque descend moins rapidement que dans les précédens; son profil est moins concave; le bout de son museau est légèrement renflé, et non pas tranchant ou en biseau. La proéminence de la mâchoire supérieure est généralement très-prononcée. La longueur de la tête est six fois et demie dans celle du poisson; elle a en largeur un peu plus du tiers et moins de moitié de sa longueur; les barbillons maxillaires sont un peu plus longs et les épines pectorales plus comprimées que dans la première espèce. L'intervalle entre l'anale et la caudale est aussi un peu plus considérable, du reste il lui ressemble beaucoup, aux nombres près des rayons de l'anale.

B. 9; D. 1/5; A. 2/61 ou 62; C. 17; P. 1/9 ou 10; V. 1/5.

Nous en avons un individu de onze pouces rapporté par M. Chérubini, et plusieurs moindres qui se sont trouvés dans la collection des poissons du Nil, faite en 1799 par M. Geoffroy.

De nos trois espèces du Nil, c'est celle-ci qui répond le mieux à la description du *mystus* d'Hasselquist (*It.*, p. 376); car c'est la seule qui ait soixante-deux rayons à l'anale, et dont quelques individus aient pu prêter à cette expression : *maxillæ æquales*. Quelques légères différences dans les nombres ne sont pas de conséquence dans un pareil rapprochement.

Le Schilbé du Sénégal.

(*Schilbe Senegallus,* nob.)

La population des eaux du Sénégal ressemble, à beaucoup d'égards, à celle du Nil, et c'est principalement dans la famille des silures que s'en montre l'analogie, ainsi que nous en aurons plus d'une preuve dans la suite de ce livre.

En voici un premier exemple:

Cette espèce, envoyée du Sénégal au Cabinet du Roi par M. le gouverneur Jubelin, ressemble au schilbé à large tête presque sur tous les points, notamment pour les nombres,

B. 8; D. 1/5; A. 2/54 ou 55, etc.;

mais elle a les épines pectorales et dorsales plus grêles, et surtout, quoique son museau soit aussi aplati et en biseau, ses deux mâchoires sont parfaitement égales; l'une n'avance pas plus que l'autre.

Nos individus sont longs de huit pouces, et paraissent avoir été argentés.

Le Schilbé garua.

(*Schilbe Garua,* Buchan.)

Le *S. garua* de M. Buchanan se distingue de tous les précédens par de nombreux caractères, et surtout par ses grandes narines;

sa petite tête et ses grands yeux lui donnent une physionomie particulière.

Sa tête seule est un peu déprimée; tout son corps est comprimé, et c'est vers le milieu que la courbe convexe du ventre lui donne la plus grande hauteur.

Cette hauteur est cinq fois dans la longueur totale; l'épaisseur au même endroit est de moitié de la hauteur. La longueur de la tête est plus de six fois dans celle du poisson; elle est d'un quart moins large que longue, et de moitié moins haute près de la nuque. Le museau est en arc de cercle, la mâchoire supérieure dépasse l'inférieure et l'emboîte; la bouche prend un peu plus du quart de la longueur de la tête. L'œil est plus en arrière à la hauteur de la bouche, et tout au bas de la joue il est rond et son diamètre prend plus du quart de la longueur de la tête; mais il est recouvert en avant et en arrière par des membranes semblables à celles du maquereau, qui le font paraître verticalement ovale. Sur le devant du museau sont les quatre orifices des narines, très-grands et très-ouverts; les inférieurs ronds, voisins de la bouche, à une distance l'un de l'autre égale aux deux tiers de leur distance à l'œil; les supérieurs au-dessus, transversalement alongés, et se rapprochant par leur angle interne; il y a entre le supérieur et l'inférieur un petit barbillon du quart environ de la longueur de la tête. Le barbillon maxillaire a le tiers de la longueur totale; ceux de la mâchoire inférieure, au nombre de quatre, sont attachés sous la symphyse sur une ligne transversale, et trois fois plus courts que le maxillaire.

Chaque mâchoire a une bande étroite de dents en velours ras; la supérieure ne va pas jusqu'à la commissure. Derrière elle est une bande transverse qui appartient au vomer, et deux disques ovales aux palatins. La langue n'est qu'une large éminence bombée et lisse. Il n'y a qu'un espace étroit autour de l'œil, et le bord du préopercule en est tout proche. L'opercule prend près du tiers de la longueur de la tête; il a un angle obtus, au-dessous duquel est un arc rentrant. L'interopercule est grand et presque carré. Il n'y a point de subopercule, non plus que dans les autres silures. L'ouverture des ouïes est grande et fendue jusque sous l'œil, où les membranes branchiostèges se joignent sous la pointe assez étroite de l'isthme. Elles ont chacune huit rayons. La pectorale a près du sixième de la longueur totale; son premier rayon, presque aussi long que le second, qui l'est le plus, est une épine assez forte, très-finement dentelée et en sens contraire à ses deux bords, un peu plus sensiblement cependant au postérieur. Il y en a neuf branchus.

Les ventrales, attachées au tiers antérieur, ont un rayon simple et roide, quoique sensiblement articulé, et cinq branchus, en sorte qu'elles ressemblent beaucoup à des ventrales d'acanthoptérygiens. La dorsale commence sur le quart antérieur; sa hauteur est des deux tiers de celle du corps. Son premier rayon est simple et roide; c'est à peine si l'on y voit trace d'articulations. Six rayons branchus le suivent, dont le dernier fourchu jusqu'à la racine. L'anale commence un peu avant le milieu; ses trois premiers rayons sont courts; le quatrième est le plus long, flexible et articulé; ils vont ensuite en diminuant, et le trente-deuxième ou dernier est à une distance de la caudale de près du dixième de la longueur totale. La caudale elle-même a plus du cinquième de cette longueur à ses deux bords, mais elle est échancrée sur plus de moitié de sa longueur; ses rayons sont, comme à l'ordinaire, au nombre de dix-sept entiers, dont les deux extrêmes sans branches, quoique articulés et accompagnés de quelques petits.

B. 8; D. 1/6; A. 1/32, C. 17; P. 1/9; V. 1/5.

La ligne latérale ne se marque guère que comme une rainure droite à peu près parallèle au dos, qui s'efface même en avant; elle est au milieu du corps aux deux cinquièmes de la hauteur.

Tout ce poisson est argenté et teint de plombé du côté du dos.

Dans l'état frais, selon M. Buchanan, le dos est plutôt verdâtre; il y a des points noirâtres sur la dorsale et les pectorales, et un bord de la même teinte à la caudale.

Notre description est faite sur un individu d'un pied de long, mais l'espèce, selon M. Buchanan, atteint une taille de deux pieds.

Le garua est commun dans les rivières du Bengale; les naturels le regardent comme un bon manger, et il paraît moins répugner aux Européens que plusieurs espèces de la même famille.

CHAPITRE III.

Des Cétopsis (Cetopsis, Agass.[1]*)*

C'est ici une division des silures proprement dits, très-remarquable par ses yeux réduits presque à rien; les deux espèces que l'on en connaît, vivent dans les eaux du Brésil, et y ont été découvertes par feu M. Spix. M. Agassis, rédacteur de la partie ichthyologique des recherches de MM. Spix et Martius, en a fait un genre auquel il a donné le nom de *cetopsis,* par où il a voulu indiquer de certains rapports qu'il leur trouve avec les cétacés.

Les cétopsis n'ont, comme les silures, qu'une dorsale unique et rayonnée; leur tête est très-obtuse et comme tronquée, mais paraît assez convexe; leur bouche est médiocre et ne prend guère que la largeur du bout du museau; leurs mâchoires sont égales; l'inférieure n'a qu'une seule rangée de dents simples; quelquefois la supérieure en a une bande; le devant du vomer en porte une autre simple rangée; il y a six barbillons courts. La peau recouvre les petits yeux, au point qu'on ne les reconnaît qu'après l'avoir enlevée; elle enferme aussi l'opercule et ne laisse aux ouïes qu'un assez petit orifice immédiatement au-devant de la pectorale; la membrane branchiostège a neuf rayons; la dorsale répond à l'intervalle de la pectorale et des ventrales, et il y a un assez grand espace entre les ventrales et l'anale, qui elle-même en laisse aussi un entre

---

1. N'ayant point vu de poissons de ce genre, tout ce que nous en disons est tiré de l'article que M. Agassis leur a consacré dans l'Ichthyologie du Voyage de MM. Spix et Martius, p. 11 et suiv.

elle et la caudale. Cette dernière nageoire est divisée en deux lobes. Aucun des rayons n'est épineux. Une singularité de ce genre, c'est une cavité aveugle muqueuse, qui s'ouvre un peu au-dessus de la base de la pectorale, ou plutôt dans son aisselle. Elle est sans doute analogue à ces sinus ou vaisseaux muqueux déjà décrits dans les anguilles, les gades et beaucoup d'autres poissons.

On comprend que, d'après une description générique aussi circonstanciée, les espèces doivent peu différer entre elles, et c'est en effet ce qui a lieu.

Le Cétopsis aveugle

(*Cetopsis cæcutiens*, Agass., pl. 10, fig. 2.)

a la tête et le devant du tronc arrondis; mais la partie postérieure très-comprimée ; sa plus grande hauteur est aux ventrales, qui sont juste entre le bout du museau et l'origine de la caudale : elle est du cinquième de la longueur du poisson. C'est aussi la mesure de la longueur de la tête, qui est d'un cinquième moins haute que longue et à peu près aussi large que haute. L'orifice antérieur de la narine est au bord de la mâchoire; le postérieur, au droit de la commissure; l'œil paraît comme un petit point entre cet orifice postérieur et supérieur et la commissure. Le barbillon maxillaire sort au-dessous de l'œil et n'a que le tiers de la longueur de la tête; il y en a quatre sous-mandibulaires un peu plus longs. La mâchoire supérieure dépasse un peu l'autre et a trois rangs de dents; l'inférieure et le vomer n'en ont qu'un rang, mais ces dents sont plus grandes. L'opercule, triangulaire, est entièrement caché sous la peau et il n'y a, pour les ouïes, qu'une fente arquée au-devant de la base de la pectorale. Les rayons branchiostèges sont au nombre de dix. La dorsale est sur le tiers antérieur et compte sept rayons, tous mous, dont le premier, presque de la hauteur du corps, est double du dernier. Les pectorales sont un peu plus en avant que la dorsale, et ont dix rayons, dont le premier, simple, dépasse un peu les autres, qui sont branchus. Les ventrales sont plus en arrière que la dorsale et ont six rayons. L'anus est un peu plus en arrière que le milieu de la longueur totale, et l'anale commence encore un peu plus loin; elle a vingt et un rayons, occupe un peu plus que le cinquième de la longueur du poisson, et laisse entre elle et la caudale un espace égal au dixième. La caudale a le sixième de cette longueur et est divisée profondément en deux lobes peu aigus.

B. 10; D. 7; A. 21, C. 17 et 7 petits; P. 10; V. 6.

La ligne latérale marche droit à peu près au milieu de la hauteur. Au-dessus de la base de la pectorale est un petit trou qui conduit dans une cavité muqueuse.

Ce poisson est entièrement d'un gris argenté, un peu verdâtre vers le dos. Les pointes de ses nageoires sont brunes.

L'individu représenté est long de cinq pouces et demi.

M. Lichtenstein avait déjà eu connaissance de ce poisson, et au Cabinet de Berlin il l'avait nommé *silurus cœcutiens*. M. Agassis lui a conservé cette épithète, bien qu'elle ne le distingue pas suffisamment du suivant.

Le Cétopsis candira

(*Cetopsis candira*, Agassis, pl. 10, fig. 1.),

qui est la seconde espèce du genre, diffère très-peu de la première;

sa tête est seulement un peu moins grosse, un peu plus déprimée; sa dorsale plus petite, et les lobes de sa caudale plus courts et plus obtus; la partie comprimée de sa queue est plus longue à proportion; on ne voit pas même les yeux au travers de la peau, quoique la dissection les montre comme de petits points noirs; la mâchoire supérieure dépasse un peu l'inférieure, et n'a, comme celle-ci et comme le vomer, qu'une rangée unique de dents.

D. 7; A. 29; C. 17 et 4 ou 5 petits; P. 9; V. 6.

La couleur est la même que celle de l'autre espèce.

M. Agassis a disséqué le C. candira; il lui a trouvé un foie médiocre non divisé, pointu; une grande vessie natatoire, dont le canal excréteur, assez long, débouche dans l'intestin près de son origine; un œsophage large, un grand sac stomacal, du tiers supérieur duquel sort le canal intestinal, presque égal partout; la rate adhérente au-dessus de l'estomac.

On en a, au Cabinet de Munich, des individus de cinq, de six et de huit pouces.

CHAPIRTE IV.

Les Bagres (Bagrus, nob.)

Les siluroïdes qui ont sur le dos une nageoire rayonnée et une adipeuse, formaient le genre *mystus* d'Artedi, que Linné avait adopté dans ses premières éditions, mais qu'il a réuni ensuite à son grand genre silure. M. de Lacépède l'a fait revivre, mais en le divisant en pimélodes, dont le tronc est nu, et doras, qui ont un rang de boucliers le long de la ligne latérale.

Mais les pimélodes eux-mêmes sont encore si nombreux, qu'il a fallu songer à les subdiviser.

Les bagres sont ceux de ces poissons qui ont, comme les silures proprement dits, derrière une bande de dents intermaxillaires, en velours ou en cardes, une seconde bande, tantôt en velours, tantôt sur une seule rangée.

On peut commodément les diviser d'après le nombre de leurs barbillons.

Les bagres à huit barbillons sont fort nombreux, et peuvent être subdivisés d'après les longueurs respectives de leur adipeuse et de leur anale, et d'après les formes de leur tête.

Quelques-uns de ces bagres des Indes, à huit barbillons et à longue adipeuse, ont la tête plus courte et moins déprimée.

A cette division appartiennent les *silurus erythropterus* et *sil. vittatus* de Bloch, les *pimelodus cavasius, pimel. tengara* et *pimel. nangra* de Buchanan, et quelques espèces nouvelles, découvertes par MM. Kuhl et Van Hasselt; mais toutes ces espèces se ressemblent si fort qu'il devient très-difficile de les caractériser, surtout quand il faut en tirer les caractères des descriptions si souvent fautives des auteurs et non des originaux.

Ceux qui ont l'adipeuse petite et l'anale longue, se rapprochent assez des schilbés, pour avoir été quelquefois confondus avec eux.

Le Bagre schilbéide.

(*Bagrus schilbeides*, nob.; *Hypophtalmus niloticus*, Rupp.)

Nous en avons un qui a été rapporté d'Égypte par MM. Ehrenberg et Ruppel, et que le premier a nommé *schilbe bipinnatus*, et le second, *hypophtalmus niloticus;* mais qui n'est dans le fait ni un schilbé, ni un hypophtalme; c'est un bagre à petite tête, à petite adipeuse, à longue anale, et à huit barbillons courts.

Au reste, les indigènes ont également été frappés de la ressemblance de ce poisson avec le schilbé. Nous voyons par les dessins de M. Riffaud, qu'on le nomme en Égypte *schilbé zérégé;* il en donne la figure dans son ouvrage, pl. 194, n.° 4.

Il est comprimé partout, excepté à la tête, où il est un peu déprimé.

Sa hauteur entre la dorsale et les ventrales est du cinquième de sa longueur, et son épaisseur du tiers de sa hauteur. La longueur de sa tête est sept fois et demie dans celle du poisson; elle est d'environ un tiers moins haute et moins longue que haute. La bouche a d'un angle à l'autre moitié de la longueur de la tête, mais l'entame à peine d'un quart. Les deux mâchoires sont égales et mousses. Elles ont une bande de dents en velours chacune, et il y en a en haut une seconde bande, plus étendue que celle de la mâchoire et divisée en quatre par des intersections. L'œil occupe,

14.   37

derrière la commissure, le deuxième quart de la longueur de la tête et est à trois diamètres de celui de l'autre côté. L'orifice inférieur de la narine est un trou ovale transverse, près du bord de la lèvre, distant de l'œil d'un diamètre; le supérieur est un trou moindre, placé plus en arrière; entre les deux est le barbillon nasal, qui n'a que les deux tiers du diamètre de l'œil en longueur. Le barbillon maxillaire est très-grêle, et n'a que les deux tiers de la longueur de la tête. Les sous-mandibulaires sont moitié plus courts. Le préopercule est arrondi et l'opercule obtus. Les ouïes s'ouvrent jusque sous l'œil et ont de chaque côté huit rayons. La pectorale est presque de la longueur de la tête; son épine est assez forte, comprimée, et dentelée au bord postérieur. La dorsale est placée à l'aplomb du bout de la pectorale, et les ventrales un peu plus en arrière.

La dorsale égale les pectorales; son épine est un peu plus grêle que la leur, mais également dentelée. L'anale commence entre les bouts des ventrales, un peu après le premier tiers de la longueur totale, et ne laisse entre elle et la caudale qu'un espace égal au treizième de la longueur totale. La longueur des lobes de la caudale y est cinq fois et demie. L'adipeuse est extrêmement petite.

B. 8; D. 1/5, dont le dernier fourchu; A. 58; C. 17 entiers; P. 1/9; V. 6.

Nos individus sont longs de huit et de dix pouces, et paraissent de la couleur ordinaire, argentés, plombés sur le dos; les nageoires plus ou moins grises ou fauves.

Le BAGRE D'ADANSON.

(*Bagrus Adansonii*, nob.)

Dans les collections données autrefois par Adanson au Cabinet du Roi, se trouve, mais très-mal conservée, une espèce du Sénégal, très-voisine de la précédente par la tête et toutes les autres parties, mais dont l'anale n'a que cinquante-trois rayons.

Nous ne pouvons rien dire de ses barbillons; il y a du noirâtre au bord postérieur de sa caudale.

L'individu a près de neuf pouces. Adanson dit que les *Oualofs* l'appellent *nkel.*

Le BAGRE VACHA.

(*Bagrus Vacha,* nob.; *Pimelodus Vacha,* Ham. Buchan., pl. 19, fig. 64.)

Le *Vacha* du Bengale, d'après M. Buchanan, a plusieurs rapports avec le précédent; mais

sa tête est plus longue, plus pointue, et ses barbillons sont aussi un peu plus longs. Sa hauteur aux ventrales, qui égale aussi la longueur de sa tête, est du cinquième de la longueur totale. Les barbillons maxillaires dépassent cette longueur et les autres l'égalent. Son adipeuse est aussi fort petite.

M. Buchanan donne ses nombres :

B. 10; D. 1/6; A. 50; C. 17; P. 1/15; V. 3 (selon M. Buch.).

Il lui attribue des couleurs opaques et le dos vert.

C'est, dit-il, un poisson commun dans toutes les grandes rivières des provinces que le Gange arrose, qui atteint un pied de longueur, et est excellent à manger.

Le BAGRE MURI.

(*Bagrus murius,* nob.; *Pimelodus murius,* Buchan., p. 195.)

Une petite espèce de la rivière de Mahananda, l'un des affluens septentrionaux du Gange, est nommée, par les indigènes, *Muri-vacha,* tant ils ont senti ses rapports avec le *Vacha* dont nous venons de parler.

Ses formes sont à peu près les mêmes; sa tête est obtuse; aucun de ses barbillons ne la surpasse en longueur. Sa mâchoire inférieure est un peu proéminente. Son épine dorsale est fort peu dentée; la pectorale l'est davantage. Les lobes de la caudale sont aigus.

M. Buchanan lui donne pour nombres:

B. 5? D. 1/8 — 0; A. 42; C....; P. 1/11; V. 6.

Il a le dos vert, les côtés et le ventre argentés, la caudale noirâtre.

Sa taille n'est que de trois pouces.

Le Bagre Angi

(*Bagrus Angius,* nob.; *Pimelodus Angius,* Buchan., pl. 29, fig. 59.)

se rapproche beaucoup du *Vacha* pour la forme; mais il est plus élevé; sa tête est plus petite, et ses barbillons encore plus longs.

Sa hauteur est le quart de sa longueur; sa tête en a le cinquième; sa mâchoire supérieure dépasse un peu l'autre; ses barbillons maxillaires ont deux fois la longueur de sa tête; les autres l'égalent au moins.

B....; D. 1/6; A. 42, etc.

Il est presque transparent, avec des reflets dorés et pourpre, et a de chaque côté trois bandes longitudinales et une sur le dos, formées de points noirâtres. L'inférieure se bifurque en avant. A la base de la caudale est une tache ronde et noire.

C'est un joli poisson, long de quatre à cinq pouces, qui habite les rivières du Bengale.

Le Bagre exodonte.

(*Bagrus exodon,* nob.)

Les trois espèces qui précèdent ne nous sont connues que par M. Buchanan; mais nous avons reçu du Bengale, par M. Belanger, une petite espèce de ce groupe, notablement caractérisée par ses dents intermaxillaires, adhérentes à de larges plaques au bout du museau, de manière à dépasser entièrement la mâchoire inférieure. J'en ai publié la figure dans l'Histoire des poissons du Voyage de ce naturaliste.

Son profil descend par une ligne un peu concave depuis la dorsale jusqu'au bout du museau, qui est pointu. L'épine de la dorsale est médiocre et peu sensiblement dentelée; mais celle de la pectorale est forte, comprimée, tronquée ou un peu fourchue au bout, et a huit ou neuf fortes dents pointues et recourbées vers sa base.

D. 1/5; A. de 43 à 46, etc.

Ses barbillons maxillaires dépassent le commencement de son anale, les autres sont aussi assez longs.

C'est un petit poisson, long de trois pouces, qui paraît d'un gris argenté.

Le BAGRE URUA

(*Bagrus Urua*, nob.; *Pimelodus Urua*, Buchan.)

dont M. Gray nous a confié une figure, a aussi

le museau assez pointu et le bout de la mâchoire supérieure un peu proéminent, mais caché sous des intermaxillaires aussi larges. Ses barbillons ne sont pas représentés aussi longs; les maxillaires atteindraient à peine aux ventrales; les épines pectorales ne sont pas, à beaucoup près, aussi grêles.

B. 9; D. 1/5; A. 43; C. 17; P. 1/10; V. 7.

C'est un petit poisson des eaux douces du nord du Bengale, long de trois pouces, diaphane, pointillé de noir à la tête et au dos, et dont le péritoine est argenté.

Le BAGRE ATHÉRINOÏDE.

(*Bagrus atherinoides*, nob.; *Silurus atherinoides*, Bl., pl. 371.)

paraît aussi devoir se ranger dans ce groupe.

Sa hauteur est quatre fois et demie dans sa longueur; sa tête y est six fois et demie: elle est obtuse et la mâchoire inférieure paraît un peu plus avancée. Les barbillons maxillaires atteignent au-delà des ventrales; les autres ont une longueur proportionnée. L'épine dorsale et la pectorale sont fortes et dentelées.

Bloch donne les nombres comme il suit:

B. 6; D. 1/4; A. 36; C. 20? P. 1/5? V. 6.

Ce poisson montre de chaque côté une large bande longitudinale d'argent.

L'individu représenté était long de six pouces; il venait de Tranquebar, d'où il avait été envoyé par le missionnaire John.

D'autres bagres, à huit filets, ont au contraire une adipeuse longue et une anale courte. Le Nil en produit deux espèces, connues des indigènes sous le nom générique de *bayad,* et dont M. Geoffroy Saint-Hilaire, qui en a publié de belles figures, avait voulu aussi former un genre, qu'il appelait *porcus,* parce qu'il supposait que c'étaient les porcus du Nil dont il est parlé chez les anciens.

Forskal les avait décrites depuis long-temps sous les noms de *silurus bayad* et de *silurus docmac.*

Le BAGRE BAYAD.

(*Bagrus Bayad,* nob.; *Silurus Bayad,* Forsk. et Gm.)

La tête longue; le museau déprimé, large, obtus; le dos élevé; le tronc arrondi en avant, légèrement comprimé en arrière; les filets qui terminent la caudale, indiquent la forme générale de ce poisson.

Sa plus grande hauteur, à la naissance de la dorsale, est de six à sept fois dans sa longueur. La longueur de la tête est quatre fois et demie dans la longueur totale; la caudale avec ses pointes est de la longueur de la tête. La largeur de la tête, qui est aussi celle du tronc aux épaules, est de deux tiers de sa longueur; sa hauteur à la nuque en est la moitié; mais elle s'abaisse par un plan incliné, et le museau finit en coin. La largeur au bout du museau diminue fort peu, et la circonscription horizontale s'y fait par un arc très-ouvert. La mâchoire inférieure avance un peu plus que l'autre; une lèvre charnue les entoure toutes les deux. La fente de la bouche prend toute la largeur du museau, et entame de chaque côté d'environ un quart la longueur de la tête. Le diamètre de l'œil est du neuvième de la longueur de la tête; il est à trois diamètres du bout du museau, un peu plus haut que la commissure des mâchoires, un peu dirigé vers le haut, et à trois diamètres de distance de celui de l'autre côté. Chaque mâchoire a une large bande de dents en velours, et il y en a derrière la bande supérieure une bande en croissant, plus étendue transversalement, qui appartient toute entière au vomer. Les orifices antérieurs des narines sont de petits trous, garnis d'un large rebord près de la lèvre supérieure, à une distance l'un de l'autre double de leur distance à la commissure. Les supérieurs sont un peu au-dessus, aussi petits, et à leur bord inférieur tient le barbillon nasal, très-grêle, et des deux cinquièmes de la tête. Le barbillon maxillaire naît plus en dehors, et est plus fort et six fois plus long; il a plus de moitié de la longueur totale, et atteint presque jusqu'à la naissance de l'anale. Les barbillons sous-mandibulaires externes, attachés un peu en arrière de la commissure, ont à peu près la longueur de la tête; les internes, un peu plus en dedans, sont de la mesure de ceux des narines. Les os du crâne et du front, tels qu'ils paraissent au travers de la peau, présentent un rectangle à bord peu régulier, qui, mesuré au-dessus des yeux, a en largeur le tiers de sa longueur (non compris la crête occipitale). On aperçoit aussi au travers de la peau la solution de continuité de ces os sur une ligne qui descend depuis la crête occipitale jusqu'au-devant des yeux; le bord du préopercule est un arc très-ouvert qui descend obliquement en avant. L'opercule est oblique, légèrement strié, et n'a guère d'avant en arrière que le quart de la longueur de la tête. Son angle est très-obtus. La fente des ouïes est ouverte jusque sous l'extrémité antérieure de l'isthme et entre les commissures. Les membranes branchiostèges, fort à découvert et distinctes jusqu'au bout, croisent l'une sur l'autre en avant quand les ouïes se ferment, et contiennent chacune douze rayons, peut-être même treize, si l'on compte un très-petit filet dans le bord antérieur. On voit au travers de la peau le bord supérieur assez étroit de la crête occipitale, qui monte vers la dorsale du quart de la longueur de la tête. De chaque angle du rectangle du crâne se porte en arrière, en descendant un peu, une autre crête, formée par le surscapulaire, et qui se bifurque vers le bas, sa fourche supérieure étant formée en partie par le bord de l'apophyse transverse de la première vertèbre. Les silures n'ayant point de scapulaire, le reste du bord postérieur de l'ouïe est occupé par l'huméral, lequel donne encore une pointe saillante, la troisième par conséquent de chaque côté, qui se porte en arrière jusque sur le tiers antérieur de la pectorale. Ces différentes parties du squelette se distinguent au travers de la peau, mais beaucoup moins que dans les espèces à casque granulé, que nous aurons à décrire dans la suite.

Comme dans les autres silures, la portion inférieure de l'huméral est large, plane, et tient les pectorales écartées l'une de l'autre; mais l'os ne se montre point au travers de la peau. La pectorale est aussi attachée tout au bas du tronc; sa longueur est du septième de celle du poisson; son premier rayon est le plus long, mais il n'est ossifié que sur ses premiers deux tiers, le reste est mou et articulé; la partie ossifiée est d'ailleurs assez forte et dentelée au bord interne: il y en a dix autres articulés et branchus. Les ventrales adhèrent au milieu du poisson, si l'on n'y comprend pas la caudale. Leur grandeur égale celle des pectorales, mais leur écartement est moindre; leur premier rayon, articulé, mais non branchu, n'est point ossifié; il est suivi de cinq autres, tous branchus. La première dorsale commence un peu avant le tiers antérieur du poisson, à l'aplomb du dernier quart de la pectorale, et finit à l'aplomb de la naissance des ventrales. Entre cette nageoire et la crête occipitale se voit au travers de la peau une autre crête, étroite, qui appartient au premier interépineux, et à sa suite une petite fourche qui appartient au second. Dans la fourche s'articule, sur une proéminence arrondie, un petit os, en forme de cœur, qui est proprement le premier rayon de la dorsale, mais qui paraît peu au dehors. Le premier rayon apparent, osseux, fort, mais non dentelé, a son dernier cinquième mou et articulé; sa hauteur est des trois quarts de celle du corps sous lui; le second, d'un tiers plus long, est branchu, ainsi que les neuf suivants, qui raccourcissent un peu. L'adipeuse commence presque aussitôt, et est deux fois plus longue et deux fois moins haute que la première dorsale. Elle laisse entre elle et la caudale un espace du seizième de la longueur totale. L'anale est sous le milieu de l'adipeuse, du tiers de sa longueur, mais près de deux fois plus haute. Ses trois premiers rayons, simples mais articulés, vont en augmentant de longueur, et sont suivis de six branchus. La caudale est fourchue; ses deux grands rayons extrêmes (en lui en comptant dix-sept) sont simples, articulés, et prolongés en filets d'un cinquième de plus que les autres; en dessus et en dessous il y en a quelques petits. La ligne latérale se compose d'une suite de petites élevures tubuleuses, qui vont en ligne droite depuis la fourche supérieure du surscapulaire jusqu'au milieu de la caudale.

B. 13; D. 2/10 — 0; A. 12 ou 13; C. 17; P. 1/10; V. 6.

Notre description est faite d'après des individus d'un pied et de quinze pouces, qui, dans la liqueur, paraissent d'un gris roux à la partie supérieure, et argentés sur les côtés et au ventre; mais, d'après des figures peintes en Égypte par M. Redouté et par M. Riffaud, le dos serait plombé ou verdâtre, et il y aurait du rougeâtre aux nageoires; ce qui est aussi indiqué par la description de Forskal.

L'appareil relatif au soutien de l'épine dorsale commence à se prononcer davantage. La pointe de l'interpariétal, bien qu'encore étroite et alongée, est soutenue en dessous par une lame mince, à

14.   38

laquelle se joint une lame semblable ou crête de la grande vertèbre. Cette vertèbre a ses apophyses transverses soudées de chaque côté en une grande lame, où l'on ne voit qu'une légère échancrure latérale vers l'arrière. Le surscapulaire a quatre branches; une qui s'unit par suture au mastoïdien; une qui va fixer sa pointe au basilaire, et qui s'appuie le long du bord antérieur de l'apophyse transverse de la vertèbre; une troisième, à laquelle se suspend l'humérus; et une quatrième, en arrière de celle-là, soutenue sur une apophyse pointue et courbée, qui descend verticalement du bord intérieur de la large apophyse transverse de la grande vertèbre.

Sur le crâne la seconde solution de continuité remonte jusqu'à la base de l'épine interpariétale.

Le premier interépineux, en forme de crête mince, est réuni en avant avec le second. Celui-ci et le troisième, aussi soudés ensemble, ont chacun leurs crêtes latérales, et forment dans le haut, en unissant leurs sommets, un croissant étroit, sur lequel s'articulent la petite et la grande épine.

Il y a cinquante vertèbres outre la grande, seize abdominales et trente-quatre caudales. L'anale commence sous la douzième de celles-ci. Le demi-canal, qui règne sous la grande vertèbre, se prolonge sous les premières abdominales. .

Cette espèce devient très-grande; il n'est pas rare d'en voir de trois pieds et de trois pieds et demi. Elle abonde au Caire pendant l'inondation, et y forme un important article de nourriture. Sa chair est assez estimée, et on la vend par morceaux quand le poisson est grand.

Bayad, son nom arabe le plus ordinaire, signifie *blanc;* elle a aussi celui de *fitile;* ce qui indique ses filets, ses barbillons.

On en doit à Forskal (p. 66, n.° 95) une première description assez exacte, au nombre près des rayons branchiostèges, qu'il dit de cinq.

M. Geoffroy en a fait faire une belle figure, gravée dans

le grand ouvrage sur l'Égypte (Poiss., pl. 15, fig. 1.re), et qui en donne une idée assez juste. Cependant les barbillons sous-mandibulaires internes y sont un peu trop longs, et l'on y a oublié les dentelures de l'épine pectorale.

M. Isidore Geoffroy en a publié la description dans le même ouvrage, où il n'y a à redire que le nombre des rayons branchiostèges, qu'il ne porte qu'à neuf.

Sonnini, dans son Voyage d'Égypte, en a une mauvaise figure, qu'il intitule *bayatte*.

Enfin, il s'en trouve une figure coloriée dans l'ouvrage de M. Riffaud (pl. 194, n.° 7), intitulée *bagara-bachica*.

Adanson a remis autrefois au Cabinet du Roi un individu desséché de cette espèce, auquel du moins nous ne pouvons découvrir aucune différence. Il est dit dans son étiquette que les nègres le nomment *oalous;* et ce qui nous confirme que l'espèce habite en effet dans le Sénégal, c'est que M. le gouverneur Roger nous l'a envoyée de cette rivière.

Le Bagre Docmac.

(*Bagrus Docmac,* nob.; *Silurus Docmac,* Forsk. et Gm.)

Le Nil possède un autre poisson de ce genre, que les habitans distinguent par une épithète (*bayad docmac*), fort voisin du précédent, mais qui en diffère

par les proportions, par un rayon de moins à la dorsale, et par des teintes d'un gris bleuâtre plus uniforme.

En général, il est un peu plus trapu, et a la tête plus large et un peu moins déprimée. La largeur de sa tête est à sa longueur comme cinq à deux; la largeur du bouclier du crâne, mesurée au-dessus des yeux, est deux fois et demie dans sa longueur.

B. 13; D. 2/9 — 0; A. 12 ou 13; C. 17; P. 1/10; V. 6.

Il ne paraît pas qu'il reste inférieur au bayad, car Forskal, à qui l'on en doit aussi la première description, dit qu'il passe une aune (deux pieds).

Son squelette, qui pour la tête ne diffère du bayad que par des proportions sensibles à l'extérieur, n'a que quarante-trois vertèbres après la grande, dont quinze abdominales et vingt-huit caudales.

M. Geoffroy l'a fait représenter sur la même planche que le bayad, et son fils en a donné une description parallèle; mais je ne sais comment il a pu ne lui compter que neuf rayons à l'anale; il les a en même nombre que le bayad, douze ou treize.

Les rivières des Indes produisent plusieurs bagres voisins du bayad et du docmac par leurs huit barbillons, leur tête déprimée, leur adipeuse longue et leur anale courte.

Le BAGRE AOR

(*Bagrus Aor,* nob.; *Pimelodus Aor,* Buchan.)

en a tous les caractères généraux, et c'est seulement par les proportions qu'il en diffère.

Sa tête, plus longue et plus étroite, n'a en largeur que moitié de sa longueur, et le dessus osseux, mesuré comme au bayad, est quatre fois plus long que large; ces os se montrent au travers de la peau un peu ridés et granuleux; les yeux sont plus en arrière et moins dirigés vers le haut. Leur position est telle que leur bord postérieur occupe juste le milieu de la longueur de la tête. Le barbillon maxillaire atteint jusqu'au milieu de l'adipeuse; l'externe de la mâchoire inférieure est aussi long que la tête. La crête du premier épineux forme une petite plaque lancéolée, qui ne joint pas en avant la crête interpariétale, mais qui s'articule en arrière par une petite pointe avec une échancrure du croissant du deuxième. L'adipeuse est plus

courte, et finit vis-à-vis la fin de l'anale; le lobe supérieur de la
caudale dépasse davantage l'inférieur par sa pointe; les épines dorsales
et pectorales sont fortes, finement striées; la première est dentelée
au bord postérieur, l'autre aux deux, mais plus fortement au postérieur; il y a trois rayons mous de moins à la première dorsale;
l'anale en a deux de plus.

B. 12; D. 2/7; A. 14; C. 17; P. 1/10; V. 6.

Ce poisson est argenté ou plombé; la moitié supérieure de la
première dorsale est noirâtre; sur l'extrémité postérieure de son
adipeuse est une tache ronde noire, en partie bordée de fauve.

Cette description est faite sur des individus longs d'un
pied et de treize pouces, envoyés du Bengale par M. Belanger; mais nous y en rapportons de plus grands, venus
récemment par M. Lamarre-Piquot, et qui ne diffèrent des
premiers que par des caractères qui peuvent tenir à l'âge.

Le bouclier osseux de la tête est plus fortement granulé, plus
large à proportion. Sa largeur n'est dans sa longueur que trois
fois et un quart; les épines dorsales et pectorales sont plus fortes,
et toute leur surface est fortement granulée. La crête du premier
épineux est un disque ovale, plus court et plus large que dans les
petits individus; celle du deuxième, au lieu de faire l'Y grec, est
un trapèze échancré en arrière par un demi-cercle. Le barbillon
maxillaire n'atteint que vers la fin de la première dorsale; le sommet
seulement de la première dorsale est noir, mais l'ocelle de l'adipeuse
est semblable. Ces différences sont prises d'un individu de vingt
pouces.

Selon M. Buchanan (p. 205 et 206) l'Aor atteint deux et
trois pieds de longueur; il est commun dans les rivières
du Bengale et dans les bouches du Gange, aux endroits
où l'eau est peu salée. Malgré son apparence peu agréable,
les Indiens le regardent comme un bon manger.

La figure que M. Buchanan en donne (pl. 20, fig. 68),

ressemble très-bien à nos individus, si ce n'est le disque du premier interépineux, qui est plutôt comme dans l'espèce suivante.

Le Bagre de Lamarre.

(*Bagrus Lamarrii*, nob.)

Cette espèce, qui a beaucoup des formes du *B. Aor*, et même de ses couleurs, car on voit aussi sur son adipeuse des traces de l'ocelle et de son bord supérieur jaune, s'en écarte cependant par des caractères très-sensibles.

Ses yeux sont davantage dirigés vers le haut, et placés de manière que leur bord postérieur est juste au premier tiers de la longueur de la tête. Le bouclier osseux de la tête, fortement granulé, a sa largeur quatre fois dans sa longueur. Le disque du premier inter-épineux est une grande et large ellipse très-granulée, qui touche presque à la crête occipitale : le barbillon maxillaire atteint à la naissance de la première dorsale; du reste tout est fort semblable : les nombres sont les mêmes. Les épines de la dorsale et des pec-torales sont très-fortement dentelées.

Cette description est prise d'un individu long de près de deux pieds, rapporté par M. Lamarre-Piquot, et nous l'avons retrouvé dans les intéressantes collections de M. Jacquemont.

Le Bagre corsula.

(*Bagrus corsula*, nob.; *Pimelodus corsula*, Buchan., pl. 1, fig. 72.)

Le poisson représenté sur la première planche de M. Hamilton Buchanan, fig. 72, et qui (par je ne sais quelle inadvertance) y est intitulé *mugil corsula*, est un bagre de cette subdivision, et même assez voisin du *B. Aor*, à en juger par sa figure.

Sa tête est aussi aplatie, mais un peu plus large à proportion;

ses yeux sont plus écartés; ses épines pectorales beaucoup plus fortes; son adipeuse un peu moins longue. Ses tentacules maxillaires n'atteignent que les ventrales.

Sa plus grande hauteur (à la naissance de la dorsale) est six fois dans sa longueur; sa tête y est quatre fois et demie; le lobe supérieur de sa caudale dépasse l'inférieur, etc.; la figure donne pour nombres :

D. 2/7; A. 14; C. 13? P. 1/8? V. 6,

et nous ne pouvons rien rectifier au moyen du texte, que nous ne trouvons pas dans l'ouvrage. Il paraît toujours, d'après la figure, qu'il y a le long du flanc sept ou huit rangées verticales, de quatre points noirs chacune.

Cette figure est longue de neuf pouces.

La seule espèce du texte dont la description se rapproche de cette figure, est le *pimelodus carcio*, page 181, esp. 17. Il a des rayons et des barbillons semblables, mais on lui attribue une tête courte, large, de chaque côté quatre raies longitudinales pointillées, une tache à l'épaule, et seulement une taille de trois pouces. Il y a encore d'autres différences, qui ne permettent pas de le croire identique avec la figure dont il s'agit.

Le Bagre Cavasi

(*Bagrus Cavasius,* nob.; *Pimelodus Cavasius,* Buch.),

donné par Buchanan (pl. 11, fig. 67, et p. 203), pourrait bien, malgré des différences apparentes, ne pas se distinguer spécifiquement du *silurus erythropterus* (Bl. 369, 2). On sait combien il y a peu de fond à faire sur les couleurs dont Bloch a enluminé ses planches, et même sur l'origine qu'il attribue à ses poissons. Il les peignait de rouge, de bleu, etc., suivant l'état où ils avaient été mis par la liqueur ou la dessiccation, et pour ceux qu'il achetait, le hasard seul lui en indiquait le pays. Pour cette espèce en particulier, qu'il dit américaine, il se trouve qu'il avait confondu sous le même nom un individu desséché, plus ou moins conforme à la planche; un autre, dans la liqueur, tout différent, qui n'avait que six barbillons, et un troisième, venu des Indes orientales. C'est ce dont fait foi une note de Schneider, éditeur de son Système posthume, p. 386.

Quoi qu'il en soit, dans l'espèce que nous regardons comme le *B. cavasius*

la hauteur du corps et la longueur de la tête sont d'un peu plus du cinquième de la longueur totale; la première dorsale est pointue, un peu plus élevée que le corps; son épine est d'un tiers plus courte, médiocre, sans dentelures; celle de la pectorale est un peu plus courte et plus fortement dentelée; l'adipeuse occupe deux cinquièmes de la longueur totale; le lobe supérieur de la caudale en prend un quart; il est pointu et un peu plus long que l'autre. Le barbillon maxillaire atteint jusqu'à la base de la caudale.

B. 8; D. 1/7—0; A. 11; C. 17; P. 1/10; V. 6.

Le corps est argenté, et paraît teint de roussâtre vers le dos; les nageoires jaunâtres; les pointes de la dorsale et de la caudale teintes de brun et de noirâtre.

Notre plus grand individu n'a pas six pouces. La plupart n'en ont que quatre.

Nous avons reçu ce poisson du Bengale par MM. Belanger et Duvaucel; de Pondichéry, par M. Leschenault; du Mysore, par M. Dussumier, et de Java, par MM. Kuhl et Van Hasselt.

A Pondichéry on le nomme *topé-kéléti,* ce qui veut dire *kéléti à gros ventre;* il y habite les rivières et les étangs d'eau douce, où il est très-abondant pendant les mois d'Octobre et de Décembre, et parvient à environ sept pouces; on le mange. Au Bengale, son nom est *kavasi-tenggara,* et on l'y trouve dans les grandes rivières. M. Buchanan ne lui donne pas plus de six pouces.

Le Bagre Kéléti
(*Bagrus Keletius,* nob.)

est une espèce très-voisine de la précédente, et qui est confondue à Pondichéry sous le même nom.

Sa taille, ses couleurs, sont à peu près les mêmes; ses nombres aussi à peu près :

B. 9; D. 1/7; A. 1/12, etc.;

mais la pointe formée par sa crête occipitale est plus longue, moins aiguisée, et un peu granulée; celle de son huméral est aussi plus granulée, et se voit mieux au travers de la peau. Sa première dorsale est plus ronde; le tronçon de sa queue est plus haut, et ses barbillons maxillaires n'atteignent que le milieu de l'anale.

Cette espèce se trouve aussi à Java, d'où elle a été envoyée par MM. Kuhl et Van Hasselt.

Les individus de Pondichéry ont été envoyés par M. Leschenault.

Le Bagre a tète noire
(*Bagrus nigriceps,* nob.)

est une espèce très-voisine du kéléti, envoyée de Java au Musée royal de Leyde par MM. Kuhl et Van Hasselt.

Ses formes, les nombres de ses rayons, la longueur de ses barbillons, sont les mêmes; mais il a la pointe occipitale plus longue, plus lisse; elle va rejoindre la plaque en forme de V du deuxième interépineux; la pointe de son huméral est aussi plus longue et plus aiguë. Les lobes de sa caudale sont égaux.

14.   39

D. 1/7; A. 10; C. 17; P. 1/8; V. 6.

Il est d'un gris argenté, et a la deuxième dorsale et la caudale d'un gris brun, la tête et les barbillons maxillaires noirâtres.

Sa taille est de cinq pouces.

Le Bagre rubanné

(*Bagrus vittatus,* nob.; *Silurus vittatus,* Bloch, pl. 371.)

doit peu différer des précédens.

Sa crête occipitale paraît courte; ses barbillons maxillaires ne dépassent pas ses ventrales; les lobes de sa caudale sont égaux. Son épine dorsale paraît plus forte qu'aux précédens et dentelée. Bloch compte

B. 5; D. 1/8; A. 8; C. 20? P. 1/6; V. 6.

Il est argenté, et a le long de chaque flanc une bande jaunâtre entre deux bandes bleuâtres.

Bloch l'avait reçu de Tranquebar. Sa figure est longue de six pouces.

Le Bagre d'Alep.

(*Bagrus Halepensis,* nob.)

On ne peut éloigner beaucoup ni du *B. nigriceps,* ni du *B. vittatus,* l'espèce donnée par Alexandre Russel (dans son Histoire naturelle d'Alep, pl. 13, fig. 1.re), et ensuite par Gronovius (*Zoophil.,* pl. 8 *a,* fig. 6), d'après un individu que Russel avait rapporté. Elle se trouve dans le *Couiac,* qui est la rivière d'Alep, avec le *pimelodus cous.*

Ses formes sont à peu près les mêmes; son adipeuse est longue et basse; il a huit barbillons, dont les maxillaires dépassent un peu la pectorale. L'épine pectorale est grosse et fortement dentelée. Celle de la dorsale paraît simple. La pointe humérale est longue et aiguë;

la caudale a deux lobes obtus; ses yeux sont saillans; sa couleur est un argenté sombre.

Ni Russel ni Gronovius ne nous donnent les nombres des rayons. Le premier dit que sa taille est de quatre pouces, et sa figure le représente de près de sept.

Le BAGRE TENGGARA

(*Bagrus tenggara,* nob.; *Pimelodus tenggara,* Buchan.),

représenté par Buchanan, pl. 111, fig. 61, est un peu plus court et plus haut en avant de la dorsale que la plupart des précédens; sa hauteur y est du cinquième de sa longueur, et sa tête approche aussi de cette dimension; la crête de sa dorsale va rejoindre la plaque en forme de petit ovale du deuxième épineux; les lobes de sa caudale sont à peu près égaux; ses barbillons maxillaires sont presque aussi longs que ceux du *B. cavasius.* Buchanan donne ses nombres:

B. 6; D. 8; A. 10; C....; P. 1/7; V. 6.

Il est verdâtre en dessus, argenté sur les côtés et en dessous, avec des reflets pourpre, et a de chaque côté quatre bandes longitudinales formées par des points noirs, et une grande tache noirâtre près de la pectorale.

C'est, selon M. Buchanan, un petit poisson assez joli, de quatre à six pouces de longueur, commun dans les étangs du Bengale, et que les indigènes regardent comme un bon manger.

Le BAGRE A ÉPAULE ÉTROITE
(*Bagrus stenomus,* nob.)

a aussi été envoyé de Java au Musée des Pays-Bas, avec les caractères de la plupart des précédens.

L'épine dorsale est sans dents, la pectorale fortement dentelée, et les nombres fort semblables:

D. 1/7; A. 12; P. 1/6; V. 6.

Ce bagre a les lobes de la caudale plus longs, plus pointus; la tête plus petite (elle est près de sept fois dans la longueur totale); l'épine de l'huméral pointue et des deux tiers de la longueur de la tête. Ses barbillons maxillaires et les mandibulaires externes, à peu près égaux entre eux, dépassent à peine la longueur de la tête. Son corps paraît brun, pointillé de noirâtre; ses dorsales et sa caudale sont bordées de noirâtre; son anale est noirâtre, bordée de blanc.

L'individu est long de trois pouces et demi.

Mais le plus grand nombre des bagres à huit barbillons a une adipeuse courte et une anale courte.

Le Bagre a lèvres blanches

(*Bagrus albilabris,* nob.),

un des plus communs aux Indes, qui nous a été envoyé de plusieurs lieux, est très-voisin du *Guli* du Bengale, ou *pimelodus gulio* de Buchanan, et ne paraît cependant pas lui être absolument identique; c'est pourquoi nous lui donnons un nom particulier.

Sa plus grande hauteur (à la dorsale) est du cinquième de sa longueur, et il n'a à cet endroit qu'un quart de moins en épaisseur. Sa tête n'est que quatre fois et demie dans sa longueur; elle est d'un tiers moins large que longue; sa hauteur à la nuque égale presque sa largeur. Le casque finement granulé de sa tête, mesuré derrière l'œil, a, en largeur, moitié de sa longueur, sans compter la pointe occipitale, qui est en triangle isocèle; entre cette pointe occipitale et la dorsale il y a deux fois sa longueur, et dans cet intervalle les plaques des interépineux ne se montrent point au travers de la peau. Le bout du museau est déprimé, coupé en arc fort ouvert, aussi large que la tête; c'est à peine si la mâchoire inférieure dépasse l'autre. Les dents sont en velours ras sur des bandes de largeur médiocre, et il y en a deux en haut. L'œil n'a pas le sixième de la longueur de la tête en diamètre, et est à trois diamètres de celui de l'autre côté. Le milieu de l'opercule est finement granulé et rayonné; la pointe humérale est granulée, mais non le scapulaire. Les épines dorsales et pectorales sont fortes, comprimées et dentelées, surtout la pectorale. Le premier et le deuxième rayon mou du dos s'élèvent en pointe d'un tiers au-dessus de l'épine, et à peu près à hauteur du corps. L'adipeuse est médiocre, oblique, vis-à-vis l'anale. Le lobe supérieur de la caudale est un peu plus long :

B. 9; D. 1/7; A. 14; C. 17; P. 1/7; V. 6.

Le barbillon maxillaire a moitié de la longueur totale et dépasse les ventrales. Le mandibulaire externe atteint presque la pointe de la pectorale.

Le dessus et les côtés de ce poisson ont une teinte gris foncé, plus brune sur le dos, tirant à l'argenté aux flancs; le dessous est blanc. Toutes ses nageoires ont la base fauve et le reste pointillé de noir; ses deux lèvres sont blanches; ses quatre barbillons sont noirâtres; les quatre inférieurs blancs.

Nous en avons des échantillons de cinq, de six et de sept pouces, venus des étangs de Calcutta par M. Dussumier, du Bengale et de Ceilan par M. Reynaud, et de Pondichéry par M. Leschenault.

On l'appelle à Pondichéry, comme quelques-uns des précédens, *topé kéléti*. M. Reynaud l'a entendu nommer au Bengale *nonatora*.

Le BAGRE BRUN

(*Bagrus fuscus*, nob.),

pris dans les mares salées des environs de Cananor par M. Dussumier, a tous les caractères de forme et de nombres du *bagrus albilabris;*

mais il est d'un brun-noir uniforme, même à la lèvre supérieure, aux barbillons sous-mandibulaires et aux nageoires; sa gorge, sa poitrine et son ventre sont d'un gris fauve.

L'individu est long de six pouces.

Le BAGRE GULIO.

(*Bagrus gulio*, nob.; *Pimelodus gulio*, Buchan.)

La figure du *pimelodus gulio* dans M. Hamilton Buchanan (pl. 23, fig. 66), répondrait bien au *P. albilabris;* mais il compte un peu autrement quelques-uns de ses rayons :

A. 15; P. 1/9.

Il place des dentelures aux deux bords de son épine dorsale; il ajoute que toutes ses nageoires sont tachetées, et il marque tout le long du dos et du flanc huit ou dix lignes verticales de points noirs, dont nous ne trouvons point de trace.

On le trouve dans les parties basses du Gange, où l'eau est peu salée. Sa taille n'est que de six pouces; et c'est un mauvais poisson.

Le BAGRE DES BIRMANS.

(*Bagrus Birmannus*, nob.)

M. Reynaud a pris dans l'Irawadi, ou le grand fleuve des Birmans, un silure infiniment voisin du *P. albilabris,* et qui

a les mêmes formes, les mêmes nombres et les mêmes proportions de parties, si ce n'est que son œil est plus petit (il n'a que le septième de la longueur de la tête, et est à quatre diamètres de celui de l'autre côté); sa teinte générale est un vert noirâtre bronzé, changeant en gris-brun en dessous; ses nageoires sont brunes, et l'on voit encore à leur base quelque reste de fauve.

L'individu est long de huit pouces.

Le BAGRE A ÉPINES APRES.

(*Bagrus trachacanthus*, nob.)

M. Duvaucel nous a envoyé du Bengale un bagre encore fort voisin des deux précédens, qui a des proportions semblables et, à peu de chose près, les mêmes nombres :

B. 9; D. 1/7; A. 12 ou 13; C. 17; P. 1/7; V. 6;

mais dont le disque granulé de la tête est moins large; sa largeur est deux fois et demie dans sa longueur; la pointe occipitale beaucoup plus courte (il y a six fois sa longueur entre elle et la dorsale), et dont les épines dorsales et pectorales sont assez fortement granulées, et non pas lisses. La pectorale a les dents plus nombreuses et plus petites que dans les précédens (vingt-six ou vingt-sept); le barbillon maxillaire va jusqu'au milieu de la ventrale; le sous-mandibulaire atteint la base de la pectorale. L'œil a le huitième de la longueur de la tête, et est à quatre diamètres de celui de l'autre côté. Le lobe inférieur de la caudale dépasse l'autre de près d'un tiers et se termine en filet.

Nos échantillons sont beaucoup plus grands que ceux des espèces précédentes. Il y en a de douze et de quatorze pouces. Nous en avons vu deux dans les collections de M. Lamarre-Piquot.

Le BAGRE RACCOURCI

(*Bagrus abbreviatus*, nob.; *Pimelodus abbreviatus*, K. et V. H.)

a le corps

trapu, la tête grosse; sa hauteur n'est guère que quatre fois et demie dans sa longueur; et c'est aussi la mesure de la longueur de sa tête, qui est presque aussi large que longue. Le bouclier osseux de la tête, deux fois aussi long que large, est finement granulé jusques entre les yeux. La pointe occipitale prend moitié de l'espace entre la tête et la dorsale; elle touche à la pointe du disque du deuxième interépineux. L'opercule est aussi finement granulé; les bandes maxillaires et vomériennes des dents sont étroites; l'épine dorsale et la pectorale sont assez fortes et dentelées, surtout la pectorale. Le barbillon maxillaire atteint le bout de la ventrale. L'adipeuse est deux fois plus courte que l'anale, mais aussi haute. Les lobes de la caudale sont égaux.

D. 1/7; A. 13; C. 18; P. 1/7; V. 6.

Le dos paraît verdâtre, les flancs un peu argentés; le ventre blanc; la dorsale et l'adipeuse verdâtres; la caudale et la pectorale, d'un vert plus pâle à leur partie supérieure, sont blanches à l'inférieure; les ventrales et l'anale sont grises.

Cette description est faite d'après un individu de sept pouces, envoyé au Musée des Pays-Bas par MM. Kuhl et Van Hasselt.

Le BAGRE A TÊTE PLATE

(Bagrus planiceps, nob.; Pimelodus planiceps, K. et V. H.),

envoyé aussi de Java au Muséum royal de Leyde, et dont le Cabinet du Roi a obtenu un échantillon, est remarquable par l'aplatissement de sa tête et l'extrême brièveté de sa pointe occipitale.

Sa tête, de moins du cinquième de la longueur totale, n'a qu'un quart de plus en longueur qu'en largeur, et sa hauteur n'est que moitié de sa largeur. Le museau est coupé en arc très-ouvert; la mâchoire supérieure dépasse à peine l'autre. Le bouclier a en largeur moitié de sa longueur; sa surface est lisse; sa pointe occipitale est une légère proéminence, qui n'a pas le sixième de sa distance à la dorsale. Le diamètre de l'œil est du cinquième de la longueur de la tête. Il y a deux diamètres d'un œil à l'autre. L'épine dorsale est grêle et sans dents. La pectorale, un peu plus forte, sans l'être beaucoup, a de petites dents, mais assez marquées.

L'adipeuse est aussi longue que l'anale. Il y a peu d'inégalité entre les lobes de la caudale :

B. 12; D. 1/7; A. 12; C. 17; P. 1/7; V. 6.

Le barbillon maxillaire atteint le bout de la ventrale. Il paraît brun verdâtre sur le dos, roussâtre en dessous, avec des nageoires d'un brun verdâtre.

Nous en avons vu de quatre et de huit pouces de longueur.

Le Bagre a queue inégale.

(*Bagrus anisurus,* nob.; *Pim. anisurus,* K. et V. H.)

MM. Kuhl et Van Hasselt ont fait peindre à Java un troisième bagre, dont ils ont envoyé des échantillons au Musée royal de Leyde, qu'ils ont nommé *pimelodus anisurus,*

parce que le lobe supérieur de sa queue est plus long que l'autre. Nous lui conservons cette épithète par égard pour la mémoire de ces voyageurs, quoique elle soit loin d'être distinctive, puisque la même inégalité ou une plus grande s'observe dans la plupart des espèces.

Il ressemble beaucoup au planiceps, et a les mêmes épines, les mêmes nageoires, à peu près les mêmes nombres :

D. 1/7; A. 11; C. 17; P. 1/9; V. 6.

Son adipeuse est de même presque aussi longue que son anale, et ses barbillons maxillaires atteignent presque ses ventrales; mais sa tête est plus petite, d'un peu plus du sixième de la longueur totale; elle est moins aplatie, et son bouclier est plus ridé; mais surtout sa pointe occipitale est très-étroite et assez longue pour occuper moitié de l'espace entre la tête et la dorsale.

Dans la liqueur il paraît brun clair sur le dos, et gris blanchâtre sous le ventre; mais dans la figure faite sur le frais, toute sa partie supérieure est olivâtre.

14.

L'individu que nous avons décrit est long de quatorze pouces.

Le BAGRE A QUEUE EN FIL.

(*Bagrus nemurus,* nob.; *Pimelodus nemurus,* K. et V. H.)

Cette quatrième espèce de Java, encore assez semblable aux deux précédentes par les nombres :

D. 1/7; A. 11; C. 17; P. 1/9; V. 6;

a l'épine dorsale, quoique grêle, sensiblement dentelée. La pectorale est forte, large, et a des dents fines. L'adipeuse est moitié moins longue et moins haute que l'anale. Le lobe supérieur de la caudale, plus long que l'inférieur, a le grand rayon supérieur prolongé en filet. Les barbillons maxillaires atteignent l'anale. Sa tête approche du quart de la longueur totale. Le bouclier est finement granulé dans sa partie en arrière des yeux. Sa largeur est deux fois et un tiers dans sa longueur. Sa pointe occipitale prend le tiers de l'espace entre la tête et la dorsale.

Le dessus du corps paraît gris verdâtre, le dessous blanc mat; l'adipeuse est brune; la dorsale et l'anale sont d'un verdâtre obscur.

La longueur de l'individu est de quinze pouces.

Le BAGRE A GROS YEUX.

(*Bagrus oculatus,* nob.)

Un petit bagre de ce groupe, envoyé de la côte de Malabar par M. Bélanger, est remarquable par la grandeur de son œil et par son museau un peu rétréci en avant.

L'œil a près du tiers de la longueur de la tête, et il n'y a guère qu'un diamètre entre les deux yeux. Le bout du museau est un peu en ellipse; le disque de la tête est légèrement granulé, et deux fois aussi long que large. Sa pointe occipitale, longue et étroite, prend moitié de l'espace entre le disque et la dorsale. Le barbillon maxillaire dépasse l'anale. La première dorsale est pointue, plus haute que le corps. L'adipeuse égale presque l'anale en longueur; les lobes de la caudale sont fort pointus, et le supérieur dépasse l'autre.

B. 6; D. 1/7; A. 12, etc.

Il est gris dessus, blanchâtre en dessous, tire à l'argenté au flanc. La dorsale est blanchâtre à sa base, noirâtre à sa partie supérieure. Les autres nageoires sont aussi noirâtres; les ventrales et l'anale ont la base fauve et un liséré blanc.

L'individu ne passe guère trois pouces et demi.

Le BAGRE BATASIO

(Bagrus batasio, nob.; Pimelodus batasio, Buch.),

représenté par M. Hamilton Buchanan, pl. 23, fig. 60,

a le corps haut au milieu; la hauteur y est du quart de la longueur; ses barbillons maxillaires atteindraient au milieu de l'anale; la pointe occipitale du bouclier de sa tête se joint au disque du deuxième interépineux; les lobes de sa queue sont égaux; on voit quatre raies noirâtres le long de chaque côté: la figure marque pour nombres

D. 1/6; A. 7,

et est longue de moins de deux pouces; mais la description ne s'accorde pas bien avec la figure; elle fait les barbillons plus courts que la tête, place de chaque côté deux raies pointillées de noir, et compte seize rayons à l'anale.

L'auteur aura confondu deux petits poissons de ce genre, à cause de quelque ressemblance dans les couleurs; c'est un point de peu d'importance, et qui s'éclaircira aisément si quelque voyageur veut en prendre la peine.

Le -Bagre nègre.

(*Bagrus nigrita*, nob.)

A ces bagres des Indes, à huit filets et à anale et adipeuse courtes, nous devons en ajouter un du Sénégal, qui devient assez grand, et a la tête grande et bien cuirassée.

La longueur de sa tête n'est que trois fois et deux tiers dans celle du corps; elle n'est que d'un quart plus longue que large; en arrière sa hauteur est d'un tiers moindre que sa largeur; tout le dessus en est plat, et le museau en coin mince et fort large, est presque tronqué en ligne droite. Le bouclier, deux fois aussi long que large, est relevé de beaucoup de grains saillans, et se termine en arrière en trois larges pointes égales, dont la mitoyenne reçoit dans une échancrure celle du disque du deuxième interépineux, lequel est presque en triangle équilatéral. L'opercule et la pointe de l'huméral, qui n'est pas considérable, ont aussi quelques grains, et il y en a au bord antérieur de l'épine dorsale et de la pectorale vers leur base; le reste de leur surface est légèrement strié, et leur bord postérieur dentelé. La première dorsale est plus haute que le corps. L'adipeuse, moitié plus courte que l'anale, mais presque aussi haute, a des vestiges ou des parties de rayons articulés dans son bord supérieur.

B. 9; D. 1/6; A. 12; C. 17; P. 1/9; V. 6.

Le barbillon maxillaire atteint au bout de la pectorale. La bande interne de dents est divisée en quatre portions. Le dos est d'un brun verdâtre; les flancs et le ventre sont argentés. Les nageoires paraissent d'un brun roussâtre.

Nos individus, dont deux longs de six pouces, un troisième d'un pied, ont été pris dans le Sénégal, et envoyés au Cabinet du Roi par MM. Roger et Jubelin, successivement gouverneurs de la colonie.

Le Bagre Abou-Réal

(*Bagrus auratus,* nob.; *Pimelodus auratus,* Geoffr.)

est une espèce d'Égypte qui, avec les caractères généraux des bagres à huit barbillons, s'en distingue par une autre disposition de son museau.

On en doit la première connaissance et une belle figure à M Geoffroy Saint-Hilaire, qui l'a fait représenter dans le grand ouvrage sur l'Égypte (Poiss., pl. 14, fig. 3 et 4). M. Isidore Geoffroy en a donné une description; mais le barbillon nasal, qui, à la vérité, est fort petit, a échappé également au peintre et au naturaliste.

La physionomie est fort différente de celle des bagres précédens, par la convexité de son profil et la grandeur de ses yeux.

La hauteur est cinq fois et demie dans sa longueur; sa tête y est quatre fois et demie. Elle est d'un tiers moins large que longue, et de près de moitié moins haute. Le profil, à compter des yeux, descend par une courbe convexe. Le bout du museau a sa circonscription parabolique; la mâchoire inférieure avance plus que l'autre, en sorte que la bouche est sous le museau, et que sa fente est courbée en arc de cercle. Les dents des mâchoires sont en fin velours sur de larges bandes; celles de la supérieure n'occupent pas tout le travers de cette mâchoire; plus en arrière il y en a de chaque côté une petite bande placée obliquement. Toute l'ossature du crâne est lisse, et on ne la sent qu'au travers de la peau.

On voit ainsi que sa pointe occipitale prend les deux tiers de la distance de la nuque à la dorsale, et va joindre le disque du deuxième interépineux, qui est en forme de chevron. L'œil, placé au milieu de la longueur, mais près du profil, a, en diamètre, près du tiers de la longueur de la tête. D'un orbite à l'autre il y a aussi un diamètre. L'orifice supérieur de la narine, un peu au-dessus du milieu de la distance de l'œil au bout du museau, a sur le bord antérieur une petite membrane, terminée par un très-court et très-mince filet. L'orifice inférieur, fort près de la lèvre, n'a qu'un petit rebord tubuleux. Le barbillon maxillaire, d'abord aplati, puis très-grêle, n'atteint qu'à la racine de la pectorale. Les sous-mandibulaires externes sont d'un tiers plus courts, et les internes de moitié. L'opercule est légèrement strié; la pointe de l'huméral est peu saillante, et légèrement granulée à son bord inférieur. L'épine pectorale est comprimée, lisse, et a huit ou dix dents fortes et aiguës à son bord interne; les rayons mous la dépassent un peu. L'épine dorsale est moins forte, et ses dents moins marquées; elle est dépassée du double par les premiers rayons mous, qui forment une pointe plus élevée que le corps. L'adipeuse est plus longue que l'anale, mais moins haute. Les lobes de la caudale sont à peu près égaux.

B. 9; D. 1/6; A. 11; C. 17; P. 1/8; V. 6.

La ligne latérale est droite, et ne se marque que par une suite de très-petits traits alongés. Dans la liqueur ce poisson paraît aujourd'hui d'un gris roussâtre. D'après la peinture de M. Redouté jeune, qui a servi d'original pour l'ouvrage d'Égypte, il serait, à l'état frais, d'un gris violâtre avec des reflets légèrement dorés sur la tête.

Dans le squelette, la pointe de la production interpariétale joint celle du premier interépineux, qui forme le devant du bouclier. Les surscapulaires sont unis par suture aux angles du crâne; la grande vertèbre n'a pas même d'échancrures latérales. Il y en a en outre dix abdominales et vingt-quatre caudales. Celle du bout de la queue est en éventail, comme à l'ordinaire, mais divisée en deux parties dans le milieu de sa hauteur.

Sa taille va de sept à huit pouces.

D'après M. Geoffroy, son nom, dans la Basse-Égypte, est *Schal-Abou-Réal;* dans la haute, on l'appelle *Zamar,* et à Rosette *Xaxoug-roumi.*

Parmi les dessins faits dans la Haute-Égypte par M.

Riffaud, nous en voyons un, intitulé *Zamar*, et qui est en effet un Abou-Réal; mais il est enluminé d'un vert noirâtre, et l'aiguillon pectoral d'un vert rosé.

Le BAGRE CAPITONE OU L'ABOU-RÉAL A LARGE TÊTE.

(*Bagrus capito*, nob.)

Avec le poisson précédent, M. Geoffroy en a rapporté un dont la tête est sensiblement plus large, au moins d'un cinquième; ce qui lui donne un autre aspect. D'ailleurs, ses caractères (autant qu'on en peut juger d'après un individu mal conservé) sont à peu près les mêmes. Peut-être n'est-ce qu'une variété de sexe. Cependant M. Chérubini en a aussi, plus récemment, rapporté de tout semblables.

L'ABOU-RÉAL DU SÉNÉGAL.

(*Bagrus maurus*, nob.)

Le Sénégal produit un poisson très-voisin de l'Abou-Réal du Nil, et qui en diffère cependant par des traits évidemment spécifiques.

Son épine dorsale est plus haute, et son adipeuse occupe un espace bien moins long.

Sa hauteur est près de six fois dans sa longueur; sa tête près de cinq fois; les dents de la rangée postérieure, à sa mâchoire supérieure, sont sur deux courtes lignes presque transverses. Son épine pectorale a douze ou treize fortes dents. Celle de la dorsale est presque aussi haute que le corps; les rayons mous la dépassent de plus de moitié. L'adipeuse est de moitié moins longue et moins haute que l'anale. Le lobe supérieur de la caudale se termine en filet. Les nombres sont les mêmes.

Notre individu, long de près de neuf pouces, paraît tout entier d'un bronzé très-foncé et tirant sur le noir. Les nageoires sont d'un brun presque noir.

Le Cabinet du Roi doit ce poisson à M. le gouverneur Jubelin.

Le BAGRE A NAGEOIRES VARIÉES,

(*Bagrus pœcilopterus,* K. et V. H.)

A la suite de ces bagres à huit filets doit en venir un de Java, remarquable par l'extrême petitesse des siens et par sa coloration variée. Il a été pris dans la rivière de Hèbak à Java, par MM. Kuhl et Van Hasselt, et envoyé par eux, avec un dessin colorié, au Musée royal des Pays-Bas, où j'en ai pris la description suivante :

Sa tête est quatre fois et demie dans sa longueur totale, recouverte d'une peau molle, au travers de laquelle les os ne se montrent point; son museau est déprimé, un peu pointu; ses yeux petits et au tiers antérieur de la tête; ses huit barbillons sont fins comme des cheveux. Le maxillaire, qui est le plus long, atteint à peine le milieu de l'œil. Il a des dents en fin velours aux mâchoires et au-devant du vomer; le ventre est arrondi; la queue comprimée. La dorsale, sur le tiers antérieur, n'a qu'une épine faible et non dentelée; l'épine pectorale elle-même ne l'est presque pas. L'adipeuse est basse, oblique, arrondie en arrière, pas plus longue que l'anale, qui est médiocre : la caudale se divise profondément en deux lobes obtus; les ventrales répondent au milieu de l'intervalle entre la dorsale et l'adipeuse.

D. 1/6; A. 14; C. 17, et avec les petits 24 ou 25; P. 1/6; V. 6.

Tout ce poisson est brun roussâtre à grandes marbrures d'un brun noir; les nageoires jaunes ont de larges bandes irrégulières, d'un brun noir, plus ou moins étendues.

Sa longueur est de sept pouces.

Le BAGRE TENGANA.

(*Bagrus tengana*, nob.; *Pimelodus tengana*, Buch.)

Le *tengana* du Bengale (Ham. Buch., pl. 39, fig. 58)
a tous les barbillons plus courts que la tête.

C'est un joli poisson du Burampouter, qui ne passe pas trois
pouces, transparent, à reflets dorés, marqué en dessus et sur sa
dorsale de quelques points noirs, et dont le bord de la caudale
est noirâtre. L'auteur donne ses nombres comme il suit.

B. 6? D. 1/6; A. 14.

L'épine dorsale et la pectorale sont proportionnellement assez
fortes et dentées. L'adipeuse est moitié moins longue et moins
haute que l'anale. Les lobes de la caudale sont égaux, etc.

Nous passons maintenant aux bagres à six barbillons;
savoir : deux maxillaires et quatre sous-mandibulaires.

Le plus grand nombre a la tête et la nuque armées d'un
casque, c'est-à-dire que leurs os du dessus du crâne sont
fortement chagrinés, que leur interpariétal s'articule avec
le disque du bouclier du deuxième interépineux, et que
leur surscapulaire s'engrène par suture avec leur mastoïdien
et leur pariétal; en sorte que toutes ces pièces ne forment
qu'un seul casque ou bouclier. Au lieu d'un filet, l'orifice
supérieur de leur narine a une lame membraneuse, qui
fait l'office de valvule.

Les Indes possèdent quelques espèces de ce groupe.
La mieux connue est

Le Bagre a deux lignes.

(*Bagrus bilineatus*, nob.)

L'épithète que nous lui donnons tient à une sorte de
trace curviligne peu marquée, produite sur la peau de
ses flancs aux points où aboutissent les côtes.

La hauteur est cinq fois et demie dans la longueur; la tête y est
quatre fois et demie; elle a un tiers de moins en largeur, et moitié
moins en hauteur qu'en longueur. La circonscription horizontale
de son museau est demi-circulaire; sa mâchoire supérieure avance
un peu plus que l'inférieure. La bouche n'entame que d'un quart la
longueur de la tête. L'œil est ovale, presque au milieu de cette longueur, dont il a près du cinquième en diamètre longitudinal. D'un
œil à l'autre il y a trois de ces diamètres. Les dents sont en fin
velours sur de larges bandes. La bande voméro-palatine est divisée
en quatre parties, et il y a de plus en arrière deux grandes plaques
triangulaires qui y appartiennent. L'orifice inférieur de la narine
est un grand trou ovale près de la racine du barbillon maxillaire.
L'orifice supérieur, un peu au-dessus, est encore plus grand, et se
ferme au moyen d'une large lame membraneuse de son bord antérieur. Le barbillon maxillaire atteint seulement au milieu de l'opercule. Les sous-mandibulaires sont de moitié plus courts. Sur l'opercule sont des lignes saillantes disposées en veines et en réseaux. Il
en est de même sur le triangle inférieur de l'huméral, qui a autant
en longueur que l'opercule. Le casque forme un rectangle qui,
mesuré entre les yeux, a une largeur égale aux deux cinquièmes
de sa longueur, prise depuis le museau jusqu'à la nuque; plus des
deux tiers de cette longueur, à compter du museau, sont occupés
dans la ligne moyenne par une solution de continuité en ellipse
alongée. Chaque partie se divise entre les yeux en deux branches,
qui s'écartent en se portant vers le museau, mais se voient au
travers de la peau. Leurs extrémités antérieures sont plus ou moins
granulées, selon l'âge des individus; mais en arrière des yeux tout

le casque est granulé, et assez fortement; la portion de l'interpariétal qui se porte en arrière et que nous n'avons pas comprise dans la longueur du casque, en égale le tiers; sa base n'est que moitié de sa longueur : elle a une carène longitudinale aiguë, et sa pointe est tronquée pour s'articuler avec le bouclier du deuxième interépineux, qui n'est qu'un croissant assez petit. La proéminence latérale du surscapulaire est étroite et lisse. La dorsale, un peu moins haute que le corps, commence un peu avant le premier tiers du corps; son épine est forte, granulée au bord antérieur seulement, lisse sur les côtés. Il en est de même des épines pectorales, dont le bord postérieur est faiblement dentelé, et qui égalent celle du dos. L'adipeuse est petite; l'anale courte. Le lobe supérieur de la caudale dépasse l'autre d'un cinquième, et a près du quart de la longueur totale.

B. 5; D. 1/7; A. 19, dont les trois premiers cachés dans son bord; C. 15; P. 1/11; V. 6.

Sa couleur est un argenté tirant au plombé sur le dos; ses nageoires sont grises.

Dans ce bagre et dans plusieurs de ceux qui vont suivre, la production interpariétale va joindre immédiatement le croissant formé par la tête du deuxième interépineux. Le premier est réduit à un petit grain caché sous cette jonction; mais ce qui est encore plus remarquable, c'est une lame qui part de l'occipital externe, et va obliquement en arrière se réunir à la face supérieure de la grande vertèbre, dans son milieu à peu près, par une suture qui se soude promptement. D'ailleurs le surscapulaire, réuni par une suture parfaite avec le crâne derrière le mastoïdien et le pariétal, s'articulant par une forte traverse au basilaire, s'appuie aussi par son apophyse externe inférieure à l'apophyse transverse de la grande vertèbre, en sorte que le tout ensemble forme un échafaudage extrêmement solide. Sous la grande vertèbre est un canal longitudinal complètement fermé en dessous, qui se porte en avant dans le basilaire et s'ouvre à sa face inférieure.

Le crâne en avant, outre la solution longitudinale et mitoyenne de continuité, en a deux latérales dans une échancrure de chaque frontal; le frontal en effet se partage en avant en deux branches, dont l'une s'articule à une branche postérieure de l'ethmoïde, et l'autre à une branche du frontal antérieur.

Après la grande vertèbre il en vient quatorze portant des apophyses transverses libres et des côtes; puis six dont les apophyses transverses s'abaissent et se réunissent en anneaux par des traverses fourchues, et portant encore de petites côtes. Les vingt et une suivantes n'ont en dessous que l'apophyse épineuse descendante ordinaire, comme toutes en ont une en dessus. Les cinq suivantes commencent à dilater les leurs pour porter la caudale; et enfin la dernière a son éventail formé de la réunion de huit de ces apophyses dilatées et dirigées en rayons.

Nos individus ont dix pouces ou un pied de longueur; ils viennent de Pondichéry par M. Leschenault, et de Rangoon par M. Raynaud.

Le nom de l'espèce à Pondichéry est *vahitin-kéjédon;* elle y parvient à une taille de deux pieds.

Ce poisson ressemble de tout point au *deddi-jellah* de Vizagapatam, donné par Russel (fig. 169), et nous ne doutons pas de leur identité, quoique Russel ne compte à son *jellah* que seize rayons à l'anale, et dise qu'il ne passe guère un pied. Il arrive souvent qu'une espèce ne prend pas, dans certaines eaux, le développement qu'elle atteint dans d'autres.

A Vizagapatam celle-ci ne sert de nourriture qu'aux classes inférieures.

Le BAGRE NETOUMA.

(*Bagrus netuma,* nob.)

Pondichéry possède un poisson tellement semblable au précédent, que l'on hésiterait à le considérer comme une espèce distincte sans le témoignage unanime des pêcheurs, qui lui donnent même un nom tout différent (*netouma kéléti*). Son seul caractère, mais fort sensible lorsqu'une fois on y a fait attention,

c'est la saillie un peu plus grande de son museau, en avant de ses dents, en sorte que sa circonscription horizontale n'est pas demi-circulaire, mais demi-elliptique.

Du reste tout est semblable, nombres, couleurs, formes, etc.

L'espèce devient plus grande; elle parvient à trois pieds et demi de longueur.

M. Leschenault nous apprend qu'elle est très-abondante dans la rade de Pondichéry, et qu'elle s'y mange; mais les blessures faites par ses rayons épineux passent pour très-dangereuses, et on a soin de les casser avant d'apporter ce poisson au marché; en sorte que les naturalistes ont quelquefois de la peine à se le procurer entier. Nous voyons par les échantillons de M. Raynaud, que le même usage s'observe dans le pays des Birmans, par rapport à l'espèce précédente.

Le Bagre lisse.

(*Bagrus lœvigatus*, nob.)

C'est une espèce rapportée par M. Ruppel des pays baignés par la mer Rouge, et qui est infiniment voisine du *B. bilineatus* et du *B. netuma*.

Ses proportions, celles de ses barbillons, ses nombres, ses dents, sont les mêmes; la forme de sa production pariétale est également semblable; mais son crâne est plutôt veiné que granulé; son opercule, la pointe de son huméral, sont presque lisses. La plaque du pied de sa dorsale est en croissant étroit et cachée sous la peau, et les deux côtés de la ligne latérale ont beaucoup de traits et de points très-déliés, qu'on ne voit pas dans les précédentes. Ce bagre paraît d'un bel argenté, teint sur le dos d'un bleu d'acier bruni, et sur la tête de couleur de bronze. Ses nageoires paraissent jaunâtres ou blanchâtres; il y a du noirâtre vers le haut de la dorsale.

L'individu est long de six pouces.

Le BAGRE ARIOÏDE.
(*Bagrus arioides*, nob.)

Le Bengale a dans ses eaux plusieurs espèces de ce groupe, fort semblables entre elles, que nous avons cherché à distinguer et à rapporter aux descriptions et aux figures de M. Hamilton Buchanan, sans y être entièrement parvenus. Celui dont nous allons parler nous avait paru répondre, à peu de chose près, à ce que l'auteur que nous venons de citer dit de son *pimelodus arius* ou *ari-gagora* des indigènes; mais une détermination ultérieure du vrai *gagora* nous a fait changer d'opinion. Nous lui donnons toutefois une épithète qui indique cette ressemblance.

Sa tête est cinq fois dans sa longueur totale, d'un quart moins large que longue, et a le museau horizontalement semi-circulaire. Le barbillon maxillaire atteint aux deux tiers de la pectorale; le sous-mandibulaire externe est presque de la longueur de la tête. Les dents voméro-palatines forment deux larges triangles, joints ensemble au milieu par un de leurs angles. La partie granulée du casque ne se porte en avant que jusques entre les bords postérieurs des yeux, par deux pointes entre lesquelles est une large échancrure. La production de l'interpariétal, du cinquième de la longueur du bouclier, prise depuis le sommet de cette production jusqu'au bout du museau, est presque aussi large à sa base que longue; tronquée et échancrée au sommet pour le disque du deuxième interépineux, qui est en croissant étroit, et dont les appendices, appartenant au troisième, ne sont point granulées et paraissent peu au travers de la peau. Le préopercule et l'opercule ont simplement la peau veinée; la pointe humérale est un peu granulée. Les épines dorsale et pectorales ont aussi toute leur surface grenue. La première, faiblement dentelée en arrière, d'un quart plus haute que le corps, se prolonge en un filet articulé, égal au tiers de sa longueur.

B. 6; D. 1/7; A. 21; C. 17; P. 1/10; V. 6.

Au-dessus de la ligne latérale sont plusieurs séries verticales de points très-déliés, qui paraissent peu, et au-dessous se voient beaucoup de traits fins et obliques fort rapprochés.

Notre individu paraît d'un argenté ou plombé teint de violet vers le dos. Ses ventrales tirent au fauve; l'adipeuse, qui est courte mais assez haute, a une grande tache noire.

Cet individu, long de dix pouces, a été apporté récemment du Bengale par M. Lamarre-Piquot.

Le BAGRE GAGORIDE.

(*Bagrus gagorides*, nob.)

Nous avions cru aussi reconnaître le *gagora* de M. Buchanan dans un autre bagre du Bengale, rapporté aussi par M. Lamarre-Piquot, et fort semblable au précédent. Cependant nous apercevions bien que sa proéminence interpariétale est beaucoup plus large qu'elle ne paraît dans la figure du gagora, représenté par cet auteur pl. X, fig. 54, et, comme pour le précédent, nous avons reconnu plus tard le vrai gagora, en sorte que nous ne laissons à l'espèce actuelle qu'un nom indicatif de cette ressemblance.

Cette espèce n'a pas de prolongement à l'épine dorsale, et ses barbillons maxillaires n'atteignent que le bout de l'opercule. La proéminence y est un peu plus large que longue, et prend le quart de la longueur de la tête (la proéminence comprise). Son sommet est tronqué et arrondi; le disque de la base de la dorsale est en croissant, granulé dans toute son étendue; ses extrémités sont arrondies. Le limbe du préopercule, l'opercule et l'interopercule sont veinés; la pointe de l'huméral, qui est moins longue que haute est fortement granulée, ainsi que le crâne jusques entre les yeux. L'épine dorsale et celle de la pectorale ont leur moitié longitudinale antérieure chagrinée, et la postérieure est lisse. L'épine pectorale a des dents courtes et pointues au bord postérieur; celle de la dorsale n'en a point. Les ventrales ont un quart de moins que les pectorales.

D. 1/6; A. 17; C. 17; P. 1/11; V. 6.

Les premières élevures de la ligne latérale sont de petits tubercules anguleux peu apparents. Dans son état desséché notre individu paraît brun.

Il est long de deux pieds.

Le BAGRE A OPERCULE RUDE.

(*Bagrus trachipomus*, nob.)

Nous devons encore à M. Lamarre-Piquot un bagre tellement semblable au gagoride, que nous avons hésité long-temps à le regarder comme une espèce à part.

Ses différences sont, qu'à grandeur égale il a ses épines de la dorsale et des pectorales d'un cinquième plus longues; que le limbe de son préopercule et son opercule sont granulés comme le crâne; que le croissant de la base de la dorsale est plus large; que ses ventrales égalent ses pectorales en longueur, et que la partie antérieure de son anale forme une pointe plus marquée.

Les nombres sont les mêmes. Son crâne est plus solide que celui du *B. bilineatus;* toutes les parties en sont plus épaisses, et les vides moins larges. On y voit la même soudure des lames, produite par les occipitaux externes avec celle de la grande vertèbre.

Notre individu, desséché comme le précédent, et également long de deux pieds, ne montre plus ses couleurs. Il se pourrait que les différences de ces deux poissons ne tinssent qu'au sexe.

Le BAGRE DE LA SONDE.
(*Bagrus sondaicus*, nob.)

MM. Quoy et Gaimard ont pris, dans le détroit de la Sonde, une espèce de ce groupe qui tient de près au B. arioïde.

Ses formes sont plus courtes; le casque demeure granulé jusques entre les bords antérieurs des yeux, et est peu échancré; la production interpariétale est à peine plus longue que large, et presque demi-circulaire. La plaque de la base de la dorsale a ses côtés en équerre avec son milieu, et terminés en pointe en arrière; elle est granulée, ainsi que l'extrémité de l'huméral, qui est plus longue que haute. Le préopercule est lisse, et l'opercule a seulement la peau légèrement veinée. Il y a au commencement de la ligne latérale quelques petits grains durs. Les barbillons maxillaires atteindraient au bout des pectorales, les sous-mandibulaires externes à leur base. La bande voméro-palatine de dents est divisée en quatre parties arrondies. Les épines n'ont guère que le bord antérieur de granulé; le reste est strié. Nous voyons un prolongement articulé à la pectorale, mais il ne s'en montre point à la dorsale. Les ventrales sont moitié plus courtes que les pectorales.

D. 1/7; A. 17 ou 18, etc.

Au-dessus de la ligne latérale sont quinze lignes verticales, formées chacune d'une douzaine de petits points enfoncés, et accompagnées d'autant de bandes de reflets d'un gris d'acier, tandis que le fond est argenté tirant au bleuâtre. Sous certains aspects ces bandes verticales paraissent au contraire plus claires que le fond, et même un peu dorées; il y en a aussi quelques-unes au-dessous, mais plus écartées. Tout du long de la ligne elle-même, sur une petite largeur, sont de petits traits et de petits points déliés, qui y font comme une broderie.

Le Bagre de Java.

(*Bagrus Javensis*, nob.)

Un bagre de ce groupe, plus petit, et venu aussi de Java par MM. Kuhl et Van Hasselt,

a le barbillon maxillaire un peu plus long (il dépasse les pectorales), et n'a point de grains à la dorsale; sa plaque avant la dorsale est un peu plus en croissant, et a les bouts arrondis. D'ailleurs ses formes et ses nombres sont les mêmes, et peut-être n'est-ce qu'une différence de sexe. Il a des lignes verticales de points, mais moins apparentes, et non accompagnées de bandes de reflets. Son dos est plombé clair; son ventre blanc argenté; ses nageoires noirâtres. Les pectorales et les ventrales ont la base blanche.

L'individu est long de six pouces.

Le Bagre chinta.

(*Bagrus chinta*, nob.)

Le *chinta-jellah* de Russel (pl. 167) doit être fort voisin de ce *B. javensis*.

Son adipeuse est cependant plus petite, et ses barbillons maxillaires plus longs (ils atteignent les ventrales). Russel ne nous donne point les formes des os du casque; il marque pour nombres:

B. 4; D. 1/7; A. 17; C. 18; P. 1/8; V. 6,

et dit l'individu d'un plombé obscur sur le dos, blanchâtre à la poitrine et au ventre, et long de quatre pouces 8 lignes.

Le Bagre sagor.

(*Bagrus sagor*, nob.; *Pimelodus sagor*, Buch.[1])

M. Hamilton Buchanan (Poiss. du Gange, p. 169) décrit

---

1. *Pimelodus sagor, pinna caudali bifida; cirrhis 6; pisce dimidia brevioribus; radiis*

son *pimelodus sagor* comme tout semblable au *deddi-jellah,* si ce n'est qu'il

a dix-huit rayons à l'anale, et une ligne latérale simple; mais le *Sagor* est rayé en travers de la ligne latérale, ce qui n'a point lieu dans le *deddi-jellah.* Sa couleur générale est un vert glacé d'or, avec plusieurs rubans dorés qui descendent jusqu'à la ligne latérale.

Le commencement de cette ligne est garni de tubercules; de plus, le préopercule et l'opercule sont granulés; le casque de la tête est arrondi, divisé en quatre lobes en arrière, distinct de la plaque dorsale, qui a deux lobes arrondis.

La bande voméro-palatine est divisée en quatre parties; enfin, les barbillons maxillaires atteignent à moitié de la pectorale.

D'après cette description le *Sagor* doit ressembler beaucoup au *B. sondaicus,* si ce n'est par la plaque située avant la dorsale, qui paraît se rapprocher de celle de l'espèce suivante, notre *B. doroïdes.*

Il se trouve dans les bouches du Gange, et arrive à une taille de trois pieds.

Le BAGRE DOROÏDE.

(*Bagrus doroides,* nob.)

Nous avons reçu autrefois de Pondichéry par M. Sonnerat, et plus récemment du Bengale par M. Lamarre-Piquot, une espèce de ce groupe, qui doit avoir aussi de grands rapports avec le *sagor,* et que nous avons nommée *B. doroides,* parce que les pièces granulées qui garnissent le commencement de sa ligne latérale, semblent un premier indice de l'armure plus complète de cette ligne dans es Doras.

---

dorsi 9; *ani* 18; *aculeo dorsi utrinque serrato, curto, lateribus opacis supra lineas laterales solitaris fasciatis :*

B. 4; D. 2/7; A. 18; C. 16, P. 1/10; V. 6. Buch., 376.

Ses formes sont à peu près celles du *B. gagora* ou du *B. trachy-pomus*, etc.; mais le bouclier de sa tête est plus complet, il s'étend jusqu'en avant des yeux, toujours granulé et sans s'y diviser latéralement en branches, mais il y est irrégulièrement tronqué assez près des narines. La proéminence interpariétale est deux fois plus large que longue, et trilobée. La plaque en avant de la dorsale est presque aussi grande et en forme de rein, ou composée de deux lobes arrondis et complètement granulés. La pointe de l'huméral, qui est plus haute que longue, le sous-orbitaire postérieur, le limbe du préopercule, l'opercule, et la surface presque entière des épines dorsales et pectorales, sont aussi fortement grenues; l'interopercule est lisse. La bande voméro-palatine de dents a ses parties latérales ovales et non triangulaires. Les barbillons maxillaires atteindraient au bout de l'opercule. La portion de la ligne latérale qui s'étend jusqu'à l'aplomb des derniers rayons dorsaux, est garnie de petites plaques osseuses et granulées, qui vont en diminuant, et ne sont plus, avant d'arriver au droit des ventrales, que de simples élevures. Ces nageoires ne sont pas tout-à-fait si longues que les pectorales. L'anale est plus haute que longue. Il y a peu d'inégalité entre les lobes de la caudale.

D. 1/7; A. 17; C. 17; P. 1/10; V. 6.

Notre individu du Bengale, long d'à peu près deux pieds, paraît plombé sur le dos, argenté sur les côtés, et blanc sous le ventre.

Celui de Pondichéry n'est que d'un pied; mais l'identité d'espèce n'est d'ailleurs pas douteuse.

Les rivières de l'Amérique possèdent aussi plusieurs de ces bagres à six barbillons et à casque granulé, et l'on y retrouve même en partie des formes assez analogues à celles des espèces des Indes, sans être cependant jamais entièrement identiques.

Le Bagre de Commerson

(*Bagrus Commersonii*, nob.; *Pimelodus Commersonii* et *Pimelodus barbus*, Lacép.)

est une espèce de la rivière de la Plata, qui a les rapports les plus marqués avec les *B. netuma* et *B. bilineatus*.

Son crâne est presque semblable; seulement la branche latérale du frontal n'a point de crénelure en avant des yeux; sa production interpariétale est aussi longue, aussi étroite, aussi carénée; le croissant de son deuxième interépineux aussi petit est encore moins granulé; la proportion de ses barbillons est la même; les maxillaires dans l'adulte n'atteignent qu'à la base des pectorales. Sa dorsale, ses pectorales, ses autres nageoires sont semblables à celles des espèces indiennes; mais son opercule est lisse, ainsi que l'os de son épaule, qui ne laisse voir aucune inégalité au travers de la peau; et l'adipeuse, coupée obliquement, est presque aussi longue que l'anale.

B. 6; D. 1/8; A. 18; C. 17; P. 1/11; V. 6.

Le lobe supérieur de la caudale est d'un quart plus long que l'autre. La mâchoire supérieure avance un peu plus que l'inférieure. La bande voméro-palatine forme une parabole à deux larges branches, divisées chacune, comme par des sutures, en plusieurs lobes, et dont une partie ne paraît tenir qu'à la peau du palais.

Tout le dos de ce poisson est d'un plombé noirâtre tirant vers les côtés au bleu d'acier bruni, et se changeant plus bas en argenté. Les nageoires paraissent grises, et la dorsale et les pectorales ont du noirâtre vers le bout; la caudale est presque toute noirâtre.

D'après Commerson les nageoires inférieures dans le frais sont rougeâtres.

Le plus grand de nos individus a quatorze pouces.

Il a été envoyé de Monté-Vidéo par M. d'Orbigny, en 1827; j'en ai fait publier la figure dans la partie ichthyologique de son Voyage, dont il m'a prié de faire la description. Il y est représenté pl. 3, fig. 1.

Plus anciennement, M. de Lalande en avait apporté un autre pris à Rio-Janéiro, et qui, dans la liqueur, paraît roussâtre.

MM. Quoy et Gaimard en ont eu à l'embouchure du Rio de la Plata un troisième, plus petit et plus noir, qu'ils ont représenté dans le Voyage de M. Freycinet (zool., pl. 49, fig. 1 et 2).

Commerson avait pris ce poisson au même endroit à l'embouchure de la rivière de la Plata, et en avait laissé une description fort détaillée et une bonne figure faite, à ce qu'il paraît, par lui-même. C'est sur ces documens que M. de Lacépède a composé l'article de son *pimelodus barbus* (t. V, p. 94 et 106). Cependant Jossigny avait aussi fait de ce poisson une figure, où l'épine pectorale et même l'anale toute entière sont oubliées, mais qui pour tout le reste est évidemment semblable à celle de Commerson. Cette deuxième figure, trouvée sans étiquette dans les papiers du savant voyageur, est devenue pour M. de Lacépède le type d'une seconde espèce, son *pimélode commersonien, ib.* p. 95 et 108, et c'est précisément cette figure défectueuse qu'il a fait graver, pl. 3, fig. 1.

Commerson trouva ce bagre d'un goût exquis, et observa que lorsqu'on l'irritait, il faisait entendre une sorte de grognement.

MM. Quoy et Gaymard disent qu'au moment de leur passage il était si abondant, qu'à chaque coup de ligne on en prenait un; mais ils ne l'ont pas trouvé aussi exquis que Commerson, ce qui tient peut-être à la différence de la saison et de l'âge. En effet, leurs individus étaient beaucoup plus petits, longs de cinq ou six pouces. Les matelots de l'expédition l'appelaient *mâchoiran,* nom que les colons de Cayenne donnent à tous les bagres.

L'individu qui a servi de sujet à Commerson était long de dix-sept pouces; les matelots de son bord lui appliquèrent le nom de *barbue,* un de ceux que lui a donnés Lacépède.

Commerson juge que c'est le *Guiritinga* de Pison, p. 64, ou le *deuxième bagre* de Margrave, p. 173. Mais cette figure (qui n'est pas du prince Maurice) n'est pas assez précise pour en déterminer l'espèce. Elle peut convenir à plusieurs bagres ou pimélodes à barbillons courts.

Le Bagre a dents sous la joue.

(*Bagrus genidens,* nob.)

Voici une combinaison dentaire différente de toutes celles qui ont lieu dans cette famille; et ce qui est plus singulier encore, elle se rencontre dans un poisson tellement semblable en toutes choses au bagre de Commerson, que nous n'oserions affirmer qu'il en soit différent par l'espèce; ce qui est certain, c'est qu'ils ont été pris, l'un et l'autre, dans les mêmes eaux, celles du Rio de la Plata, et que MM. Quoy et Gaimard, qui les y ont recueillis, ne les ont pas distingués. La figure qu'ils ont publiée dans le Voyage de M. Freycinet, pl. 49, fig 1 et 2, convient également aux deux poissons.

Quoi qu'il en soit, le caractère des individus qui font l'objet du présent article, consiste en ce qu'ils

n'ont point de dents en avant du vomer; mais on trouve de chaque côté de la bouche, en dedans de la peau des joues, un espace ovale assez grand, mobile comme cette peau, et entièrement garni d'une vingtaine de petites plaques serrées, et toutes hérissées de dents en velours.

Cette disposition, sans exemple non-seulement parmi les siluroïdes, mais parmi tous les poissons à nous connus, nous avait déterminés à faire de ceux-ci un genre, et même une division à part dans la famille; ce n'est qu'après les avoir rapprochés par hasard du précédent, et nous être convaincus de leur identité dans tout le reste de leur extérieur et de leur intérieur, que nous nous sommes déterminés à en parler ici.

Nos individus, dont quelques-uns ont aussi été envoyés de Rio-Janéiro par M. de Lalande et par M. Menestrier, ne dépassent pas un pied.

Le Bagre de Herzberg

(*Bagrus Herzbergii,* nob.; *Silurus Herzbergii,* Bl.),

que Bloch avait dédié à un célèbre ministre de Fréderic-le-Grand, est une espèce de la Guyane, qui a de nombreux rapports avec le jellah et le gagoride, mais en diffère essentiellement par des barbillons plus alongés, par des dentelures plus prononcées aux épines pectorales, et par une autre disposition de ses dents palatines.

Bloch l'avait reçu de Surinam, et feu M. Levaillant nous l'avait aussi donné de cette colonie. M. Leschenault nous l'a envoyé de la Mana, où on l'appelle *vagre negro* (bagre noir), et il y en a de Cayenne au Musée des Bays-Bas.

La longueur de sa tête, du museau à l'opercule, est quatre fois et demie dans la longueur totale; elle est d'un quart moins large et de plus d'un tiers moins haute à la nuque; le dessus en est aplati et uni; il descend faiblement jusqu'au museau, qui est transversalement demi-circulaire; la production interpariétale alonge la tête en dessus d'un cinquième; elle a la base égale à sa longueur, et est tronquée au sommet, où est la plaque du deuxième interpariétal.

Cette pièce, en forme de croissant assez petit, est granulée; ainsi que tout le casque, jusques entre les yeux, où il a une échancrure médiocre. De là jusqu'au bout du museau et sur les côtés de la tête tout est lisse. L'opercule a seulement quelques légères stries; mais la pointe de l'huméral, qui est fort aiguë et plus longue que haute, est granulée comme le crâne. Les dents sont en velours ras. Les bandes intermaxillaire et voméro-palatine sont larges, et cette dernière est divisée en trois parties. Le barbillon maxillaire atteint les ventrales, et le sous-mandibulaire externe va au tiers de la pectorale; l'interne est de moitié plus court. La dorsale est aussi haute que le corps. Son épine est assez forte, faiblement granulée à la face antérieure, et n'a que quelques dentelures vers le haut de son bord postérieur; l'épine pectorale est plus forte, aussi longue, striée, dentelée aux deux bords. L'une et l'autre a des articulations molles et libres à son extrémité; le lobe supérieur de la caudale est un peu plus long. L'adipeuse est médiocre, ainsi que l'anale. Les ventrales n'égalent pas les pectorales. '

B. 6; D. 1/7; A. 18; C. 17; P. 1/10. '

Tout le dessus de ce poisson est plombé; la lèvre supérieure et tout le dessous est blanc; la dorsale, l'adipeuse et le lobe supérieur de la caudale sont d'un gris-brun pâle. Le lobe inférieur, l'anale et les quatre nageoires paires sont d'un ardoisé noirâtre; l'épine pectorale est blanche. Le barbillon maxillaire est noirâtre; les quatre autres sont blancs.

Sa tête osseuse est disposée à peu près comme dans le *B. trachypomus*, et les vides entre les frontaux et les frontaux antérieurs n'y existent même pas; il y a vingt vertèbres abdominales, et vingt-neuf caudales, y compris la dernière en éventail.

Cette description est faite d'après un individu de sept pouces et demi.

---

1. Bloch dit : B. 6; D. 1/7; A. 13; mais il a probablement pris ces nombres sur un individu desséché. Au reste, nous savons qu'il y a dans sa collection, sous le nom de *silurus Herzbergii*, un individu de notre *B. bilineatus.*

Le BAGRE PÉMÉCOU

(*Bagrus pemecus*, nob.),

apporté sous ce nom de Cayenne par M. Frère, ressemble beaucoup au précédent

par les formes, par les nombres et par les proportions, si ce n'est que sa production interpariétale est plus courte et plus large, elle ne prend pas même le cinquième de la longueur de la tête (elle comprise), et que sa pointe humérale est moins longue que haute. De plus on voit sur son opercule de fortes arêtes saillantes disposées en veines; et ses nageoires inférieures ne paraissent avoir eu rien de noirâtre.

Cette description est prise d'un individu desséché, d'un pied de longueur.

Le BAGRE MÉSOPS

(*Bagrus mesops*, nob.),

que nous appelons ainsi par opposition à l'espèce suivante, et par la position de

son œil à moitié distance entre le bout du museau et le limbe du préopercule, est à peu près semblable aux deux précédens; mais sa production interpariétale ne prend que le sixième de la longueur de la tête, et écarte ses bords de manière à rendre la base près de deux fois aussi large que la plaque est longue. Son sommet, au lieu d'une troncature, a une petite pointe qui entre dans une petite échancrure du croissant de la base de la dorsale. Tout son casque a des granulations serrées, et qui avancent jusques entre les bords antérieurs des yeux. Son opercule est granulé près de l'articulation, et a des veines plus serrées; la pointe humérale est aussi longue que haute et fortement granulée; enfin, les ventrales sont aussi longues que les pectorales, et ont leurs rayons singulièrement noueux.

D. 1/7; A. 18, etc.

Le barbillon maxillaire ne paraît pas avoir dépassé le milieu de la pectorale.

Cet individu est desséché, et a été envoyé par M. Plée comme le mâle du *Bagrus proops;* mais cette assertion nous paraît plus que douteuse.

Il est long de seize à dix-sept pouces.

Le BAGRE PROOPS.

(*Bagrus proops*, nob.)

Il nous paraît que c'est ici une espèce bien distincte, et en même temps une des plus communes aux Antilles et à la Guyane; car c'est celle dont nous avons reçu le plus d'échantillons.

Ce qui la fait surtout reconnaître, c'est la position avancée de son œil, qui est trois fois plus près du bout du museau que du limbe du préopercule. De plus, la proéminence interpariétale n'a qu'à peine le huitième de la longueur de la tête, elle comprise, et est deux fois et demie aussi large que longue; elle a une pointe qui entre dans une échancrure de la plaque interépinale, laquelle est non plus un croissant, mais plutôt un carré ou un rectangle un peu curviligne et échancré en avant et en arrière; l'opercule est faiblement veiné ou strié. La pointe de l'opercule est granulée, aiguë et aussi longue que haute; l'épine dorsale et la pectorale sont granulées à leur face antérieure, mais n'ont en arrière que des dentelures médiocres. Les mâchoires sont égales; la bande voméro-palatine est large, divisée en quatre parties, et a en arrière deux grandes plaques triangulaires. Le barbillon maxillaire n'atteint qu'au premier quart de la pectorale.

B. 6; D. 1/7; A. 19; C. 15; P. 1/11; V. 6.

Tout le dessus de ce poisson est d'un bel ardoisé plombé; le dessous est blanc. Les nageoires paraissent avoir été fauves.

Nous en avons des individus depuis six pouces jusqu'à
près de *deux pieds;* les uns venus de Cayenne ou de
Surinam, et d'autres de Porto-Rico par M. Plée.

Le Bagre passany

(*Bagrus passany,* nob.),

ainsi nommé à Cayenne, d'où il nous a été apporté par
M. Frère, a de grands rapports avec le *Bagrus proops*
par les dents et toutes les proportions;

mais ses yeux sont encore plus avancés, sa mâchoire inférieure dépasse l'autre; sa proéminence interpariétale est plus large et plus
courte, et la pointe en étant presque nulle, la plaque interépineuse
n'est presque pas échancrée en avant et ressemble davantage à un
croissant. Sa tête est très-plate, surtout de l'avant. Son opercule est
fortement granulé, ainsi que la pointe de son huméral, qui est
plus haute que longue et obtuse, et les épines de sa dorsale et de
ses pectorales, qui sont fortes mais faiblement dentelées en arrière.
Les proportions de ses barbillons sont comme au Bagre proops.
Ses ventrales sont plus longues que les pectorales, et ont des rayons
noueux.

D. 1/7; A. 17, etc.

Les couleurs paraissent avoir été les mêmes que dans les précédens:

Cette espèce devient grande; l'individu donné au
Cabinet du Roi par M. Frère, et qui a servi de sujet à
cette description, était long de trois pieds.

Le Bagre couma

(*Bagrus couma,* nob.)

est encore une des espèces que M. Frère a données au
Cabinet du Roi. On le nomme, dit-il, dans cette colonie,

couma-couma, à cause du bruit qu'il fait entendre quand on le tire de l'eau.

Ses yeux sont un peu plus avancés que dans le B. mésops, mais non autant que dans le B. proops ou le B. passany. Sa tête est moins plate; sa mâchoire supérieure avance plus que l'inférieure. Ses dents sont comme dans les deux précédens. Sa proéminence interpariétale, de moins du huitième de la longueur de la tête, et deux fois aussi large que longue, est largement tronquée en arrière, et sa plaque interépineuse est en forme de hausse-col. Son opercule est fortement granulé, ainsi que sa pointe humérale, qui est aussi longue que haute, et assez aiguë. Son épine dorsale a des granelures à sa face antérieure; mais la pectorale n'en a qu'une rangée, et est d'ailleurs presque lisse. Ses dentelures sont médiocres, et celles de la dorsale sont faibles. Les ventrales sont plus courtes que les pectorales.

D. 1/6; A. 17, etc.

L'individu rapporté par M. Frère est long de vingt-cinq pouces. Le Cabinet en possédait depuis long-temps un de treize.

Tous deux sont desséchés et paraissent avoir été colorés comme les précédens.

Dans les deux espèces suivantes l'interpariétal n'a point de proéminence qui se porte plus en arrière que les os voisins; mais le casque se termine en arrière par une ligne transverse et festonnée, et néanmoins la grandeur de la plaque interépineuse fait que ces deux pièces s'articulent aussi ensemble.

On leur donne en particulier à Cayenne le nom de *mâchoiran,* qui dans d'autres colonies appartient à tous les bagres et pimélodes casqués.

Ils ont le crâne oblong et les yeux avancés comme les *Bagrus proops* et *B. passany.*

Le Bagre machoiran blanc

(*Bagrus albicans*, nob.)

a la tête quatre fois et deux tiers dans sa longueur totale, et d'un tiers moins large que longue. La ligne transverse du casque est légèrement festonnée, et a au milieu une très-petite pointe, qui ne dépasse pas les autres courbures, et qui entre dans une petite échancrure de la plaque interpariétale, laquelle est grande, en forme de demi-ellipse ou de rein, et échancrée en arrière en demi-cercle.

Cette plaque est presque aussi large que le casque derrière l'œil, et moitié moins que la ligne transverse qui limite le casque en arrière, et qui est augmentée de chaque côté par le surscapulaire. Le casque est fortement granulé jusques entre les yeux, avec une échancrure cependant qui pénètre en avant jusqu'au tiers de cette partie. La plaque interpariétale, la pointe de l'épaule, moins longue que haute, mais aiguë, et les fortes épines de la dorsale et des pectorales, sont aussi très-granulées; mais le préopercule est lisse, et l'opercule légèrement strié ou veiné. Les mâchoires sont égales. Le museau est en arc beaucoup moindre qu'un demi-cercle; la bande voméro-palatine est très-large, et augmentée encore de chaque côté d'une plaque triangulaire. La distance de l'œil au museau est trois fois moindre qu'au préopercule. D'un œil à l'autre il y a cinq diamètres d'œil. Le barbillon maxillaire atteint à peine l'ouïe. Les sous-mandibulaires sont un peu plus courts; les dentelures du bord postérieur des épines sont médiocres. Les ventrales égalent les pectorales et ont des nœuds; la caudale est cinq fois et demie dans la longueur totale, il y a peu de différence entre ses lobes; l'adipeuse est presque aussi longue que l'anale.

B. 6; D. 1/7; A. 19; C. 15; P. 1/11; V. 6.

Cette description est faite d'après un individu sec, long de deux pieds, qui paraît d'un violet plombé en dessus et blanchâtre en dessous. Toutes ses nageoires paraissent blanchâtres; l'adipeuse étant toutefois de la couleur du dos.

Il a été donné au Cabinet du Roi par M. Frère.

Le BAGRE MACHOIRAN JAUNE
(*Bagrus flavescens*, nob.),

appelé autrement *sauteur,* a aussi été apporté de Cayenne, et donné au Cabinet du Roi par M. Frère.

Sa tête est un peu plus large à proportion, et ses yeux encore plus petits. Il y a bien d'un œil à l'autre neuf diamètres. La ligne postérieure de son casque est légèrement festonnée, et de façon qu'au milieu est un arc rentrant, où s'articule la plaque interépineuse, qui est ronde, et qui a elle-même un arc légèrement rentrant en arrière. Elle est aussi large que le crâne derrière l'œil. La forte granelure du crâne s'affaiblit et cesse avant d'arriver entre les yeux, et son échancrure prend moitié de la longueur de la tête. L'opercule et la pointe humérale, qui est plus haute que longue, sont relevés d'arêtes ramifiées comme des veines, mais non granulées. Au contraire les grosses épines de la dorsale et des pectorales sont fortement granulées, mais leurs dentelures sont médiocres. La mâchoire supérieure avance un peu plus; la bande voméro-palatine a ses parties latérales ovales; le barbillon maxillaire (à l'état sec) atteint le milieu de la pectorale, et doit aller plus loin à l'état frais; les ventrales sont moins longues que les pectorales, mais l'adipeuse l'est d'un tiers moins que l'anale. Le lobe supérieur de la queue dépasse l'inférieur, mais de peu.

B. 6; D. 1/7; A. 18; C. 17 et plusieurs petits; P. 1/11; V. 6.

L'individu que nous décrivons, long de trente-deux pouces et desséché, paraît entièrement d'un fauve clair, un peu plus foncé sur le dos.

Le BAGRE DE TEMMINCK.
(*Bagrus Temminckianus*, nob.)

Le Musée royal des Pays-Bas a reçu de Cayenne un bagre assez semblable à ce mâchoiran jaune par la tête, les nageoires et les barbillons, mais dont la plaque inter-épineuse est fort différente.

Elle est deux fois plus étroite que le casque derrière les yeux, en demi-ellipse, coupée en arrière au petit diamètre par un arc rentrant, peu convexe, pointue en avant, où elle répond à une petite échancrure d'une production très-large et très-courte de l'inter-pariétal, production qui n'est guère qu'un feston.

La surface de cette plaque et celle du casque est veinée plutôt que granulée; l'opercule est légèrement veiné dans sa partie anté-rieure; il y a aussi des arêtes veinées à l'interopercule et à la pointe de l'huméral, qui est moitié moins longue que haute. L'épine dor-sale, fortement granulée à son bord antérieur et un peu sur ses côtés, n'a que de très-faibles dents en arrière. Celle de la pectorale a les dents un peu plus fortes. La dorsale égale la hauteur du corps sous elle. Les ventrales sont un peu plus courtes que les pectorales; l'adipeuse est d'un tiers moins longue que l'anale. Il y a peu de différence entre les lobes de la caudale.

B. 6; D. 1/6; A. 21; C. 15; P. 1/11; V. 6.

Les barbillons maxillaires atteignent le bout des ventrales. Les sous-mandibulaires externes vont jusqu'au milieu des pectorales. Il y a six ou sept diamètres d'un œil à l'autre.

Dans la liqueur ce poisson paraît fauve, un peu plus foncé vers le dos, plus pâle en dessous, excepté ses barbillons maxillaires, qui sont noirâtres.

L'individu est long de huit pouces.

FIN DU TOME QUATORZIÈME.

EXPLICATION DE LA PLANCHE 399.

Planche 399, représentant le squelette de la tête de l'*Epibulus insidiator,* afin
de faire connaître les modifications que les pièces de la face et de l'appareil
operculaire ont éprouvées pour que l'extension et la protractilité du
museau de ce poisson puissent être aussi grandes.

a. Intermaxillaire (branche horizontale); *a'.* branche montante de cet os.

b. Le maxillaire supérieur.

c. Le jugal.

d. Le dentaire de la mâchoire inférieure; *d'.* l'articulaire; *d''.* l'angulaire.

e. Le préopercule.

f. L'interopercule.

g. L'opercule.

h. Le sous-opercule.

i. Le scapulaire.

k. Le surscapulaire.

l. Le sous-orbitaire.

m. Le nazal.

n. Ligament articulaire de l'intermaxillaire et du maxillaire devenu très-alongé.

o. Ligament d'attache de l'angulaire à l'interopercule.

p. Crête moyenne ou interpariétale; *p'.* crête intermédiaire ou crête occipitale
externe; *p''.* crête externe ou crête mastoïdienne.

EXPLICATION DE LA PLANCHE 404.

PLANCHE 404, représentant les pièces osseuses des mâchoires du *Scarus harid*, afin de faire connaître le nouveau mode que la nature a employé pour rendre mobile la mâchoire inférieure des scares sur la supérieure, et donner à ces mâchoires le mouvement nécessaire à l'érosion des matières végétales dont ils se nourrissent; ce mouvement pourrait faire appeler les scares, *les rongeurs* de la classe des poissons.

a. Intermaxillaire.

b. Maxillaire supérieur.

c. Dentaire.

d. Articulaire et angulaire réunis.

e. Jugal réuni au préopercule.

f. Muscles de la joue, ou masséter inséré sur l'articulaire, tirant cet os en arrière dans les contractions, lequel est reporté en avant quand la mâchoire s'abaisse, d'où il résulte le mouvement décrit de l'article du *Scarus harid*.

g. Le sous-orbitaire.